Fourier (1822)
[フーリエ級数, 熱伝導理論]

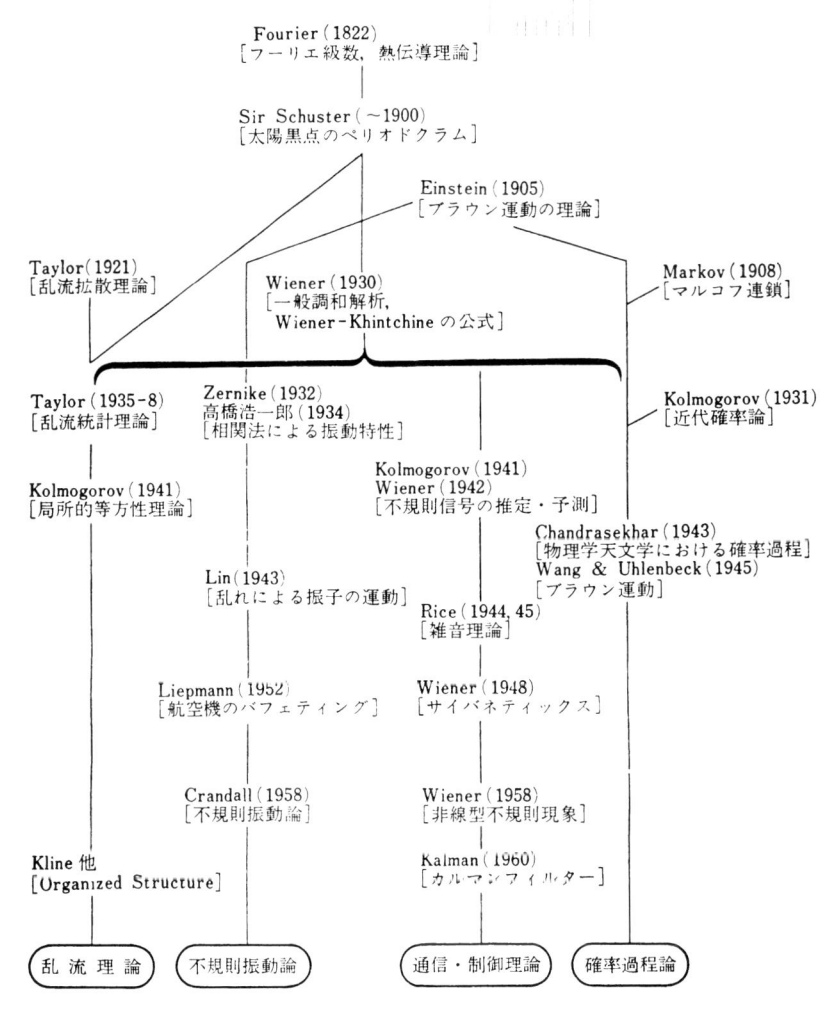

Sir Schuster (~1900)
[太陽黒点のペリオドグラム]

Einstein (1905)
[ブラウン運動の理論]

Taylor (1921)
[乱流拡散理論]

Wiener (1930)
[一般調和解析,
Wiener-Khintchine の公式]

Markov (1908)
[マルコフ連鎖]

Taylor (1935-8)
[乱流統計理論]

Zernike (1932)
高橋浩一郎 (1934)
[相関法による振動特性]

Kolmogorov (1931)
[近代確率論]

Kolmogorov (1941)
[局所的等方性理論]

Kolmogorov (1941)
Wiener (1942)
[不規則信号の推定・予測]

Chandrasekhar (1943)
[物理学天文学における確率過程]
Wang & Uhlenbeck (1945)
[ブラウン運動]

Lin (1943)
[乱れによる振子の運動]

Rice (1944, 45)
[雑音理論]

Liepmann (1952)
[航空機のバフェティング]

Wiener (1948)
[サイバネティックス]

Crandall (1958)
[不規則振動論]

Wiener (1958)
[非線型不規則現象]

Kline 他
[Organized Structure]

Kalman (1960)
[カルマンフィルター]

(乱 流 理 論)　(不規則振動論)　　(通信・制御理論)　(確率過程論)

スペクトル解析

新装版

日野幹雄 [著]

朝倉書店

序

　本書は，理工学の分野のみならず医学や経済学その他の分野においても広く応用されて来ているランダムデータのスペクトル解析法をその初歩から解き起し，応用例を挙げつつ順次高次の概念へと導き，最後に具体的計算方法の説明を行ったものである．

　本書では，集合論を基礎とする近代確率論という数学的厳密さは追わなかった．著者は大多数のこれから勉強をはじめる人々のために，特別の数学的準備やそのための努力なしにわかり良くしかも本筋を見失わないやり方で，ランダムデータ処理の手解きをしたかったのである．本書は，いわば"涙なしのスペクトル解析"(Spectral Analysis without tear)であってほしいと願っている．

　一方において，本書を単に計算法の本ではなくスペクトル解析の手法を通して"現象解明派"の考え方の紹介書としたいと意図し，かなり広い範囲の例題を載せた．スペクトル解析を応用する場合，線型系を対象とする人々と，非線型系を対象とする人々の間に若干の興味・主点の違いがみられる．前者の場合，系の内部構造がわかっているか簡単に推定しうるから，ランダムな入力に対する系の応答特性の理論に中心があるように思われる．これに反し，後者の場合には，ランダムな入力に対する応答から系の内部構造を推定するための，いわば，マックスウェルのカラクリを解く方法としてスペクトル解析の方法を応用し，発展させて来たといえる．第13章で流体力学や地球物理学の例題が多いのは，著者の好みというよりもむしろ上述の理由による．

　式の変形を長々と追うのはわずらわしい．といって，それを省いてしまうのも不親切である．そこで，本書では一つの試みとして，主要な結論的な式の前に記号■を付し，式の変形を追わなくてもよい場合には，その節のヘッディングと■印の付いた式の前後の説明文を読めばよいようにした．この記号は内容の理解を確かめる復習の目印にもなろう．

目　　次

はじめに ……………………………………………………………………… 1

第Ⅰ部　スペクトル解析の基礎理論

1. ランダム変動の表現とスペクトル ………………………………………… 9
   1.1　フーリエ級数 ……………………………………………………… 10
   1.2　複素フーリエ級数 ………………………………………………… 15
   1.3　フーリエ積分 ……………………………………………………… 18
   1.4　スペクトル概念の導入 …………………………………………… 20
   1.5　フーリエ級数とフーリエ積分 …………………………………… 22

2. 自己相関関数 ………………………………………………………………… 25
   2.1　自己相関関数の定義と意味 ……………………………………… 25
   2.2　自己相関関数の一般的性質 ……………………………………… 33

3. 自己相関関数とスペクトルの関係 ………………………………………… 40
   3.1　パワースペクトル ………………………………………………… 40
   3.2　Wiener-Khintchine の公式 ……………………………………… 42
   3.3　パワースペクトルの定義法 ……………………………………… 43
   3.4　ランダム現象のパワースペクトルの例 ………………………… 48

4. 相互相関とクロススペクトル ……………………………………………… 52
   4.1　相互相関関数の定義とその性質 ………………………………… 52
   　　4.1.1　相互相関関数 ……………………………………………… 52
   　　4.1.2　相互相関関数の性質 ……………………………………… 53

4.2　クロススペクトル………………………………………… 56
　　4.2.1　クロススペクトルのフーリエ成分による定義……… 56
　　4.2.2　クロススペクトルの意味………………………………… 57
　　4.2.3　クロススペクトルの性質………………………………… 61
　　4.2.4　コスペクトルとクオドスペクトル……………………… 62
　4.3　コヒーレンスとフェイズ…………………………………… 63

5. 白色雑音のスペクトルと自己相関関数 ………………………… 67
　5.1　パルス列の自己相関関数とスペクトル…………………… 67
　　5.1.1　矩形パルス………………………………………………… 67
　　5.1.2　ランダムな矩形パルス列………………………………… 69
　5.2　デルタ関数…………………………………………………… 70
　　5.2.1　デルタ関数の導入………………………………………… 70
　　5.2.2　白色雑音…………………………………………………… 72
　　5.2.3　デルタ関数の原形………………………………………… 73
　　5.2.4　デルタ関数の積分………………………………………… 74
　　5.2.5　デルタ関数の微分………………………………………… 74
　5.3　二つのインパルスのスペクトル…………………………… 75

6. 定常性・エルゴード性 ……………………………………………… 77
　6.1　アンサンブル平均…………………………………………… 77
　6.2　定常性………………………………………………………… 78
　6.3　エルゴード性………………………………………………… 79

7. 情報エントロピーとスペクトル …………………………………… 83
　7.1　情報とエントロピー………………………………………… 83
　7.2　時系列の情報エントロピーと相関行列(Toeplitz 行列) …… 85
　7.3　相関行列とスペクトル……………………………………… 85
　7.4　MEM——最大エントロピースペクトル ………………… 86

- 7.5 自己回帰式(AR—auto-regression)との関係 ……………… 88
- 7.6 Deconvolution との関係 ……………………………… 89
- 7.7 MEM と Blackman-Tukey 法との比較 ……………… 91

8. フーリエ展開の意味 ……………………………………… 95
- 8.1 ベクトルの分解と関数の展開 ……………………………… 95
  - 8.1.1 関数とベクトル ……………………………………… 95
  - 8.1.2 ベクトルの直交と関数の直交 ……………………… 96
- 8.2 因子分析(経験的直交関数系展開) ……………………… 97
- 8.3 Karhunen-Loève 展開 ……………………………… 101

9. 確率密度と相関関数 ……………………………………… 103
- 9.1 確率密度関数と分布のモーメント ……………………… 103
  - 9.1.1 確率分布関数 ……………………………………… 103
  - 9.1.2 確率密度関数 ……………………………………… 104
  - 9.1.3 分布のモーメント, 平均・分散 ……………………… 106
  - 9.1.4 確率変数の変換 …………………………………… 108
- 9.2 結合確率密度と相関関数 ………………………………… 109
  - 9.2.1 結合確率密度関数 …………………………………… 109
  - 9.2.2 期待値および自己相関・相互相関 ………………… 110
  - 9.2.3 相互相関の不等関係式 ……………………………… 111
- 9.3 特性関数 …………………………………………………… 112
  - 9.3.1 特性関数の定義 ……………………………………… 112
  - 9.3.2 分布モーメントと特性関数 ………………………… 112
  - 9.3.3 キュムラント ………………………………………… 113
  - 9.3.4 確率変数の和と特性関数, 確率密度関数 …………… 114
- 9.4 確率密度関数の直交展開 ………………………………… 115

第Ⅱ部 データ処理の理論と方法

10. 線型システムの簡単な理論 …… 121
  10.1 応答関数とたたみ込み積分による入出力関係式 …… 122
  10.2 相関関数による入出力関係式 …… 123
    10.2.1 出力の自己相関関数と入力の自己相関関数 …… 123
    10.2.2 入出力の相互相関関数 …… 124
  10.3 スペクトルによる入出力の関係 …… 125
    10.3.1 出力スペクトルと入力スペクトル …… 125
    10.3.2 入出力のクロススペクトルによる関係式 …… 126
  10.4 微分型システム表現の応答関数 …… 129
    10.4.1 常微分方程式によるシステムの表現 …… 129
    10.4.2 ラプラス変換と伝達関数 …… 129
    10.4.3 周波数応答 …… 131
  10.5 フーリエ変換とラプラス変換 …… 137
  10.6 数値フィルター …… 138
    10.6.1 沪波型フィルター …… 138
    10.6.2 再帰型数値フィルター …… 141
    10.6.3 プリホワイトニング …… 141
  10.7 ランダム波のシミュレーション …… 142
    10.7.1 フーリエ成分波の重ね合わせによる方法 …… 142
    10.7.2 線型応答系への入出力とシミュレーション法との関係 …… 144
    10.7.3 数値フィルターによる方法 …… 145
    10.7.4 スペクトル因子分解による方法 …… 147
    10.7.5 自己回帰式によるシミュレーション …… 152

11. スペクトル計算の誤差理論 …… 154
  11.1 ランダム変数の統計量の推定誤差 …… 155
    11.1.1 統計量の分散とバイアス …… 155

11.1.2　平均値 $\bar{x}$ の推定誤差 ……………………………………… 156
　　11.1.3　2乗平均値 $\overline{x^2}$ の推定誤差 ……………………………… 158
　11.2　相関法によるスペクトルの推定誤差 ……………………………… 159
　　11.2.1　カイ2乗分布と自由度 ……………………………………… 159
　　11.2.2　自己相関関数の推定誤差 …………………………………… 160
　　11.2.3　Blackman-Tukey 法におけるスペクトル推定誤差 ………… 162
　　11.2.4　ウインドーについて ………………………………………… 167
　　11.2.5　スペクトルの等価自由度 …………………………………… 171
　　11.2.6　クロススペクトルの推定誤差 ……………………………… 172
　11.3　直接法・FFT によるスペクトルの推定誤差 …………………… 172
　　11.3.1　自由度，変異係数 …………………………………………… 172
　　11.3.2　アンサンブル平均による平滑化 …………………………… 173
　　11.3.3　ウインドーによる平滑化 …………………………………… 174
　11.4　離散化にともなう誤差 ……………………………………………… 175
　11.5　サンプリング効果 …………………………………………………… 177

12. データ処理の手法 …………………………………………………… 183
　12.1　プログラム三原則 …………………………………………………… 183
　12.2　Blackman-Tukey 法 ………………………………………………… 184
　　12.2.1　Blackman-Tukey 法によるデータ処理の設計 …………… 184
　　12.2.2　Blackman-Tukey 法によるスペクトルの計算 …………… 186
　　12.2.3　自己相関関数の推定法 ……………………………………… 188
　　12.2.4　相互相関とクロススペクトルの計算 ……………………… 189
　　12.2.5　B-T 法によるスペクトル計算プログラム ………………… 191
　12.3　FFT 法 ……………………………………………………………… 193
　　12.3.1　FFT のアルゴリズム ………………………………………… 194
　　12.3.2　FFT によるスペクトルと相関関数 ………………………… 199
　　12.3.3　FFT 法によるクロススペクトルと相互相関関数 ………… 205
　　12.3.4　演算時間の短縮率 …………………………………………… 206

12.3.5 FFT法のプログラム ………………………………… 206
  12.3.6 相関法(Blackman-Tukey法)とFFT法との関係 ……… 208
 12.4 MEM(最大エントロピー法) ……………………………… 210
  12.4.1 MEMの考え方の要約 ………………………………… 211
  12.4.2 アルゴリズム ………………………………………… 213
  12.4.3 MEMの特徴と注意事項 ……………………………… 222
  12.4.4 MEMのプログラム …………………………………… 223
 12.5 種々のスペクトル推定法の比較 …………………………… 225
 12.6 フーリエ積分に関するFilonの数値計算法 ……………… 226

13. さらにすすんだスペクトルの概念 ………………………… 237
 13.1 時空相関および多次元スペクトル ………………………… 237
  13.1.1 時空相関関数 ………………………………………… 237
  13.1.2 多次元スペクトル …………………………………… 238
  13.1.3 壁に沿う乱流場の立体構造 ………………………… 238
 13.2 高次の相関関数およびスペクトル ………………………… 246
  13.2.1 バイスペクトルの定義 ……………………………… 246
  13.2.2 バイスペクトルの物理的意味 ……………………… 248
  13.2.3 波浪のバイスペクトル ……………………………… 250
 13.3 回転スペクトル …………………………………………… 254
  13.3.1 ベクトル時系列のフーリエ変換 …………………… 255
  13.3.2 回転スペクトル ……………………………………… 256
  13.3.3 回転スペクトルと自己・相互スペクトルとの関係 … 258
  13.3.4 二つのベクトル時系列のクロススペクトル ……… 261
 13.4 非定常スペクトル ………………………………………… 264
  13.4.1 発展スペクトル ……………………………………… 265
  13.4.2 瞬間パワースペクトル ……………………………… 268
  13.4.3 一般化スペクトル …………………………………… 273
  13.4.4 物理スペクトル ……………………………………… 276

目　　次　　　　　　　　　　ix

　13.4.5　多重フィルタースペクトル……………………………………… 278
　13.4.6　発達スペクトル………………………………………………… 279
13.5　セプストラム(エコー解析) ………………………………………… 280
13.6　位相スペクトル……………………………………………………… 283
13.7　Walsh スペクトル …………………………………………………… 284
　13.7.1　奇妙な直交関数系——Walsh 関数系 ……………………… 284
　13.7.2　Walsh スペクトル ……………………………………………… 286

参 考 文 献………………………………………………………………… 288
索　　　引………………………………………………………………… 297
記号一覧表 …………………………………………………… 表見返し
主要公式一覧 ………………………………………………… 裏見返し

はじめに——スペクトル解析の歴史と背景——

ペリオドグラフ　今日スペクトル解析という言葉で呼ばれるランダムデータ解析法の着想は，前世紀末から今世紀初めにかけてのイギリスの物理学者 Arthur Schuster の研究にさかのぼることができる．太陽黒点数のかなり規則的な増減は，古来天文学者の興味を引いたところでスイス・チューリッヒ天文台に長年月の観測記録がある．Schuster は 150 年間の太陽黒点の変異周期や Greenwich における 24 年間にわたる地磁気の偏角の解析にフーリエ級数の考え方を導入し，周期とその変動強さの関係を客観的統計的に処理し，周期 T とその周期成分の強さの関係を表わす曲線を periodgraph と名づけた．これが，今日の周波数とエネルギーの関係を表わすスペクトルの原形である．

Einstein の Brown 運動の理論　一方，確率過程的なランダム現象，つまり時間とともに変化する不規則変動を数学の俎上にはじめてのせたのは Brown 運動を解析した A. Einstein (1905) である．この年に書いた 3 番目の論文"熱の分子論から要求される静止液体中に懸濁した粒子の運動"において，彼は，「熱が分子の運動とすれば，液体中の 1/1000 mm 程度の微粒子が分子による熱運動を行ない，これは顕微鏡でみられる程度であろう．そして，これが恐らく生物学者により実際に観測されている Brown 運動だということはありうる」と述べている（この年の第 4 の論文はあの有名な相対性理論である）．A. Einstein はランダム現象に強い関心をいだいていたらしく，中学生であった息子の Hans Albert Einstein に次のような問題を出したそうである．

"雨が降り出した．雨粒一滴はコンクリートの路面上に落ちて直径 a cm の円に拡がる．雨滴の落下個数を毎分 n 個とするとき，一辺 A cm の路面が雨でぬれるには何 sec かかるか"．息子の Einstein は単純な割算計算をして答を出

したところ，確率というものの考えが抜けていることを教えてくれたという．これは息子の Einstein 教授から直接聞いた話である．彼は後年，確率論を基礎とする河床砂の輸送理論をひっさげて華々しく土木工学者として学界にデビューし，その他数々の業績をあげたが，おしいことに数年前カリフォルニア大学停年後，間もなくなくなられた．

乱流理論 確率過程論が理工学の世界で具体的実際的な成功をおさめた最初の例は，Taylor (1921) による乱流拡散理論であろう．第一次世界大戦中，彼はドイツのUボートから商船を守るための煙幕の研究に従事したが，戦後流体塊のランダムな運動を追跡する考え方から，"流体塊の連続的な運動による拡散"という論文をロンドン数学会誌に発表した．それは数式的にはともかく深い物理的考察にもとづくもので，その後の幾多の拡散理論の発表にもかかわらず，この論文のレベルを出るものはないとさえいわれるくらい，拡散現象の本質をついた論文である．この論文では流体塊の運動速度の自己相関関数により拡散が記述されている（後になって，フランスの Kampé de Fériet (1939) はこれを流体塊の速度変動スペクトルによる表現に書き直している）．なお，流体のランダムな運動が現実の流れの理解に重要であることを実験的に指摘し，理論的に扱ったのは1880年代のイギリスの Reynolds である．彼の名はレイノルズ数・レイノルズ応力として流体力学の歴史に刻まれている．ちなみに，彼は世界で最初に大学工学部長の席についた人である．

　Taylor はその後 1935 年から 1938 年にかけて乱流統計理論を発表し，再び流体力学の世界に活を与えた．この理論は現在の確率過程論の中の重要な考え方のほとんどを含んでいる．例えば，スペクトルの概念や，今日 Wiener-Khintchine の公式として知られる相関とスペクトルの関係も導かれている．Wiener の論文の発表は1930年であるが，Taylor がこの論文のことを知っていたか否かは定かでない．少なくとも彼の原論文を見る限り，思考法や表現などは彼独自のものであり，おそらく Wiener らとは独立にしかも異なる動機から導かれたものと思われる．

　乱流理論は当時の真空管を主とする電気回路網技術の発展による実験成果に裏付けられて目ざましく発達していく．それは第二次大戦中からその後にわた

るソ連のKolmogorov, ドイツのHeisenbergその他の研究者による第二次の乱流理論時代を経て, 今日までたえることなく大きな流れとなって続いている. 最近の乱流研究では乱流は単なる統計処理のみではなく, 乱れの中の大きな構造 (large eddy, organized motion) を解明していこうとする方向にすすみつつある. これは, 計測とアナログおよびデジタル処理技術の進歩と計測技術の一種である流れの可視化 (flow visualization) 技術の進歩に支えられたものである.

ランダム振動 さて, EinsteinのBrown運動の理論は直接的には, 熱運動をする空気分子の不規則な衝突による検流計の鏡のゆらぎや測定の自然限界についてのZernike(1932)の研究を経て, Lin(1943), Wang and Uhlenbeck (1945)によって発展させられ, これは今日のCrandallらによる不規則振動論の系列へとつながっていく. ランダム振動から振動系の特性を探ろうとする試みは, 晩年の寺田寅彦の薫陶を受けていた高橋浩一郎によりすでに1935年になされ, 翌年伏見康治により数学的に解析されている.

不規則振動論とくに耐風設計理論の発展の大きなきっかけとなったと思われるのは1952年のLiepmannによる突風に対する航空機の応答の理論である. その後, 1961年カナダの未だ若かった土木技術者Davenportはこの理論を吊橋・塔など構造物の耐風安定性の問題の解析へと発展させた. 間もなくわが国では本州四国連絡橋の架設が現実問題となり, 1966年以来土木学会に本四連絡橋研究委員会がもうけられ, 土木・建築・航空・気象学各界の最高レベルの研究者による調査研究が行なわれ, これがまたこの面の研究者を多数育てることになった.

なお, Kolmogorov, Markov, Khintchine 等を生んだ確率論の先進国ソ連では早くから構造物の安全設計に確率論の導入が行なわれている.

通信制御理論 一方, Wiener (1930)は, ランダム変動論の基礎としてのフーリエ解析の一般化を試み, これはやがて第二次大戦中の航空機からのチャフなどの通信妨害に対する対策にもとを発する"Extrapolation, Interpolation, and Smoothing of Stationary Time Series" となる. 同じ頃, ソ連のKolmogorovによっても同種の理論が発表された(裏話によれば彼の方が先で, その

チョットした情報が Wiener にヒントを与えたともいわれるが定かではない). Kolmogorov の論文は一般的抽象的であったのに対し, Wiener のそれは具体的であり, 電気工学者 Lee の協力により沪波・予測フィルターとしてすぐ実用化された. とはいうものの Wiener の原論文は難解で, 発表当時の論文の表紙の黄色にひっかけて "The Yellow Peril(黄禍)" と呼ばれた. 確率過程論的通信制御理論は Davenport and Root, Middleton, Lee らにより, また, Rice による雑音理論としてまとめられ, 通信以外の多くの分野で応用発展させられていく.

制御理論はその後周波数空間での取り扱いから状態空間での理論構成へとすすむ. これは 1960 年代以後のコンピューターの高性能化オンライン処理の可能性必要性および宇宙開発とは無縁ではない. こうした系統の頂点に立つのが Kalman (1960) による予測制御理論である.

確率過程論 確率論の成立は, 17 世紀中葉の "人間は考える葦である" の哲人 Pascal (元来は物理学者) の時代にまでさかのぼる. それは, 彼の友人 de Mere が生半可な推論に基づいて "3 個のサイコロを同時にふって, 目の数の和が 11 と 12 になる確率の大小" を賭けて敗けたことがきっかけであったといわれる. 確率論は Huygens や Bernoulli さらにはナポレオン時代のフランスの大数学者 Laplace を経て徐々に整備されていくが, これが近代数学の一分野としての地位を獲得するのは 1931 年 Kolmogorov が集合論に基づく測度に関する理論を拠りどころとした確率論を展開してからである.

また, さきに述べた Einstein の Brown 運動の理論は, 理学工学分野での不規則現象に関する上述の諸発展を背景とし, またマルコフ過程論とも関連して, 確率過程論へと進展して行く.

確率過程論 (Theory of stochastic process) は確率論 (probability theory) のうちの動的分野 ("dynamic" part) である. すなわち, 確率変数 (random variable の集合 (=stochastic process)) をそれらの相互関係および制約的挙動 (interdependence and limiting behavior) の観点から調べるもので, このとき変数は確率法則に従って時間とともに変化する過程である.

"Stochastic" の語源はギリシャ語 ($\sigma\tau o\chi\alpha\zeta o\mu\alpha\iota$) である. 17 世紀の英語では,

これは"to conjecture(推量する), to aim at a mark(目標を目指すこと)"を意味していた．この言葉が，なぜ今日のような"pertaining to chance(偶然にかかわる)"という意味になったかは定かではない．科学用語として，すでに1713年スイスの数学者Jacob Bernoulli(1654-1751)がその著書で用いているが，近代的意味でこの言葉を最初に使用したのはソ連の著名な数学者A. N. Kolmogorovであろうと言われている．Stochastic processと同義な言葉として"chance process"とか"random process"という表現もまれに用いられる．日本語としては"確率過程"という訳が定着している．

確率過程論は，物理学(Brown運動，熱雑音，ショットノイズ)・地球物理学・工学(乱流，通信，制御，振動，OR)・生物学や医学(人口増加，個体生長(population growth), 脳波)・心理学あるいは経営学(経営科学，待ち行列理論(queue), 価格変動，在庫調査(inventory control))などに広く関連している．

現在ではこれらの諸分野はあまりにも専門化し，特殊化しているが，もとはといえば同じ祖先をもつものである．

第Ⅰ部　スペクトル解析の基礎理論

1. ランダム変動の表現とスペクトル

　ランダム変動の解析の基礎になるのがフーリエ解析である．まず最も初歩的な準備として，周期関数のフーリエ級数表示の理論からはじめよう．任意の周期関数を三角関数の級数として表わす方法は，19世紀の前半代にフランスの数学者 Fourier (フーリエ，1764-1830) によりはじめられた．彼は固体中の熱伝導問題の解析にこの方法を駆使して熱伝導理論を創始した．しかし，当時のフランス数学会の第一人者である Lagrange ですら，特定の周期関数の和として任意の周期関数を表わすことには疑問をいだき，すでに大数学者であった Fourier の論文も科学院会誌への登載を拒否されたといわれる．Fourier は止むなく論文発表をすることなくこの研究を続け，遂に単行本として研究成果を出版した(矢野茂樹，1970)．

　このような不運な出発にもかかわらず，今日ではフーリエ級数表示は微分方程式の標準的解法の一つとして最も多く用いられている．それのみではなくフーリエ級数展開は微分方程式の解といった"決定論"的な問題だけではなく，不規則現象の解析という"確率論"的な問題にも拡張応用されている．新らしく創出された数学的手法が，当初の数学的厳密さの不備ゆえに不当に低い評価を受けたり，強い反論にあうのは他にも例を見ることができる．例えば，19世紀後半代に電気工学の分野でイギリスの Heaviside によりはじめられた Heaviside 演算子や今世紀の 20 年代に量子力学の分野で創出された Dirac のデルタ関数等を挙げることができる．こうした新らしい数学手法は，まず応用面での有用さを認められ，その後純粋数学者の手により数学的厳密性が確立せられ，場合により(Schwarz による超関数の例のように)数学そのものの基礎概念を揺り動かし，新らしい数学大系へと発展することがある．

1.1 フーリエ級数

さて,フーリエ級数展開の簡単な例題を示すことからはじめよう.関数 $x(t)$ は図 1.1 に示すように区間 $(-T/2, T/2)$ を基本とする周期 T の周期関数である.

$$x(t) = \begin{cases} -2 - \dfrac{4}{T}t & \left(-\dfrac{3T}{4} < t < -\dfrac{T}{4}\right) \\ \dfrac{4}{T}t & \left(-\dfrac{T}{4} \le t \le \dfrac{T}{4}\right) \\ 2 - \dfrac{4}{T}t & \left(\dfrac{T}{4} < t < \dfrac{3T}{4}\right) \end{cases}$$

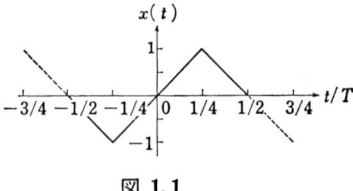

図 1.1

いま,$x(t)$ がこの区間内でちょうど整数個の波を含む正弦関数の荷重和の形で表わされるとする.$x(t)$ は奇関数であるから余弦関数の項はいまの場合考えなくてよい.

$$x(t) = b_1 \sin\frac{2\pi t}{T} + b_2 \sin\frac{4\pi t}{T} + b_3 \sin\frac{6\pi t}{T} + \cdots$$
$$\cdots + b_n \sin\frac{2n\pi t}{T} + \cdots \tag{1.1}$$

上式の両辺に $\sin(2n\pi t/T)$ を掛け,$-T/2$ から $T/2$ の区間で t について積分を行なう.

$$\int_{-T/2}^{T/2} x(t) \sin\frac{2n\pi t}{T} dt = b_1 \int_{-T/2}^{T/2} \sin\frac{2\pi t}{T} \cdot \sin\frac{2n\pi t}{T} dt$$
$$+ b_2 \int_{-T/2}^{T/2} \sin\frac{4\pi t}{T} \cdot \sin\frac{2n\pi t}{T} dt + \cdots + b_n \int_{-T/2}^{T/2} \left(\sin\frac{2n\pi t}{T}\right)^2 dt + \cdots \tag{1.2}$$

上式の右辺の積分は一般に

$$\int_{-T/2}^{T/2} \sin\frac{2m\pi t}{T} \sin\frac{2n\pi t}{T} dt \begin{cases} =0 & (m \neq n) \\ =T/2 & (m=n) \end{cases} \quad (1.3)$$

となり，$m=n$ の場合を除き 0 となる．このような性質をもつ関数列を**直交関数**(orthogonal functions)と呼ぶ*)．さらに $m=n$ の場合の積分が 1 である場合(上の例では$\sqrt{2/T}\sin(2\pi nt/T)$)には**正規直交関数**(orthonormal functions)という．

一方，式 (1.2) の左辺は次のようになる．

$$\int_{-T/2}^{T/2} x(t) \sin\frac{2n\pi t}{T} dt = 2\left[\int_0^{T/4}\left(\frac{4}{T}t\right)\sin\frac{2n\pi t}{T}dt + \int_{T/4}^{T/2}\left(2-\frac{4}{T}t\right)\sin\frac{2n\pi t}{T}dt\right]$$

$$= \frac{2T}{(n\pi)^2}\int_0^{n\pi/2} \zeta \sin\zeta\, d\zeta - \frac{2T}{(n\pi)^2}\int_{n\pi/2}^{n\pi} \zeta \sin\zeta\, d\zeta$$

$$+ \frac{2T}{n\pi}\int_{n\pi/2}^{n\pi} \sin\zeta\, d\zeta \quad (1.4)$$

$$\begin{cases} = \dfrac{4T}{(n\pi)^2}(-1)^{(n+1)/2} & (n=1,3,5,\cdots) \\ = 0 & (n=2,4,6,\cdots) \end{cases}$$

したがって，式 (1.2) に式 (1.3), (1.4) の結果を代入すれば，フーリエ級数の係数は

$$b_n = \frac{2}{T}\int_{-T/2}^{T/2} x(t) \sin\frac{2n\pi t}{T} dt \begin{cases} = \dfrac{8}{(n\pi)^2}(-1)^{(n+1)/2} & (n=1,3,5,\cdots) \\ = 0 & (n=2,4,6,\cdots) \end{cases}$$

$$(1.5)$$

となる．したがって，図 1.1 に示される周期関数は次式のような三角関数列で表示できる．

$$x(t) = \frac{8}{\pi^2}\left\{\sin\frac{2\pi t}{T} - \frac{1}{3^2}\sin\frac{6\pi t}{T} + \frac{1}{5^2}\sin\frac{10\pi t}{T} - \frac{1}{7^2}\sin\frac{14\pi t}{T} + \cdots\right\}$$

$$(1.6)$$

式 (1.6) の右辺の項数を増すにつれて，正負の三角形列の関数 $x(t)$ に近づく様子を図 1.2 に示す．

一般的に，区間 $[-T/2, T/2]$ を一周期とする周期関数の三角級数展開――フ

---
*) その名称の意義については，第 8 章を参照．

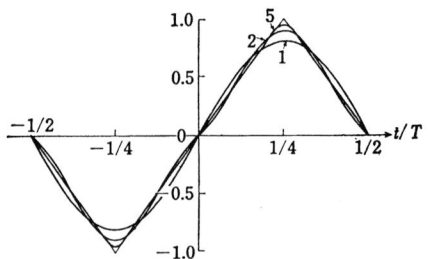

図 1.2 三角波のフーリエ級数展開(数字は和の項数を示す)

ーリエ級数は式 (1.7) のようになる.

■ $x(t) \sim \dfrac{a_0}{2} + a_1\cos\dfrac{2\pi t}{T} + a_2\cos\dfrac{4\pi t}{T} + \cdots + a_n\cos\dfrac{2n\pi t}{T} + \cdots$

$\qquad + b_1\sin\dfrac{2\pi t}{T} + b_2\sin\dfrac{4\pi t}{T} + \cdots + b_n\sin\dfrac{2n\pi t}{T} + \cdots$

$\qquad = \dfrac{a_0}{2} + \sum\limits_{n=1}^{\infty}\left(a_n\cos\dfrac{2n\pi t}{T} + b_n\sin\dfrac{2n\pi t}{T}\right)$ (1.7)

ここに, 係数 a_n, b_n は次式より求めることができる.

$$\left.\begin{aligned}a_n &= \dfrac{2}{T}\int_{-T/2}^{T/2}x(t)\cos\dfrac{2n\pi t}{T}dt \\ b_n &= \dfrac{2}{T}\int_{-T/2}^{T/2}x(t)\sin\dfrac{2n\pi t}{T}dt\end{aligned}\right\} \quad (1.8)$$

なお, 区間 $[-\pi, \pi]$ におけるフーリエ展開は次のようになる.

$$\left.\begin{aligned}x(\zeta) &\sim \dfrac{a_0}{2} + \sum\limits_{n=1}^{\infty}(a_n\cos n\zeta + b_n\sin n\zeta) \\ a_n &= \dfrac{1}{\pi}\int_{-\pi}^{\pi}f(\zeta)\cos n\zeta d\zeta \\ b_n &= \dfrac{1}{\pi}\int_{-\pi}^{\pi}f(\zeta)\sin n\zeta d\zeta\end{aligned}\right\}$$

(注:区間を $[-T/2, T/2]$ から $[-\pi, \pi]$ に(変数を t から ζ)変換しても係数 a_n, b_n は不変である.)

図 1.2 の例では, 右辺の第一項だけで周期関数の基本的な形が表わされている. しかしフーリエ級数で関数形を正確に表わすには項数を非常に多く(普通は少なくとも 20〜30 項)とらなければならないし, また矩形波をフーリエ級数で表現する場合のように項数を増すにつれて関数の不連続点で級数和近似値が

飛び出す Gibbs 現象が現われる (図 1.3). なお任意関数の級数展開の中で収束性が比較的よいといわれるのが Chebyshev 関数である.

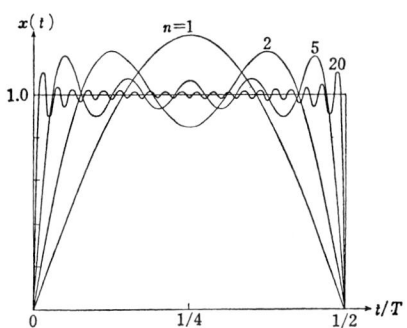

図 1.3 不連続点をもつ関数のフーリエ級数による表示——Gibbs 現象
$$x(t) = \sum \frac{4}{\pi}\left(\frac{1}{2n-1}\right)\sin 2\pi\left(\frac{2n-1}{T}\right)t$$

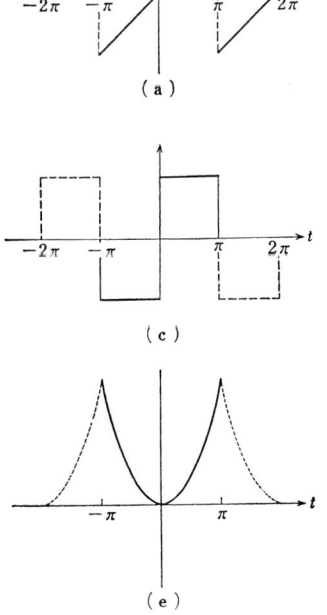

(a)

(b)

(c)

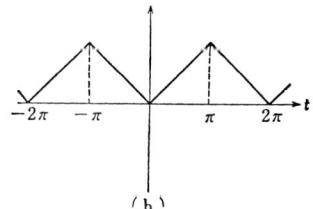

(d)

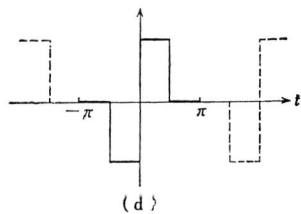

(e)

図 1.4

[フーリエ級数の例]

以下にフーリエ級数展開の例を二，三挙げる（図1.4）．

(a) $x(t) = t \quad (-\pi < t < \pi)$

$$x(t) \sim 2\left\{\frac{\sin t}{1} - \frac{\sin 2t}{2} + \frac{\sin 3t}{3} - \cdots + (-1)^{n+1}\frac{\sin nt}{n} + \cdots\right\}$$

(b) $x(t) = |t| \quad (-\pi \leq t \leq \pi)$

$$x(t) \sim \frac{\pi}{2} - \frac{4}{\pi}\left\{\frac{\cos t}{1^2} + \frac{\cos 3t}{3^2} + \frac{\cos 5t}{5^2} + \cdots + \frac{\cos(2n-1)t}{(2n-1)^2} + \cdots\right\}$$

上の二つの例を比較すると，(a)は奇関数でsin項のみからなり(b)は偶関数でcos項のみからなっている．

(c) $x(t) \begin{cases} = -1 & (-\pi < t < 0) \\ = 1 & (0 < t < \pi) \end{cases}$

$$x(t) \sim \frac{4}{\pi}\left\{\frac{\sin t}{1} + \frac{\sin 3t}{3} + \frac{\sin 5t}{5} + \cdots + \frac{\sin(2n-1)t}{(2n-1)} + \cdots\right\}$$

(d) $x(t) \begin{cases} = 0 & (-\pi < t < -\pi/2) \\ = -1 & (-\pi/2 < t < 0) \\ = 1 & (0 < t < \pi/2) \\ = 0 & (\pi/2 < t < \pi) \end{cases}$

$$x(t) \sim \frac{2}{\pi}\left\{\frac{\sin t}{1} + \frac{2\sin 2t}{2} + \frac{\sin 3t}{3} + \frac{\sin 5t}{5} + \frac{2\sin 6t}{6} + \frac{\sin 7t}{7} + \cdots\right\}$$

$$b_n = \frac{2}{\pi}\frac{1-\cos(n\pi/2)}{n} = \frac{2}{n\pi} \times \begin{cases} 1 & (n=4k+1) \\ 2 & (n=4k+2) \\ 1 & (n=4k+3) \\ 0 & (n=4k) \end{cases}$$

(e) $x(t) = t^2 \quad (-\pi \leq t \leq \pi)$

$$x(t) \sim \frac{\pi^2}{3} + 4\sum_{n=1}^{\infty}(-1)^n\frac{\cos nt}{n^2}$$

これらの例で注意したいのは，左右対称な曲線や点対称の曲線は余弦波あるいは正弦波の和として表現され，しかも各成分波の位相がそろっているか，きれいな相互関係が与えられていることである．もし，各成分波相互の位相関係をでたらめに崩してやるとどうなるであろうか．すぐ後に述べるように元の曲線とは全く様子の違う不規則波となってしまう．

1.2 複素フーリエ級数

式 (1.7), (1.8) のフーリエ級数表示をもう少しスマートにするために，三角関数と指数関数の関係 (1.9) を利用する．

$$\left.\begin{array}{l}\cos\theta=\dfrac{(e^{i\theta}+e^{-i\theta})}{2}\\[6pt]\sin\theta=\dfrac{-i(e^{i\theta}-e^{-i\theta})}{2}\end{array}\right\} \quad (1.9)$$

ここに，$i=\sqrt{-1}$ は虚数単位である．式 (1.9) の関係をフーリエ級数 (1.7)，(1.8) に代入すれば，

$$x(t)=\sum_{n=0}^{\infty}A_n e^{i2\pi nt/T}+\sum_{n=0}^{\infty}B_n e^{-i2\pi nt/T} \quad (1.10)$$

を得る．ここに

$$\left.\begin{array}{l}A_n=\dfrac{a_n-ib_n}{2}=\dfrac{1}{T}\displaystyle\int_{-T/2}^{T/2}x(t)e^{-i2\pi nt/T}dt\\[8pt]B_n=\dfrac{a_n+ib_n}{2}=\dfrac{1}{T}\displaystyle\int_{-T/2}^{T/2}x(t)e^{i2\pi nt/T}dt\end{array}\right\} \quad (1.11)$$

あるいは，n を $-\infty$ から ∞ までとして，上式の右辺の項をまとめて

$$x(t)=\sum_{n=-\infty}^{\infty}C_n e^{i2\pi nt/T} \quad (1.12)$$

ここに，

$$C_n=\dfrac{1}{T}\int_{-T/2}^{T/2}x(t)e^{-i2\pi nt/T}dt \quad (1.13)$$

と表わすことができる．

式 (1.10), (1.11) あるいは式 (1.12), (1.13) の表示を**複素フーリエ級数** (complex Fourier expansion) という．

式 (1.7), (1.8) あるいは式 (1.12), (1.13) の表わす意味は，次のようである．"区間 $(-T/2,\ T/2)$ で定義される任意の周期関数は，周期が T/n ($n=0,1,2,\cdots$) の無数の harmonic wave ($e^{i2\pi nt/T}=\cos(2\pi nt/T)+i\sin(2\pi nt/T)$) の和から成り立っており，各成分波の強さ(あるいは寄与分)は式 (1.13) の c_n により与えられる"．また，c_n は一般に複素数であり，したがって各成分波間の位相差はゼロでない点に注意されたい．

式 (1.7) にもどって，周期 T/n の波について考えれば，三角公式により

$$a_n \cos\frac{2\pi nt}{T} + b_n \sin\frac{2\pi nt}{T} = \sqrt{a_n{}^2+b_n{}^2}\cos\left(\frac{2\pi nt}{T}-\theta_n\right)$$
$$= \mathcal{R}eal\ \boldsymbol{X}_n(t) \qquad (1.14)$$

ここに,
$$\boldsymbol{X}_n(t) = \sqrt{a_n{}^2+b_n{}^2}\,e^{i(2\pi nt/T-\theta_n)}$$
$$= X_n\,e^{i(2\pi nt/T-\theta_n)}$$
$$\theta_n = \tan^{-1}\frac{b_n}{a_n} \qquad (1.15)$$

であるから,周期 T/n の波の振幅は $X_n = \sqrt{a_n{}^2+b_n{}^2}$ であり,位相は,$\theta_n = \tan^{-1}(b_n/a_n)$ である.周期 T/m の波と周期 T/n の波の位相差は,したがって

$$\varDelta\theta = \theta_m - \theta_n = \tan^{-1}\left(\frac{b_m}{a_m}\right) - \tan^{-1}\left(\frac{b_n}{a_n}\right)$$

となる.以上のことから,$x(t)$ は

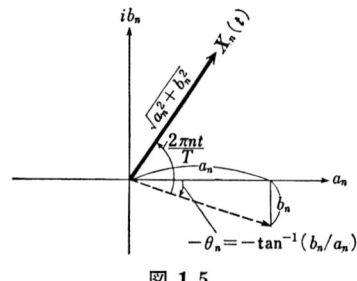

図 1.5

$$x(t) = \mathcal{R}eal\left[\sum_{n=0}^{\infty}\boldsymbol{X}_n(t)\right]$$
$$= \mathcal{R}eal\left[\sum_{n=0}^{\infty}X_n\,e^{i(2\pi nt/T-\theta_n)}\right] \qquad (1.16)$$

と表わされる.$x(t)$ は絶対値が X_n で位相が $-\theta_n$,周期 T/n で原点のまわりを反時計まわりに**回転するベクトル**の和

の実数部と考えることができる(図1.5).あるいは,式 (1.12) より

$$c_n = \frac{a_n-ib_n}{2} = \frac{\sqrt{a_n{}^2+b_n{}^2}}{2}\,e^{-i\theta_n},\quad \theta_n = -\theta_{-n} \qquad (1.17)$$

$$x(t) = \sum_{n=-\infty}^{\infty}\frac{X_n}{2}\,e^{i(2\pi nt/T-\theta_n)} \qquad (1.18)$$

すなわち,絶対値が $X_n/2$ で位相が θ_n,周期 T/n で左回転 ($n>0$) および右回転 ($n<0$) するベクトルの和が $x(t)$ である.

ランダム変動

図 1.4 に挙げたいくつかのフーリエ級数展開の例では,各成分間の位相差は互いにきれいに整っている.すなわち,θ_n は

$$\theta_n = 0$$

か,あるいは

$$\theta_n = \frac{\pi}{2}$$

である.しかし,θ_n にこのように一定の値を与える必要はない.いま,θ_n に $[-\pi, \pi]$ の間の一様乱数を与え各成分波の位相をバラバラにしてみると

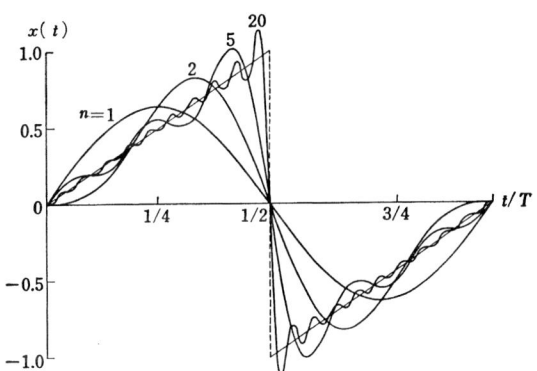

(a) 不連続点をもつ関数のフーリエ級数展開——Gibbs 現象
$$x(t) = \sum \frac{2}{\pi} \frac{(-1)^{n+1}}{n} \sin \frac{2n\pi}{T} t$$

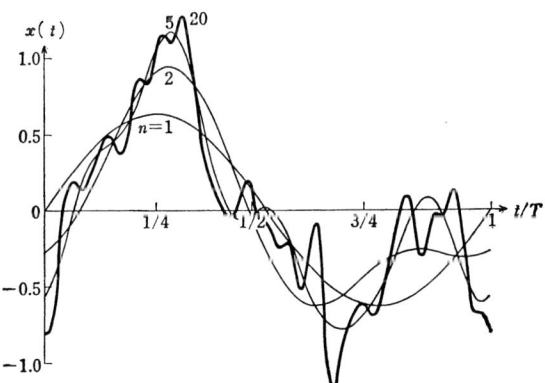

(b) $\sum \dfrac{2}{\pi} \dfrac{(-1)^{n+1}}{n} \sin \left\{ \dfrac{2n\pi}{T} t + \theta_n \right\}$
$\theta_1 = 0$
$\theta_n : 0 \sim 2\pi$ の間の乱数
($\theta_n = 0$ にすると上図ののこぎり波)

図 1.6

$$x(t) = \mathcal{R}eal\left[\sum_{n=0}^{\infty} X_n \, e^{i(2\pi nt/T - \theta_n)}\right]$$

$$= \sum_{n=0}^{\infty} X_n \cos\left(\frac{2\pi nt}{T} - \theta_n\right) \tag{1.19}$$

は $[-T/2,\ T/2]$ 区間の不規則な波となる．図1.6(b)は図1.6(a)と係数は同じでただ位相を一様乱数に置き換えてつくった関数である．確かに，元の曲線とは似ても似つかぬ不規則な変動曲線となっている（さらに§10.7も参照）．

1.3　フーリエ積分

上に導入したフーリエ級数表示のもうひとつの拡張として，基本周期区間 $T \to \infty$ の極限を考えよう．T を有限値とすれば T/n は第 n 次高調波 (n-th harmonics) の周期で，その逆数は周波数 f_n である．また $1/T$ は基本周波数あるいは隣合う成分波間の周波数差 δf である．

$$f_n = \frac{n}{T} \tag{1.20}$$

$$\delta f = \frac{1}{T} \tag{1.21}$$

上に定義した記号を式 (1.12)，(1.13) に代入し，$T \to \infty$ の極限をとると

$$x(t) = \lim_{T \to \infty} \sum_{n=-\infty}^{\infty} \left\{\frac{1}{T}\int_{-T/2}^{T/2} x(t) e^{-i2\pi nt/T} dt\right\} e^{i2\pi nt/T}$$

$$= \lim_{T \to \infty} \sum_{n=-\infty}^{\infty} \delta f \left\{\int_{-T/2}^{T/2} x(t) e^{-i2\pi f_n t} dt\right\} e^{i2\pi f_n t}$$

すなわち，

- $$x(t) = \int_{-\infty}^{\infty} X(f) e^{i2\pi ft} df \tag{1.22}$$

となる．ここに

- $$X(f) = \int_{-\infty}^{\infty} x(t) e^{-i2\pi ft} dt \tag{1.23}$$

式 (1.22) と (1.23) を**フーリエ積分** (Fourier integral) あるいは**フーリエ変換** (Fourier transform) と呼ぶ．これらは互いにフーリエ変換，逆フーリエ変換の関係にある．

式 (1.22) は，複素関数 $X(f)$ を絶対値と偏角により表わし

1.3 フーリエ積分

$$X(f) = |X(f)|e^{i\theta_f}$$

とおけば，$x(t)$ は式 (1.18) の表示と同様に正および負の方向に周波数 f で回転するベクトルの集りとみなせる．

$$x(t) = \int_{-\infty}^{\infty} |X(f)| e^{i(2\pi ft + \theta_f)} df \qquad (1.24)$$

複素フーリエ成分 $X(f)$ について　$X(f)$ は複素関数であるが，$x(t)$ が実関数であるから次のような性質をもつ．

$$X(-f) = \int_{-\infty}^{\infty} x(t) e^{i2\pi ft} dt = X^*(f)$$

したがって，$X(-f) = |X(-f)|e^{i\theta_{-f}}$

あるいは，
$$\left.\begin{array}{c} X(-f) = |X(f)|e^{-i\theta_f} \\ |X(f)| = |X(-f)| \\ \theta_f = -\theta_{-f} \end{array}\right\}$$

である．よって，$x(t)$ は式 (1.24) の右辺の実数部に相当する．$\theta_f = -\theta_{-f}$ より虚数部は互いに打ち消して 0 となる．

$$x(t) = \int_0^{\infty} |X(f)| e^{i(2\pi ft+\theta_f)} df + \int_{-\infty}^0 |X(f)| e^{i(2\pi ft+\theta_f)} df$$
$$= \int_0^{\infty} |X(f)| [e^{i(2\pi ft+\theta_f)} + e^{-i(2\pi ft+\theta_f)}] df$$
$$= 2\int_0^{\infty} |X(f)| \cos(2\pi ft + \theta_f) df \qquad (1.24\text{a})$$

位相 θ_f を $[-\pi, \pi]$ 区間の一様乱数に選ぶと，式 (1.24) あるいは (1.24a) は式 (1.19) と同様に不規則変動を表わす．

工学上普通用いられる周波数 f のかわりに

$$\omega = 2\pi f \qquad (1.25)$$

により，角周波数 (angular frequency (単位：radian/unit time)) を定義する方が，数学上の取り扱いにいろいろと便利である．式 (1.22), (1.23) を角周波数 ω を用いて書き直すと（つまり，$(2\pi)^{-1} X(f)$ を改めて $X(\omega)$ とすると）次のようになる．

- $$x(t) = \int_{-\infty}^{\infty} X(\omega) e^{i\omega t} d\omega \qquad (1.26)$$

- $$X(\omega) = \frac{1}{2\pi} \int_{-\infty}^{\infty} x(t) e^{-i\omega t} dt \qquad (1.27)$$

不規則変動が時間に関するものではなく空間的な変動の場合には，時間 t のか

わりに距離 x，角周波数 ω のかわりに波数(wave number，単位：radian/unit length) k を用いればよい．

$$f(x) = \int_{-\infty}^{\infty} F(k) e^{ikx} dk \qquad (1.28)$$

$$F(k) = \frac{1}{2\pi} \int_{-\infty}^{\infty} f(x) e^{-ikx} dx \qquad (1.29)$$

上の関係は，互いの変換式の対称性を保つように

$$x(t) = \frac{1}{\sqrt{2\pi}} \int_{-\infty}^{\infty} \mathscr{X}(\omega) e^{i\omega t} d\omega \qquad (1.30)$$

$$\mathscr{X}(\omega) = \frac{1}{\sqrt{2\pi}} \int_{-\infty}^{\infty} x(t) e^{-i\omega t} dt \qquad (1.31)$$

と表わすこともできる．ここに，$X(\omega)$ と $\mathscr{X}(\omega)$ の関係は次のようになる．

$$X(\omega) = \frac{1}{\sqrt{2\pi}} \mathscr{X}(\omega)$$

後に示すように，これらの関係式により自己相関とスペクトルの関係を表わしたりスペクトルの物理的意味を説明する上で，式 (1.26)，(1.27) または (1.28)，(1.29) の方が適切である．したがって，本書ではフーリエ変換をこの形式に統一する．

1.4　スペクトル概念の導入
──フーリエ変換と分光スペクトルの相似性──

さて，フーリエ変換の意味をよく理解するために，もっとわかりやすい，しかも目に見える現象である光のスペクトルとの相似を示そう．よく知られているように，スリットを通して暗室内に射し込む太陽光を三角プリズムにあてると種々の波長の電磁波の集合である光はその波長に応じた屈折率で空気とガラスの境界面で折れ曲り，プリズムの背後にある白紙の上に波長の長さの順に美しい七色の連続した光の帯が映し出される．もし，スリットとプリズムの間に例えば黄色の透明紙を置けばスクリーン上には黄色い帯だけが残り，他の色は消えてしまう．また，太陽色をナトリウムガスを通してプリズムにあてると今度は逆に白紙上にはナトリウムガスに特有の黄色の波長の帯が消えてしまう．

このようにプリズム(分光器)を通った光のスペクトルをみれば，スリットを

1.4 スペクトル概念の導入

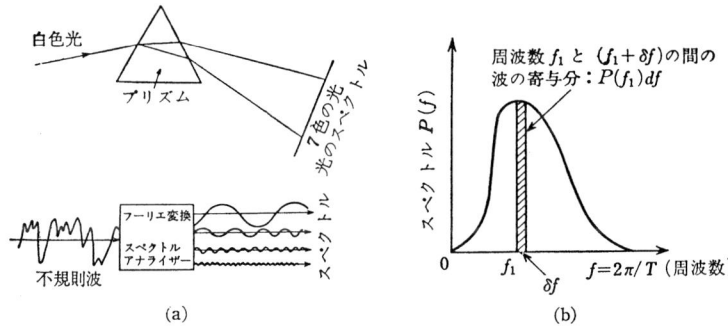

図 1.7 スペクトルの意味

通った光の中の成分色光の強さの分布が一目にしてわかる．すべての色の光が交り合うと白色光となり成分色光がわからなくなってしまうと同様に，不規則な変動も種々の波長の波の合成と考えられる．フーリエ積分，式 (1.22), (1.23) は正にそのことの数学的表現にほかならない．フーリエ成分 $X(f)$ は周期 f の波の振幅であり，$|X(f)|^2$ はその強さ・エネルギーを表わしている．光の分光スペクトルとの相似性より，周波数 f と成分波のエネルギー $|X(f)|^2$ の分布の関係をエネルギースペクトル (energy spectrum) と定義する．

式 (1.7), (1.12) のような有限区間での周期関数や $(-T/2, T/2)$ 以外では変動がゼロの aperiodic 関数の場合には，エネルギー $|X(f)|^2$ も有限と考えられ，エネルギーでスペクトルを定義するのは良い．しかし区間 T が無限の場合には，むしろ単位時間あたりの平均エネルギーをとってパワースペクトル密度関数 (power spectrum density function) $P(f)$ を定義する．

$$P(f) = \lim_{T\to\infty}\left[\frac{1}{T}|X(f)|^2\right] = \lim_{T\to\infty}\left[\frac{1}{T}X(f)X^*(f)\right] \quad (1.32)$$

関数 $x(t)$ が確率変数の場合には，$|X(f)|^2$ の期待値についてパワースペクトルを定義する．

$$P(f) = \lim_{T\to\infty} E\left[\frac{1}{T}|X(f)|^2\right] \quad (1.33)$$

ところで，$x(t)$ で表わされる不規則変動を考えれば，平均パワー $\overline{x^2}$ は，

$$\overline{x^2} = \lim_{T\to\infty}\frac{1}{T}\int_{-T/2}^{T/2} x^2(t)\,dt \quad (1.34)$$

である．

周波数 f と $f+df$ の間に含まれる成分波の変動エネルギー $\overline{x^2}$ への寄与率がスペクトル $P(f)df$ である．したがって，上に導入したスペクトル概念を数式で表示すれば，次式となる．

$$\overline{x^2} = \int_{-\infty}^{\infty} P(f) df \tag{1.35}$$

上式 (1.35) がいわば原義的スペクトル $P(f)$ の定義である．この表示に関しては別の方法で p.41 および p.43 で再び説明する．

表 1.1　スペクトルの定義

エネルギースペクトル	$X(f)X^*(f)$
パワースペクトル	$\displaystyle\lim_{T\to\infty} \frac{X(f)X^*(f)}{T}$

1.5　フーリエ級数とフーリエ積分
　　——線スペクトルと連続スペクトル——

フーリエ級数とフーリエ積分の関係をまず例題により検討しよう．図 1.8(a) に示すような長さ T の区間 $[-T/2, T/2]$ の単純な周期関数 $x_T(t)$ を考える．

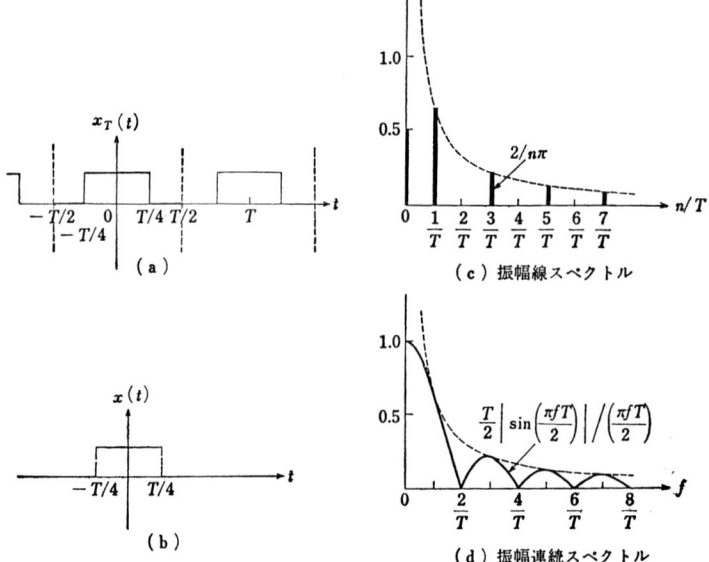

図 1.8

このフーリエ級数展開は

$$a_n = \frac{2}{T}\int_{-T/2}^{T/2} x(t)\cos\frac{2\pi n}{T}t\,dt$$

$$= \frac{4}{T}\int_0^{T/4} \cos\frac{2\pi n}{T}t\,dt$$

$$= \frac{2}{\pi}\frac{(-1)^{m-1}}{2m-1} \qquad (n=2m-1;\ m=1,2,\cdots) \qquad (1.36)$$

$$a_0 = 1$$
$$b_n = 0$$

の関係より,

$$x_T(t) \sim \frac{1}{2} + \frac{2}{\pi}\left[\cos\frac{2\pi}{T}t - \frac{1}{3}\cos\frac{6\pi}{T}t + \frac{1}{5}\cos\frac{10\pi}{T}t + \cdots\right] \qquad (1.37)$$

と表わされる.いま,$[-T/2, T/2]$ の曲線形はそのままにして,この区間以外の矩形波を消してしまうと,一つの矩形パルスとなる.この場合,関数はフーリエ積分により表現できる.式 (1.23) より

$$X(f) = \int_{-\infty}^{\infty} x(t)e^{-i2\pi ft}dt$$

$$= \int_{-T/4}^{T/4} e^{-i2\pi ft}dt$$

$$= \frac{1}{i2\pi f}\left[e^{i(\pi fT/2)} - e^{-i(\pi fT/2)}\right]$$

$$= \frac{1}{\pi f}\sin\frac{\pi fT}{2} \qquad (1.38)$$

したがって,$x(t)$ は次式となる.

$$x(t) = \frac{T}{2}\int_{-\infty}^{\infty} \frac{\sin(\pi fT/2)}{(\pi fT/2)}\cos 2\pi ft\,df \qquad (1.39)$$

式 (1.37) 中の余弦波 $\cos 2\pi(n/T)t$ の振幅を周波数 n/T に対して画くと図 1.8(c) のようになる.図 1.8(a) のような周期的な矩形波は周波数が 0 および $1/T$ の整数倍の余弦波からのみ成り立っている.このように離散的に波が分布している場合の周波数——振幅の分布図を**線スペクトル** (line spectrum) という.

同様に式 (1.39) の波 $\cos 2\pi ft$ の振幅 $T/2\sin(\pi fT/2)/(\pi fT/2)$ を周波数 f について画くと図 1.8(d) のようになる.これはちょうど図 1.8(c) において周

波数 n/T ($n=0, 1, 3, \cdots$) に集中している線スペクトルをその左右の周波数に分布させたものに対応している．図 1.8(d) のような連続的な周波数と振幅の関係曲線を**連続スペクトル**と呼ぶ．

このことは周期関数 x_T を一周期分だけ残しそれ以外の区間で 0 とする場合について一般的にいえる．$x_T(t)$ の複素フーリエ級数は

$$x_T(t) = \sum_{n=0}^{\infty} c_n e^{i 2\pi (n/T) t}$$

$$= \sum c_n \cos 2\pi \left(\frac{n}{T}\right) t + i \sum c_n \sin 2\pi \left(\frac{n}{T}\right) t \qquad (1.40)$$

$$c_n = \frac{1}{T} \int_{-T/2}^{T/2} x_T(t) e^{-i 2\pi f_n t} dt$$

$$= X(f_n) \qquad (1.41)$$

(ここに，$f_n = n/T$) である．一方，$x(t)$ は

$$x(t) = \int_{-\infty}^{\infty} X(f) e^{i 2\pi f t} df$$

$$= \int_{-\infty}^{\infty} X(f) \cos 2\pi f t \, df + i \int_{-\infty}^{\infty} X(f) \sin 2\pi f t \, df \qquad (1.42)$$

$$X(f) = \int_{-\infty}^{\infty} x(t) e^{i 2\pi f t} dt$$

$$= \int_{-T/2}^{T/2} x(t) e^{-i 2\pi f t} dt \qquad (1.43)$$

である．上の二式を比べるといずれも正弦および余弦波より成り立っており，その振幅は $f=f_n$ の周波数で（係数 $1/T$ を別にして）相等しい．しかし，$x_T(t)$ は周期 $f_n=n/T$ での離散的波からのみ成り立っており，$x(t)$ の成分波は周期 f に関して連続的な分布となっている．

2. 自己相関関数

　不規則現象の解析にスペクトルと同様に用いられるものに相関関数がある．理解のしやすさ，定義の容易さ，そして測定あるいは計算の簡易さからむしろスペクトルよりもなじみ深いかも知れない．それに多くの教科書では相関関数から不規則現象の説明をはじめている．

　歴史的に見ても，19世紀末のA. Schusterのペリオドグラムや1921, 1935～1938におけるSir G. I. Taylorの画期的な乱流拡散および等方性乱流の構造に関する論文においても相関関数を用いて現象が説明され，Taylorの後の論文では今日Wiener-Khintchine Theoremと呼ばれている相関とスペクトルの関係が導かれている．

2.1　自己相関関数の定義と意味

　さて，一般的に二つの変量 x と y との相互の関連の度合いを定量的に調べるには，x-y 面上に多くのサンプルから得られる (x, y) で定まる点を打てばよい．x と y が時間の関数ならば x-y 面上の連続した曲線となる．もし，x と y とに関連があれば，一つの直線ないしは(曲線)のまわりに点は分布するし，逆に関連がなければ原点のまわりに一様に分布するであろう(図2.1)．

　二つの変量の相関度は

$$r_x = E\left[\frac{y}{x}\right] = \frac{E[xy]}{E[x^2]}; \quad r_y = E\left[\frac{x}{y}\right] = \frac{E[xy]}{E[y^2]}$$

x と y とを同じように扱うためには

$$r = \frac{E[xy]}{\sqrt{E[x^2]E[y^2]}} \tag{2.1}$$

あるいは

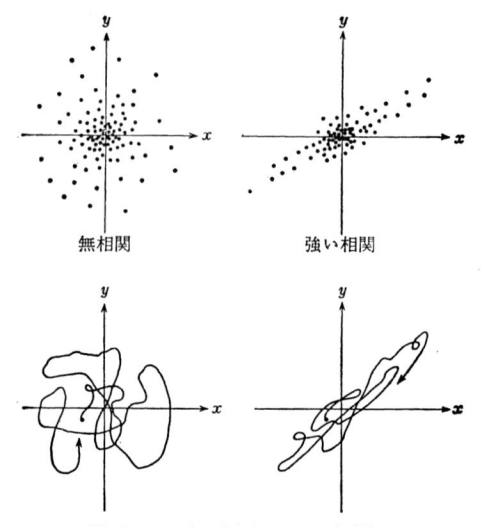

図 2.1　不規則変量 x, y の相関

$$C = E[xy] \qquad (2.2)$$

を測ればよい．ここに，E はアンサンブル平均(ensemble average，母集団平均)を意味する．もし，x と y が無相関ならば

$$r = 0$$

であり，x と y とが α 倍の違いで完全に一致 ($x \equiv \alpha y$) すれば明らかに，

$$r = 1 \quad (\text{または} -1, \ \alpha < 0)$$

となる．

一方，$x(t)$ が周期 T の周期変動であるとすれば，

$$x(t) = x(t \pm nT) \qquad (n = 0, 1, 2, \cdots)$$

つまり，周期の整数倍だけ時間をずらすと元の波形と重なってしまう．不規則変動 $x(t)$ が周期性の強いものならば，周期の整数倍だけ時間軸をずらすと元の波形とかなり似ているであろう．したがって，ある時間 τ だけずらした波形が元の波形とどれだけ似ているかを調べ変動中の周期成分を判別するには，上の場合と同じく $x = x(t)$ と $y = x(t+\tau)$ の相関を求めればよい．

時間に関する不規則変量を $x(t)$ とするとき，τ 時間隔たった二つの変動の積の平均値

2.1 自己相関関数の定義と意味

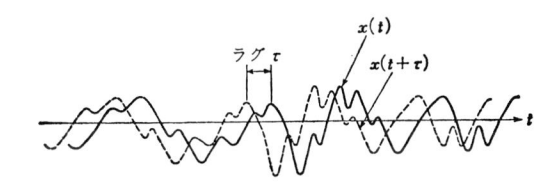

(a) 不規則変動の自己相関

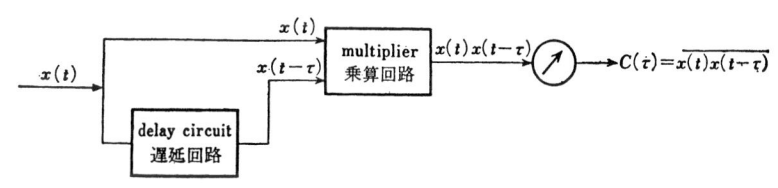

(b) 自己相関関数の意味および電気的推定法

図 2.2

$$C(t,\tau)=E[x(t)x(t+\tau)] \qquad (2.3)$$

で定義される統計的関数を**自己相関関数**(auto-correlation function)と呼ぶ. また, 隔り時間 τ を**ラグ**(lag)という. ここでの平均操作は, 原義的には"アンサンブル平均"であるが, 定常確率過程では多くの場合これを式 (2.4) のように時間平均でおきかえることができ, また時刻 t には無関係でラグ τ のみの関数である. これについては後に第6章で詳しく述べる.

$$C(\tau)=\overline{x(t)x(t+\tau)}$$
$$=\lim_{T\to\infty}\frac{1}{T}\int_{-T/2}^{T/2}x(t)x(t+\tau)dt \qquad (2.4)$$

(ここに, ―― は時間平均を意味する.).

$C(\tau)$ を $\tau=0$ の値 $C(0)$ で割って正規化したものを, **自己相関係数**(auto-correlation coefficient)と呼ぶ.

$$R(\tau)=C(\tau)/C(0)$$
$$=\overline{x(t)x(t+\tau)}\Big/\overline{x^2(t)} \qquad (2.5)$$
$$R(0)=1 \qquad (2.5\text{a})$$

図 2.2(b) は相関の計算をわかりやすく説明したものである. 時々刻々の信号と, それを一度遅延回路に入れ τ 時間だけ遅らせた信号とを乗算回路に入れ, その出力の平均値を読むことに対応する.

例 1 最も単純な例として正弦波の自己相関を求める(図 2.3 a). いま, $x(t)$ を

$$x(t) = a \sin 2\pi ft \tag{2.6}$$

とすれば, $x(t+\tau)$ は

$$x(t+\tau) = a \sin 2\pi f(t+\tau) \tag{2.7}$$

である. このとき, 式 (2.4) の右辺の被積分関数は

$$x(t)x(t+\tau) = \frac{a^2}{2}\{\cos 2\pi f\tau - \cos(2\pi f(2t+\tau))\}$$

である. 上式を $t=0$ から n 波分(周期 $T=1/f$)にわたって積分すれば

$$\int_0^{nT} x(t)x(t+\tau)dt = \frac{nTa^2}{2}\cos 2\pi f\tau$$

したがって, 自己相関係数 $R(\tau)$ は

$$R(\tau) = \int_0^{nT} x(t)x(t+\tau)dt \Big/ \int_0^{nT} x^2(t)dt$$
$$= \cos 2\pi f\tau$$

平均操作を時間平均ではなく, 式 (2.3) のようにアンサンブル平均にとる場合は次のようになる. すなわち, 第 i 番目の標本を

$$x_i(t) = a \sin(2\pi ft + \theta_i) \tag{2.8}$$

とする. 正弦波の波形は同じであるが, 位相は標本ごとに θ_i だけずれている. このとき

$$C(\tau) = E[x_i(t)x_i(t+\tau)]$$
$$= \lim_{N \to \infty}\Big[\sum_{i=1}^{N} x_i(t)x_i(t+\tau)/N\Big]$$
$$= \frac{a^2}{2}\cos 2\pi f\tau - \frac{a^2}{2}E\Big[\cos(2\pi f(2t+\tau) + 2\theta_i)\Big]$$

いま, 位相角 θ_i は $(0, 2\pi)$ 間に確率 $p(\theta)$ で不規則に分布するとすれば

$$E[\cos(2\pi f(2t+\tau) + 2\theta_i)] = \int_0^{2\pi}\cos(2\pi f(2t+\tau) + 2\theta)p(\theta)d\theta$$

である. 確率分布が一様である($p(\theta)=1/2\pi$)とすると, 上式は 0 となる. したがって, 正弦波の自己相関関数と自己相関係数はそれぞれ次のようになる (図 2.3 a).

2.1 自己相関関数の定義と意味

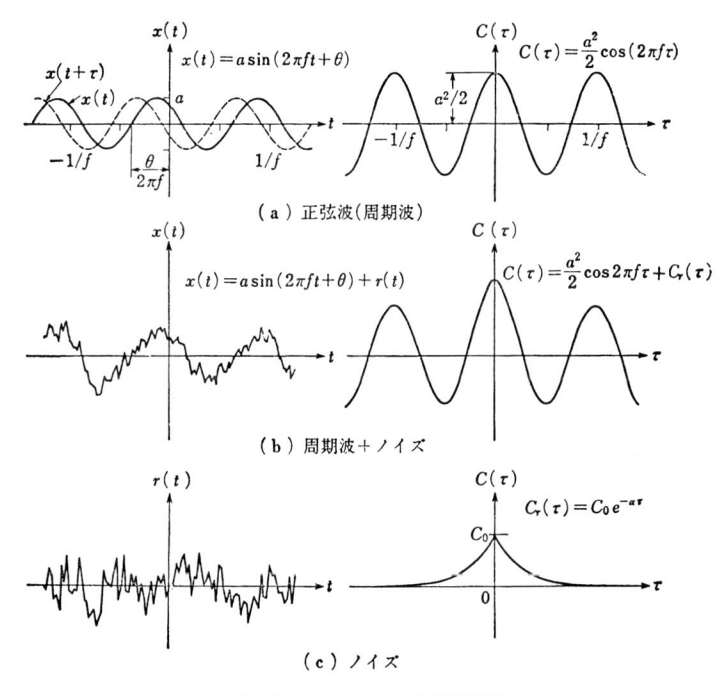

(a) 正弦波(周期波)

(b) 周期波+ノイズ

(c) ノイズ

図 2.3 信号と自己相関関数

$$C(\tau) = \frac{a^2}{2} \cos 2\pi f \tau \qquad (2.9)$$

$$R(\tau) = \cos 2\pi f \tau \qquad (2.10)$$

例 2 次に，時系列 $x(t)$ が正弦波に雑音 $r(t)$ の重なった場合を考える (図 2.3 b)

$$x(t) = a \sin(2\pi f t + \theta) + r(t) \qquad (2.11)$$

このとき，

$$x(t)x(t+\tau) = \frac{a^2}{2}\cos 2\pi f\tau - \frac{a^2}{2}\cos\left[2\pi f(2t+\tau) + 2\theta\right]$$
$$+ ar(t+\tau)\sin(2\pi f t + \theta)$$
$$+ ar(t)\sin(2\pi f(t+\tau) + \theta)$$
$$+ r(t)r(t+\tau)$$

であるから，自己相関関数は次のようになる (図 2.3 b)．

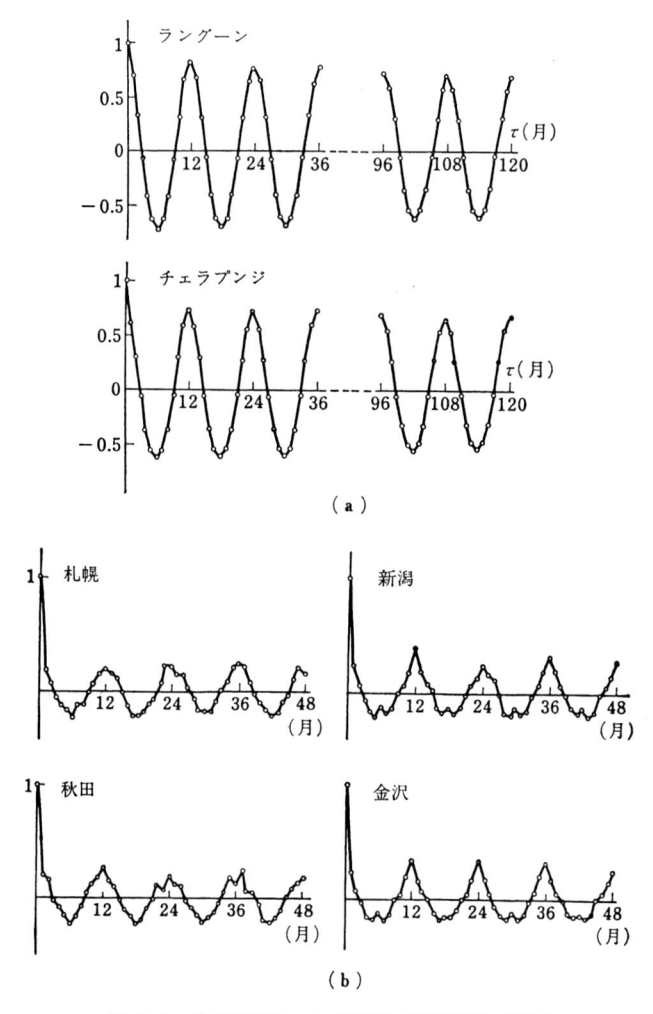

図 2.4 月平均雨量の自己相関(菅原正巳, 1965)

$$C(\tau) = E[x(t)x(t+\tau)]$$
$$= \frac{a^2}{2}\cos 2\pi f\tau + \varphi(\tau) \tag{2.12}$$

ここに，$\varphi(\tau)$は雑音の自己相関関数である．

$$\varphi(\tau) = E[r(t)r(t+\tau)] \tag{2.13}$$

式 (2.12) よりノイズレベルが高まると周期波がノイズに埋れて，自己相関

関数からは識別しづらくなることがわかる.

図2.4は日本および東南アジアの月平均降雨量の自己相関である.月平均降水量はかなり規則正しい年変化をし,東南アジアのモンスーン地帯ほどその規則性が強く,式 (2.12) のような自己相関を示す.

例3 ノイズの自己相関関数

(i) 白色雑音:理想的な雑音の一つは,ラグτが0の場合以外は自己相関が0となる白色雑音(white noise)と呼ばれるものである.これは,すべての周波数の波がランダムな位相で同じ割合で混り合ったノイズで,その一例はランダムなパルス列である.その意味やその他の性質については後の第5章で詳しく述べる.

$$E[n_w(t)n_w(t+\tau)] = \overline{n^2}\delta(\tau) \tag{2.14}$$

ここに,$\delta(\tau)$は Dirac のデルタ関数.

(ii) 一次マルコフ過程:ランダム雑音の多くは,微小ラグΔt隔たるとき前の性質をある割合ρ ($|\rho|<1$)で保存するもので

$$r(t+\Delta t) = \rho r(t) + n(t) \tag{2.15}$$

と表わすことができる.ここに,$n(t)$は白色雑音[*].このようなランダム過程を自己回帰過程(autoregressive process)あるいは一次のマルコフ過程(Markov process)という.

このとき,$r(t+m\Delta t)$は,次のように表わされる.

$$r(t+2\Delta t) = \rho^2 r(t) + \rho n(t) + n(t+\Delta t)$$
$$r(t+3\Delta t) = \rho^3 r(t) + \rho^2 n(t) + \rho n(t+\Delta t) + n(t+2\Delta t)$$
$$\cdots\cdots\cdots\cdots\cdots\cdots\cdots\cdots\cdots\cdots\cdots\cdots\cdots\cdots\cdots$$
$$r(t+m\Delta t) = \rho^m r(t) + \rho^{m-1}n(t) + \rho^{m-2}n(t+\Delta t) + \cdots + n(t+(m-1)\Delta t)$$

上式の両辺に$r(t)$を掛け平均をとれば,自己相関関数は$(E[r(t)n(t+\Delta t)])=0$を考慮して)

$$C(m\Delta t) = E[r(t+m\Delta t)r(t)]$$
$$= \rho^m C(0)$$

となる.ここに,$C(0) = \overline{r^2}$は式 (2.15) の2乗のアンサンブル平均をとれば,$C(0) = \overline{n^2}/$

---

[*] ただし,粗視化(coarse graining),つまり緩和時定数(relaxation time constant)以上のラグτについて無相関とする(斉藤慶一,p.71).

$(1-\rho^2)$ である. したがって,

$$C(m\varDelta t) = \frac{\overline{n^2}\rho^m}{1-\rho^2} \tag{2.16}$$

いま, $\varDelta t$ の直接的影響を消すために相関の逓減率 α を

$$\frac{1-\rho}{\varDelta t} = \alpha \tag{2.17}$$

のように定義すれば,

$$\begin{aligned}\rho^m &= (1-\alpha\varDelta t)^m\\&= [(1+\varepsilon)^{1/\varepsilon}]^{-\alpha\tau}\end{aligned}$$

となる. ここに, $\varepsilon = -\alpha\varDelta t$, $\tau = m\varDelta t$ である. 上式において, 式 (2.17) の関係を保ったまま $\varDelta t \to 0$, すなわち, $\varepsilon \to 0$ とすれば $\lim_{\varepsilon \to 0}(1+\varepsilon)^{1/\varepsilon} = e$ であるから,

$$C(\tau) = C(0) e^{-\alpha|\tau|} \tag{2.18}$$

となる.

また, 次のように考えることもできる. 自己相関関数は

$$C(\tau) = E[r(t)r(t+\tau)]$$

であるから,

$$\begin{aligned}C(\tau+\varDelta t) &= E[r(t)r(t+\tau+\varDelta t)]\\&= E[r(t)(\rho r(t+\tau) + n(t+\tau))]\\&= \rho E[r(t)r(t+\tau)] + E[r(t)n(t+\tau)]\\&= \rho C(\tau)\end{aligned}$$

ここで,

$$C(\tau+\varDelta t) = C(\tau) + \varDelta t\frac{dC}{d\tau} + \mathrm{O}(\varDelta t^2)$$

より

$$1 + \frac{1}{C}\frac{dC}{d\tau}\cdot \varDelta t + \frac{1}{C}\mathrm{O}(\varDelta t)^2 = \rho$$

したがって,

$$\frac{1}{C}\frac{dC}{d\tau} = -\frac{1-\rho}{\varDelta t} = -\alpha$$

上式を積分すれば,

$$C(\tau) = C(0) e^{-\alpha\tau}$$

となる (図 2.3 c).

(iii) <u>Poisson 矩形パルス</u>: 高さが $+a$ または $-a$ で持続間隔が不規則な Poisson 分布

$$p(n,\tau) = \frac{(k\tau)^n}{n!}e^{-k\tau} \qquad (n=0, 1, 2, \cdots)$$

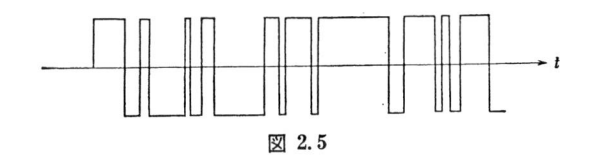

（ここに，k：単位時間あたりの平均生起回数）に従うノイズの自己相関関数は

$$C(\tau) = a^2 e^{-2k|\tau|} \tag{2.18a}$$

で表わされる．

2.2　自己相関関数の一般的性質

(i)　自己相関関数は**偶関数**である．

式 (2.4) において $\tau = -\tau_1$ とすれば

$$C(-\tau_1) = \lim_{T \to \infty} \frac{1}{T} \int_{-T/2}^{T/2} x(t) x(t-\tau_1) dt \tag{2.19}$$

上式において積分変数を $t_1 = t - \tau_1$ とおけば

$$C(-\tau_1) = \lim_{T \to \infty} \frac{1}{T} \int_{-T/2-\tau_1}^{T/2-\tau_1} x(t_1) x(t_1+\tau_1) dt_1$$

区間 $(-T/2, T/2)$ と区間 $(-T/2-\tau_1, T/2-\tau_1)$ とは lim の極限では一致するから，上式の右辺の積分区間は $(-T/2, T/2)$ に置きかえることができる．したがって，$C(\tau)$ は偶関数である．

$$C(\tau) = C(-\tau) \tag{2.20}$$

(ii)　自己相関関数は $\tau = 0$ で**最大値**をとる．

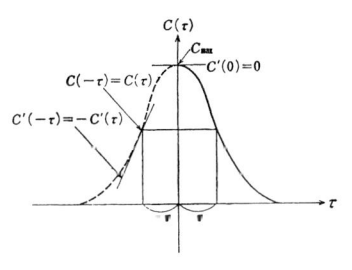

図 2.6　自己相関関数の一般的性質

$\tau \not= 0$ に対して $[x(t) \pm x(t+\tau)]^2$ の平均を考えると（ただし，$x(t)$ は周期関数でないとする），

$$\lim_{T \to \infty} \frac{1}{T} \int_{-T/2}^{T/2} [x(t) \pm x(t+\tau)]^2 dt > 0 \quad (\tau \not= 0)$$

上式を展開すれば

$$\lim_{T\to\infty}\frac{1}{T}\int_{-T/2}^{T/2}x^2(t)\,dt+\lim_{T\to\infty}\frac{1}{T}\int_{-T/2}^{T/2}x^2(t+\tau)\,dt$$

$$\pm 2\lim_{T\to\infty}\frac{1}{T}\int_{-T/2}^{T/2}x(t)x(t+\tau)\,dt>0 \qquad (\tau \neq 0)$$

上式の第一項と第二項は $C(0)$ に等しい．したがって

$$C(0)>\pm C(\tau) \qquad (\tau \neq 0)$$

すなわち

$$C(0)>|C(\tau)| \qquad (\tau \neq 0) \tag{2.21}$$

が得られ，自己相関関数は $\tau=0$ で最大値をとることが証明された．

(iii) 自己相関関数の微分

式 (2.20) を τ に関して微分すれば

$$C'(\tau)=-C'(-\tau) \tag{2.22}$$

上式で，$\tau=0$ とおけば $C'(0)=-C'(0)$. したがって，

$$C'(0)=0 \tag{2.23}$$

さて，式 (2.4) を τ に関して微分すれば

$$C'(\tau)=\frac{dC}{d\tau}=\lim_{T\to\infty}\frac{1}{T}\int_{-T/2}^{T/2}x(t)x'(t+\tau)\,dt \tag{2.24}$$

となる．

また，式 (2.24) において $\xi=t+\tau$ と変数変換をすれば

$$C'(\tau)=\lim_{T\to\infty}\frac{1}{T}\int_{-T/2+\tau}^{T/2+\tau}x'(\xi)x(\xi-\tau)\,d\xi$$

$$=\lim_{T\to\infty}\frac{1}{T}\int_{-T/2}^{T/2}x'(\xi)x(\xi-\tau)\,d\xi$$

第一式から第二式への移行は，(i) の場合と同じ理由による．ここで，上式を τ に関して微分すれば

$$C''(\tau)=-\lim_{T\to\infty}\frac{1}{T}\int_{-T/2}^{T/2}x'(\xi)x'(\xi-\tau)\,d\xi$$

再び，$t=\xi-\tau$ の変数変換を行なえば

$$C''(\tau)=-\lim_{T\to\infty}\frac{1}{T}\int_{-T/2-\tau}^{T/2-\tau}x'(t)x'(t+\tau)\,dt$$

$$=-\lim_{T\to\infty}\frac{1}{T}\int_{-T/2}^{T/2}x'(t)x'(t+\tau)\,dt \tag{2.25}$$

2.2 自己相関関数の一般的性質

を得る．したがって，変数 $x(t)$ の t に関する微分の自己相関関数は，$x(t)$ の自己相関関数 $C(\tau)$ のラグ τ に関する二階微分に負符号を付けたものに等しい．x とその微分 x' との相互相関は x の自己相関 C の一階微分に等しい．

(iv) 不規則現象では，τ が大きくなれば相関が悪くなるという性質

$$C(\tau) \to 0 \qquad (\tau \to \infty) \tag{2.26}$$

があるから，式 (2.20), (2.26) を満たす単純な関数として

$$R_a(\tau) = e^{-|\tau|/\tau_a} \tag{2.27}$$

$$R_b(\tau) = e^{-(\tau/\tau_b)^2} \tag{2.28}$$

を考えることができる．ここに，

$$\tau_a = \int_0^\infty R_a(\tau) d\tau \tag{2.29}$$

$$\tau_b = \frac{2}{\sqrt{\pi}} \int_0^\infty R_b(\tau) d\tau \tag{2.30}$$

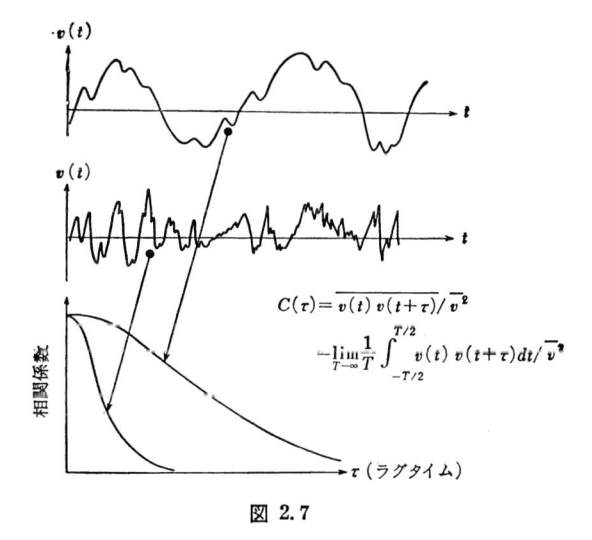

$$C(\tau) = \overline{v(t)v(t+\tau)}/\overline{v^2}$$
$$= \lim_{T \to \infty} \frac{1}{T} \int_{-T/2}^{T/2} v(t)v(t+\tau)dt/\overline{v^2}$$

図 2.7

ランダム変動がゆっくりした変動から成り立つとき τ_a または τ_b は大きく，逆に細かな変動のときこれらは小さくなる．τ_a, τ_b はランダム変動の(時間的または空間的)スケールの目安である．

実際,式 (2.27), (2.28) の関数型は多くの不規則現象の自己相関係数の近似としてよい場合が少なくない.

なお,変動 $x(t)$ の平均値 $\overline{x(t)}$ がゼロではないとき, $\tilde{x}(t) = x(t) - \overline{x(t)}$ に関する相関を

$$C_v(\tau) = \overline{\tilde{x}(t)\tilde{x}(t+\tau)}$$
$$= \lim_{T\to\infty}\frac{1}{T}\int_{-T/2}^{T/2}\{x(t)-\bar{x}\}\{x(t+\tau)-\bar{x}\}dt \qquad (2.31)$$

自己共分散関数(variance function)と呼んで,自己相関と区別することがある(しかし,この言葉の定義はそれ程はっきりしたものではない). 上式の C_v を変形すれば次のようになる.

$$C_v(\tau) = \lim_{T\to\infty}\frac{1}{T}\int_{-T/2}^{T/2}[x(t)x(t+\tau)-\bar{x}\{(x(t)+x(t+\tau))\}+\bar{x}^2]dt$$
$$= C(\tau) - \bar{x}\lim_{T\to\infty}\frac{1}{T}\int_{-T/2}^{T/2}\{x(t)+x(t+\tau)\}dt + \bar{x}^2$$

ここで,

$$\lim_{T\to\infty}\frac{1}{T}\int_{-T/2}^{T/2}x(t)dt = \lim_{T\to\infty}\frac{1}{T}\int_{-T/2}^{T/2}x(t+\tau)dt = \bar{x}$$

であることを考慮すれば,自己共分散関数と自己相関関数は次のように関係づけられる.

$$C_v(\tau) = C(\tau) - \bar{x}^2 \qquad (2.32)$$

例 1 波浪の自己相関

海の波はちょっと見には規則正しい正弦波のように思えるが,実は一つの卓越周期の波のほか波高と位相の互いに異なる種々の周期の波の集合である. このことは波の自己相関関数を求めると直ちに明らかとなる. 図2.8 は実際の海洋波の記録で,その自己相関係数 $R(\tau)$ は次章の図3.5にスペクトルとともに示す. $R(\tau)$ は振幅がラグ τ とともに漸減する三角余弦関数で近似でき,上述の点が立証される. このことは,次節に述べるスペクトルの議論で一層明確になる.

例 2 煙の乱流拡散

煙突からの煙は大気の乱れにより拡散し,煙の濃度は稀釈される. 煙は空気の流れにより受動的に運動し,その拡がり(煙の流れに直角方向の移動距離 $Y(t)$ の2乗平均根)$\sqrt{\overline{Y^2}}$ は Taylor (1921) の理論により次式で与えられる.

$$\overline{Y^2}(t) = 2\overline{v_l^2}\int_0^t\int_0^\xi R_l(\tau)d\tau d\xi \qquad (2.33)$$

ここに,R_l は Lagrange 相関と呼ばれ,一つの流体粒子を追跡するとき,その流体粒子

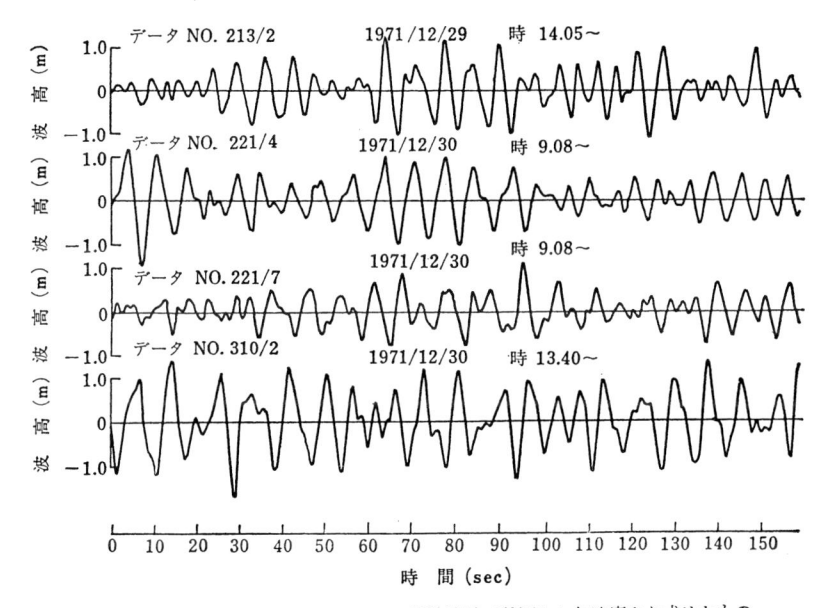

(a) 海洋波の表面波形 $\zeta(t)$. クローバー型波浪計で計測した加速度より求めたもの.

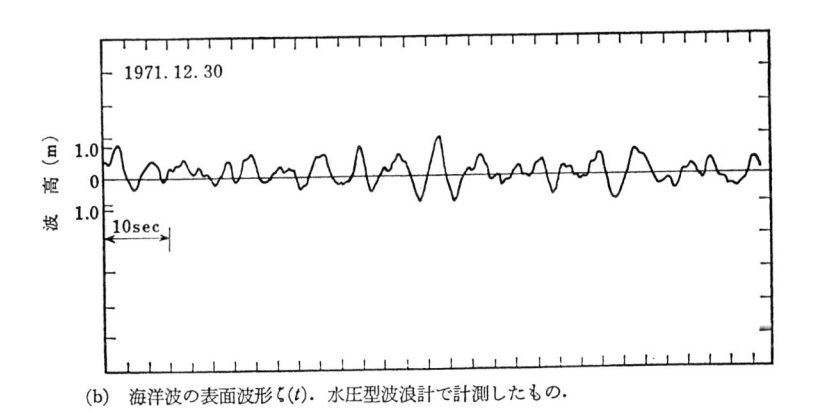

(b) 海洋波の表面波形 $\zeta(t)$. 水圧型波浪計で計測したもの.

図 2.8 (光易・田才他, 九州大学応力研所報, 第39号, (昭48))

の Y 方向の速度 $v_l(t)$ (これを Lagrange 速度という) の自己相関係数

$$R_l(\tau) = \frac{<v_l(t)v_l(t+\tau)>}{v_l^2} \tag{2.34}$$

として定義される. $R_l(\tau)$ は一般に

$$R_l(\tau) = \exp\left(-\frac{|\tau|}{\tau_*}\right) \tag{2.35}$$

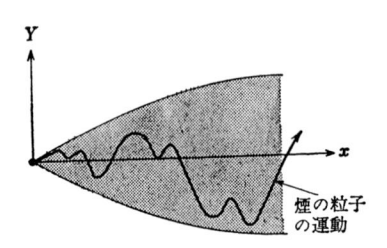

図 2.9 煙の拡散

で表わされる．したがって，煙の拡がり幅は

$$\sqrt{\overline{Y^2}} = \sqrt{2\overline{v_l^2}}\,\tau_*\left[\frac{t}{\tau_*} - \left\{1 - \exp\left(\frac{-t}{\tau_*}\right)\right\}\right]^{1/2} \tag{2.36}$$

上式において，$t \approx 0$ および $t \gg \tau_*$ の極限では，それぞれ

$$1 - \exp\left(-\frac{t}{\tau_*}\right) = \frac{t}{\tau_*} - \frac{1}{2}\left(\frac{t}{\tau_*}\right)^2 + O\left(\left(\frac{t}{\tau_*}\right)^3\right) \quad (t \approx 0)$$

$$\frac{t}{\tau_*} - \left\{1 - \exp\left(-\frac{t}{\tau_*}\right)\right\} \simeq \frac{t}{\tau_*} - 1 \simeq \frac{t}{\tau_*} \quad (t \gg \tau_*)$$

の関係が成り立つことを考慮すれば，$\sqrt{\overline{Y^2}}$ は次のようになる．

$$\sqrt{\overline{Y^2}} \simeq \begin{cases} \sqrt{\overline{v_l^2}} \cdot t & (t \approx 0) \\ \sqrt{2\overline{v_l^2}\,\tau_*} \cdot \sqrt{t} & (t \gg \tau_*) \end{cases} \tag{2.37}$$

すなわち，煙の幅は排出源近くでは直線的に，遠くでは放物線的に拡がる．

例 3 煙の拡散に関連し，大気汚染の例を挙げよう．大気汚染は人間の生産社会活動に帰因し，その汚染の程度（汚染質濃度）は，汚染質の排出量と気象条件（風速と大気

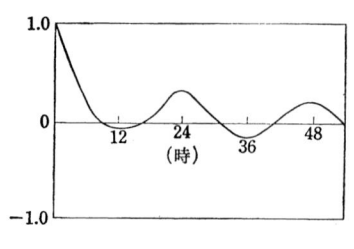

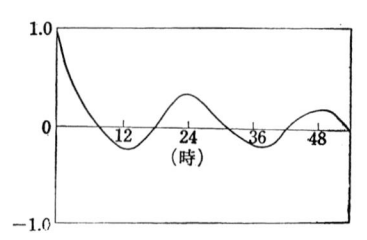

(a) SO_2 濃度の自己相関係数　　　(b) 風速の自己相関係数

図 2.10

安定度および風向）に依存する．

図2.10は西日本のある工業地帯での日常の観測データからSO_2濃度や風速の自己相関係数を求めたもので，日周期が明瞭に現われている．これは人間活動も気象もともに一日を単位とする強い周期性をもっていることによる．

3. 自己相関関数とスペクトルの関係
——Wiener-Khintchineの公式——

3.1 パワースペクトル

前章までに，不規則現象の取り扱い上最も重要な統計的概念として，相関関数とスペクトルを定義した．これらの量はその表わしている直接の意味はそれぞれ異なるけれども，互いに関連づけられ一方を知れば他の量はそれから導きうるものである．二つの統計量は同質ではないけれども同価であるということができる．

さて，$x(t)$ は $-T/2 \leq t \leq T/2$ の範囲での不規則変量であり，それ以外の t 領域では 0 であるとする．このとき §1.3 に述べたところにより，$x(t)$ は複素フーリエ成分 $X(\omega)$ に関して

$$x(t) = \int_{-\infty}^{\infty} X(\omega) e^{i\omega t} d\omega \tag{3.1}$$

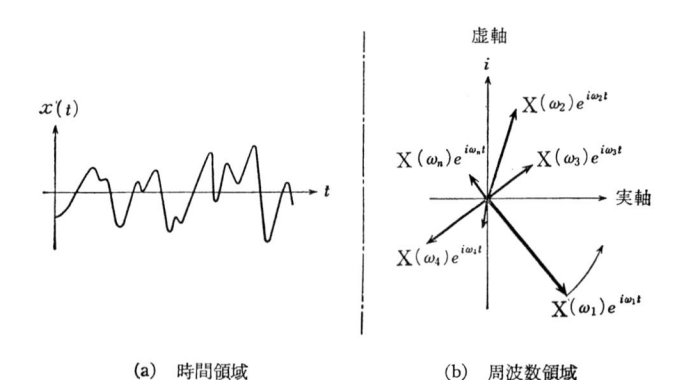

(a) 時間領域 (b) 周波数領域

図 3.1 ランダム変動

また，逆に
$$X_T(\omega) = \frac{1}{2\pi} \int_{-T/2}^{T/2} x(t) e^{-i\omega t} dt \tag{3.2}$$
と書ける．

一方，自己相関関数 $C(\tau)$ は式 (2.4) の定義により，
$$C(\tau) = \lim_{T\to\infty} \frac{1}{T} \int_{-T/2}^{T/2} x(t) x(t+\tau) dt$$
と書かれる．上式に式 (3.1) を代入し，次に積分順序を変更すれば，
$$C(\tau) = \lim_{T\to\infty} \frac{1}{T} \int_{-T/2}^{T/2} x(t) \left[\int_{-\infty}^{\infty} X_T(\omega) e^{i\omega(t+\tau)} d\omega \right] dt$$
$$= \lim_{T\to\infty} \frac{1}{T} \int_{-\infty}^{\infty} X(\omega) e^{i\omega\tau} \left[\int_{-T/2}^{T/2} x(t) e^{i\omega t} dt \right] d\omega$$
ここで，$x(t)$ が $(-T/2, T/2)$ 以外で0であることを考慮すれば，上式右辺の $(-T/2, T/2)$ 間の積分は $(-\infty, \infty)$ でおきかえられる．そして式 (3.2) の共役関係を使えば
$$C(\tau) = \int_{-\infty}^{\infty} \left[\lim_{T\to\infty} \frac{2\pi X(\omega) X^*(\omega)}{T} \right] e^{i\omega\tau} d\omega \tag{3.3}$$
を得る．上式で，$\tau=0$ とおけば，$C(0) = \overline{x^2}$ であるから
$$\overline{x^2} = \int_{-\infty}^{\infty} \left[\lim_{T\to\infty} \frac{2\pi X(\omega) X^*(\omega)}{T} \right] d\omega \tag{3.4}$$
となる．§1.4 で述べたスペクトルの定義式 (1.35)
$$\overline{x^2} = \int_{-\infty}^{\infty} S(\omega) d\omega \tag{3.5}$$
と上の式 (3.4) を比較すれば，スペクトル $S(\omega)$ と $x(t)$ の複素フーリエ成分 $X(\omega)$ との関係をあらためて次のように導くことができる．
$$S(\omega) = \lim_{T\to\infty} \frac{2\pi X(\omega) X^*(\omega)}{T} = \lim_{T\to\infty} \frac{2\pi |X(\omega)|^2}{T} \tag{3.6}$$

自己相関関数をアンサンブル平均 $C(\tau) = E[x(t)x(t+\tau)]$ により定義すると，これに対応してパワースペクトルは
$$S(\omega) = \lim_{T\to\infty} \left\langle \frac{2\pi X(\omega) X^*(\omega)}{T} \right\rangle \tag{3.7}$$
ここに，$\langle \ \rangle$ はアンサンブル平均を表わす．

$x(t)$ のフーリエ成分 $X(\omega)$ は複素数であるが，パワースペクトル $S(\omega)$ は

式 (3.6) からも明らかなように，**実の偶関数**である．

なお，反転公式との対称性を保つためにフーリエ変換の定義を

$$x(t) = \frac{1}{\sqrt{2\pi}} \int_{-\infty}^{\infty} \mathscr{X}(\omega) e^{i\omega t} d\omega$$

$$\mathscr{X}(\omega) = \frac{1}{\sqrt{2\pi}} \int_{-\infty}^{\infty} x(t) e^{-i\omega t} dt$$

とすることもある．この場合には，スペクトル $S(\omega)$ は次のようになる．

$$S(\omega) = \lim_{T \to \infty} \frac{\mathscr{X}(\omega)\mathscr{X}^*(\omega)}{T} = \lim_{T \to \infty} \frac{|\mathscr{X}(\omega)|^2}{T}$$

3.2 Wiener-Khintchine の公式

式 (3.3), (3.6) より自己相関関数 $C(\tau)$ はパワースペクトル (power spectral density) $S(\omega)$ のフーリエ変換であることが導かれる．

$$C(\tau) = \int_{-\infty}^{\infty} S(\omega) e^{i\omega\tau} d\omega \tag{3.8}$$

また，上の関係の逆フーリエ変換式 ((3.1), (3.2) の関係) より，パワースペクトルは相関関数のフーリエ変換であることが導かれる．すなわち

$$S(\omega) = \frac{1}{2\pi} \int_{-\infty}^{\infty} C(\tau) e^{-i\omega\tau} d\tau \tag{3.9}$$

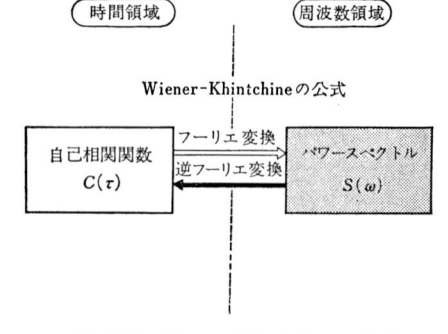

図 3.2 Wiener-Khintchine の公式

式 (3.8), (3.9) に示されるように，相関関数とパワースペクトルは互いにフーリエ変換の関係にあり，一方が知れれば他方も求められる．この関係を **Wiener-Khintchine の公式**という．第 12 章において説明するように，実際にパワースペクトルを求めるのには，式 (3.6)〜(3.9) の関係がしばしば用い

られる.

なお，Wiener-Khintchine の公式およびスペクトルの意味は，次のように導くこともできる. まず，自己相関関数を次のように定義する.

$$C(\tau) = \lim_{T \to \infty} \frac{1}{T} \int_{-T/2}^{T/2} x(t) x(t+\tau) dt \tag{3.10}$$

さて，フーリエの積分定理は，任意の関数 $\varphi(t)$ が

$$\varphi(t) = \frac{1}{2\pi} \int_{-\infty}^{\infty} e^{i\omega t} \left[\int_{-\infty}^{\infty} \varphi(\sigma) e^{-i\omega \sigma} d\sigma \right] d\omega$$

と表わしうることを示している. 上式は，すでに述べたようにフーリエ級数の極限操作により導かれた. ところで，$\varphi(t)$ を $C(\tau)$ とみなせば，上式を次のように二つの式に分けて表わすことができる. すなわち，一組のフーリエ変換の関係式である.

$$C(\tau) = \int_{-\infty}^{\infty} S(\omega) e^{i\omega \tau} d\omega \tag{3.11a}$$

$$S(\omega) = \frac{1}{2\pi} \int_{-\infty}^{\infty} C(\tau) e^{-i\omega \tau} d\tau \tag{3.11b}$$

式 (3.10) および式 (3.11a) において，$\tau=0$ とすれば，

$$C(0) = \lim_{T \to \infty} \frac{1}{T} \int_{-\infty}^{\infty} x^2(t) dt$$

$$= \int_{-\infty}^{\infty} S(\omega) d\omega \tag{3.12}$$

となる. したがって，ここに式 (3.11b) により新しく定義された関数 $S(\omega)$ は，ランダム変動の**平均パワー** $\overline{x^2}$ への各周波数成分からの寄与率を意味していることが明確となる. それゆえ，$S(\omega)$ は**パワースペクトル密度関数**(power spectral density function) と呼ばれる.

3.3 パワースペクトルの定義法

これまでは，パワースペクトル $S(\omega)$ を角周波数 ω に関して $(-\infty, \infty)$ の範囲で定義した. しかし，実際にスペクトルを求めることを考えると，定義域を ω の $(0, \infty)$ に限る方が自然である. このように定義域を ω の正の範囲に限った場合のスペクトルを $G(\omega)$ と記号づけする. $G(\omega)$ を $(0, \infty)$ で積分すれば (変動量を $x(t)$ として)

$$\overline{x^2} = \int_0^{\infty} G(\omega) d\omega \tag{3.13}$$

でなければならないから，$G(\omega)$ と $S(\omega)$ の関係は

$$G(\omega) = 2S(\omega) \tag{3.14}$$

である(図 3.3). $S(\omega)$ は ω の正と負の領域で定義されているので,two-sided spectrum[*] と呼ばれる.これに対して,$G(\omega)$ は one-sided spectrum と呼ばれる.このとき,式 (3.8), (3.9) の関係は次のようになる.

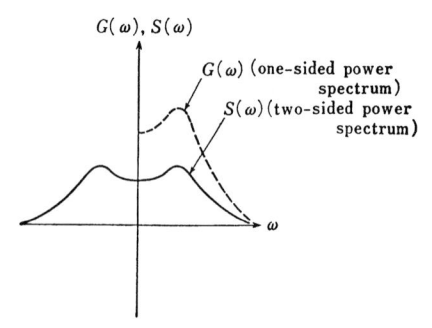

図 3.3 スペクトルとその定義周波数域

$$\left.\begin{array}{l} C(\tau)=\int_0^\infty G(\omega)\cos\omega\tau\,d\omega \\ G(\omega)=\dfrac{1}{\pi}\int_{-\infty}^\infty C(\tau)e^{-i\omega\tau}d\tau \end{array}\right\} \qquad (3.15)$$

一方,角周波数 ω (radian/unit time) は数学的取り扱いの上からは便利であるが,実際利用の上からは周波数 f (Hz または cycle/unit time) に関してスペクトル表示をする方が便利である.本書では,この定義に従う two-sided spectrum を $P(f)$ とし,one-sided spectrum を $E(f)$ と記号づける.このとき,Wiener-Khintchine の公式は次のように表わされる.

[Two-sided spectrum と自己相関関数]

$$\left.\begin{array}{l} C(\tau)=\displaystyle\int_{-\infty}^\infty P(f)e^{i2\pi f\tau}df \\ \quad =2\displaystyle\int_0^\infty P(f)\cos 2\pi f\tau\,df \\ P(f)=\displaystyle\int_{-\infty}^\infty C(\tau)e^{-i2\pi f\tau}d\tau \\ \quad =2\displaystyle\int_0^\infty C(\tau)\cos 2\pi f\tau\,d\tau \\ \overline{u^2}=\displaystyle\int_{-\infty}^\infty P(f)df=2\displaystyle\int_0^\infty P(f)df \end{array}\right\} \qquad (3.16)$$

---

[*] 正確には two-sided power spectral density function

また，パワースペクトル $P(f)$ は，$x(t)$ の複素フーリエ成分 $F(f)$ により，次のように定義される．

$$P(f) = \lim_{T \to \infty} \frac{<F(f)F^*(f)>}{T} \\ F(f) = \int_{-\infty}^{\infty} x(t) e^{-i2\pi ft} dt \Bigg\} \quad (3.17)$$

[One-sided spectrum と自己相関関数]

$$C(\tau) = \mathcal{R}\left[\int_0^{\infty} E(f) e^{i2\pi f\tau} df\right] \\ = \int_0^{\infty} E(f) \cos 2\pi f\tau df \\ E(f) = 4\int_0^{\infty} C(\tau) \cos 2\pi f\tau d\tau \\ \overline{u^2} = \int_0^{\infty} E(f) df \\ E(f) = 2P(f) \Bigg\} \quad (3.18)$$

このように定義域や周波数の表わし方により，スペクトルの定義にいくつかの形式があるから，公式やスペクトルの計算式を利用するときには，どの定義によるものかをはっきりさせておく必要がある．とくにスペクトルの $(0, \infty)$ 域での積分値が $\overline{x^2}$ (one-sided spectrum) なのか，$\overline{x^2}/2$ (two-sided spectrum) なのかはしばしば混同しがちである．本書ではスペクトル記号を次表の約束に従って統一する．

表 3.1 スペクトルの定義法と記号

	角周波数 ω		周波数 f	
	one-sided spectrum	two-sided spectrum	one-sided spectrum	two-sided spectrum
記　　号	$G(\omega)$	$S(\omega)$	$E(f)$	$P(f)$
定　義　域	$(0, \infty)$	$(-\infty, \infty)$	$(0, \infty)$	$(-\infty, \infty)$
$(0, \infty)$ での積分値	$\overline{x^2}$	$\overline{x^2}/2$	$\overline{x^2}$	$\overline{x^2}/2$

表 3.2 信号と自己相関関数

	信号		自己相関
1		直流成分	
2		白色雑音	
3		$x(t+\Delta t) = (\rho x(t) + n(t)$, $\alpha = \lim_{\Delta t \to 0} \dfrac{1-\rho}{\Delta t}$ マルコフ過程 または,変動幅±1のポワッソン分布矩形波(平均零交差数 $k=\alpha/2$)	
4		正弦波	
5		正弦波×マルコフ過程 海洋波的な波	
6		ポワッソン分布に従うランダム・ステップ関数 または,バイナリ雑音	
7		低周波ろ波器を通した白色雑音	
8		帯域ろ波器を通した白色雑音	

3.3 パワースペクトルの定義法

およびスペクトル

関 数	パワースペクトル (two-sided)
$C(\tau) = a^2$	$P(f) = a^2 \delta(f)$
$C(\tau) = k\delta(\tau)$	$P(f) = k$
$C(\tau) = e^{-a|\tau|}$	$P(f) = \dfrac{2a}{a^2 + 4\pi^2 f^2}$
$C(\tau) = \dfrac{a^2}{2} \cos 2\pi f_0 \tau$	$P(f) = \dfrac{a^2}{4}[\delta(f - f_0) + \delta(f + f_0)]$
$C(\tau) = \dfrac{a^2}{2} e^{-a|\tau|} \cos 2\pi f_0 \tau$	$\dfrac{a^2 a}{2}\left[\dfrac{1}{a^2 + 4\pi^2(f+f_0)^2} + \dfrac{1}{a^2 + 4\pi^2(f-f_0)^2}\right]$
$C(\tau) = \begin{cases} \bar{k}(1-|\tau|) & (|\tau| \leq 1) \\ 0 & (|\tau| > 1) \end{cases}$	$P(f) = \bar{k}\left(\dfrac{\sin \pi f}{\pi f}\right)^2$
$C(\tau) = 2aB\left(\dfrac{\sin 2\pi B\tau}{2\pi B\tau}\right)$	$P(f) \begin{cases} = a & (0 \leq f \leq B) \\ = 0 & (B < f) \end{cases}$
$C(\tau) = 2aB\left(\dfrac{\sin \pi B\tau}{\pi B\tau}\right) \cos 2\pi f_0 \tau$	$P(f) \begin{cases} = a & (0 < f_0-(B/2) \leq f \leq f_0+(B/2)) \\ = 0 & (f < f_0-(B/2), f > f_0+(B/2)) \end{cases}$

3.4 ランダム現象のパワースペクトルの例

例1 一次マルコフ過程のスペクトル

前章の例3で導いたように一次のマルコフ過程によりモデル化されるランダム変動

$$r(t+\Delta t) = \rho r(t) + n(t) \tag{3.19}$$

の自己相関関数は

$$C(\tau) = C(0)e^{-\alpha|\tau|} \tag{3.20}$$

(ここに, $\alpha = \lim_{\Delta t \to 0}(1-\rho)/\Delta t$ である. これに対応するパワースペクトルは, 式 (3.9) の Wiener-Khintchine の公式により

$$S(\omega) = \frac{1}{2\pi}\int_{-\infty}^{\infty} C(0)e^{-\alpha|\tau|}e^{-i\omega\tau}d\tau$$

ここで, $e^{-\alpha|\tau|}$ が偶関数であることを考慮すれば

$$= \frac{C(0)}{\pi}\int_{0}^{\infty} e^{-\alpha\tau}\cos\omega\tau\, d\tau$$

$$= \frac{C(0)}{\pi}\frac{\alpha}{\alpha^2+\omega^2} \tag{3.21}$$

となる(図3.4(a), (b)).

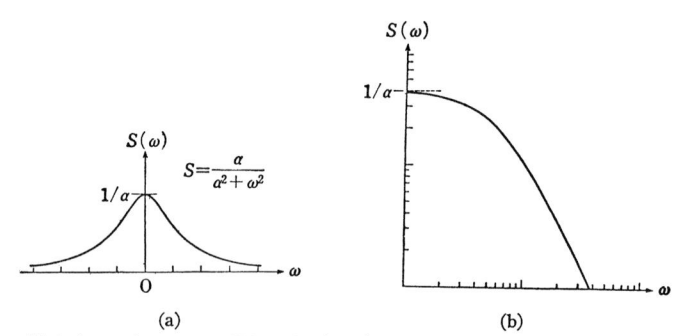

図 3.4 一次マルコフ過程, 式 (3.19) で表わされる不規則変動のスペクトル. 自己相関は図2.3(c).

例2 風波のスペクトル

風波はある卓越周波数の波とそのまわりの種々の周波数の波の重ね合わせであることを, 前章では自己相関係数により示したが, このことは周波数領域でのパワースペクトル表示により一層明確になる. 図3.5は風波スペクトルの片対数表示で, 卓越周波数は $f=2.45\,\mathrm{Hz}$ である. なお, 風波スペクトルの高周波数側には, パワースペクトルが周波数の -5 乗で逓減する領域(平衡領域)がある.

$$S(\omega) = \alpha\omega^{-5} \tag{3.22}$$

この "-5 乗スペクトル" は, Phillips (1957) により次元的考察にもとづいて理論的に予測された.

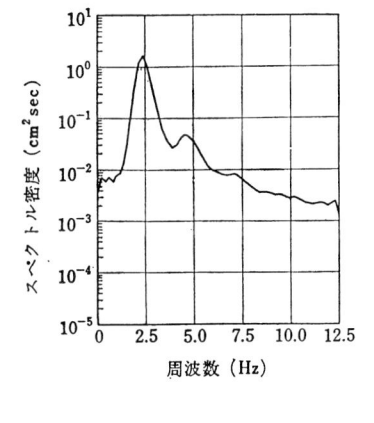

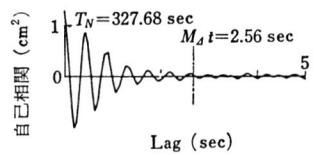

図 3.5 波浪のスペクトルと自己相関関数
(光易・田才・力石他, 1975)

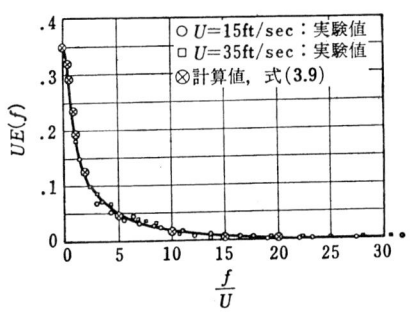

図 3.6 アナログ的に求められたスペクトルと Wiener-Khintchine の関係を用いて自己相関関数から計算したスペクトルとの比較

例 3 パワースペクトルは (電気的あるいは機械的) アナログフィルターにより直接測定できる．図3.6は，流れの流速変動の自己相関関数のフーリエ変換により求められたパワースペクトルと，直接的に測定した値を比較したもので両者はよく一致している．これにより，Wiener-Khintchine の公式を実験的に検証しえた．

例 4 砂漣・河床波のスペクトル

河床や干潟に，しばしば美しい砂漣 (ripple) が発達しているのが見られる．河床や海浜には，より波長の長い dune, bar (砂堆・砂州) と呼ばれる砂面の凹凸も発達する．

こうした ripple, dune, bar の発生・発達は主に砂床面と水の流れとの流体力学的不安定現象に起因するもので，風による波の発生・発達と同種の力学機構による現象と考えられている [Kennedy(1963), Reynolds(1965), 林(1970)]．なお，河床波については水流の乱れを主因と考える研究者もおり，また波による波長の短い ripple は流力不安定よりはむしろ突起から左右交互に剥離する渦によると考えられている．

場所的(波数)スペクトル 砂漣や砂州・砂堆の発生理由がなんであれ，波長の短い領域では，砂粒子に働く重力と砂粒子間の内部摩擦力の釣り合う，いわゆる"平衡領域"が存在する．砂床波の場所的変形についてみた波数領域のスペクトル $S_{\eta\eta}(k)$ を支配する因子は砂粒子の安息角 φ と波数 k であり，次元的考察から"-3乗"則が導かれる (日野，JFM 1968)．

3. 自己相関関数とスペクトルの関係

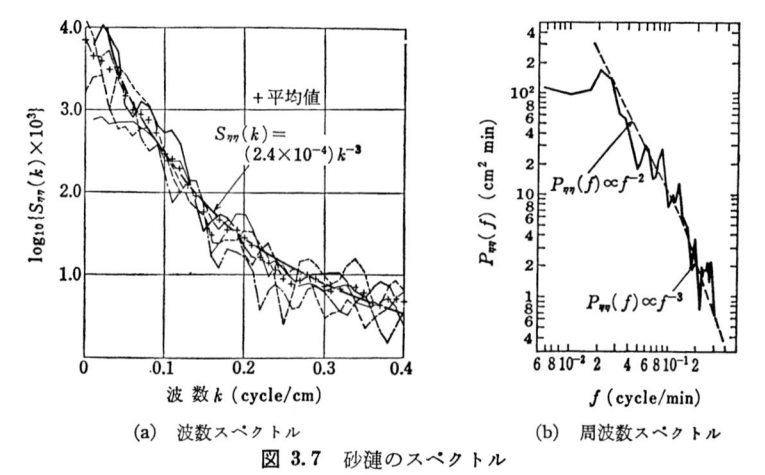

図 3.7 砂漣のスペクトル
(a) 波数スペクトル
(b) 周波数スペクトル

$$S_{\eta\eta}(k)=\alpha(\varphi)k^{-3} \qquad (k_0\ll k\ll d^{-1})$$

ここに, $\alpha(\varphi)$：砂粒子の安息角に関係する比例定数でほぼ一定(two-sided spectrum の場合, $\alpha(\varphi)=2.8\times10^{-4}$), d：砂粒子の径, k_0：平衡領域の上限波数. 図 3.7(a)は種々の実験結果と"－3乗"則との比較で, 広い波数範囲について平衡領域が存在している.

時間的(周波数)スペクトル 河床波は流れの作用により時間とともに移動する. 一点で観測される砂床変化のスペクトル $P_{\eta\eta}(f)$ の平衡領域の支配因子は, せん断応力 τ_0 あるいは摩擦速度 $U_*=\sqrt{\tau_0/\rho}$ と周波数 f であり, 波数スペクトルの場合と同様な次元的考察により次の関係が導かれる(日野, 1968).

$$P_{\eta\eta}(f)=\begin{cases}\dfrac{1}{2}\alpha(\varphi)\gamma f^{-2} & (f_0<f<f_1) \\ f_n(\psi)U_*^2 f^{-3} & (f_1<f<f_\infty)\end{cases}$$

ここに, $f_n(\psi)$：ψ のある関数, $\psi=U_*^2/\{((\rho_s/\rho_0)-1)gd\}$, ρ_0：水の密度, ρ_s：砂粒子の密度, γ：砂漣の波速に関する比例定数. 図 3.7(b) に上記の関係と実測との比較を示す.

例 5 道路の凹凸のスペクトル

舗装されていない道路では人や車あるいは風などで土粒子や砂礫が移動し凹凸が形成される. この場合は砂漣の場合とは異なってとくに顕著な卓越波長は見られないが, 短波長成分については路面の凹凸を支配する因子は砂粒子の安息角と波数 k と考えられる. したがって, 砂漣のスペクトルと同様に未舗

図 3.8 ばね下振動から推定した非舗装路の凹凸スペクトル(兼重一郎)

3.4 ランダム現象のパワースペクトルの例

装道路の凹凸のスペクトルも"−3乗"則に従うはずである。

図3.8は，自動車のばね下の振動スペクトル $S_A(f)$ と自動車の周波数応答関数 $H(f)$ から

$$S_A(f) = |H(f)|^2 S(f)$$

の関係を用いて逆算推定した路面の凹凸スペクトルであり，"−3乗"則に従っている。

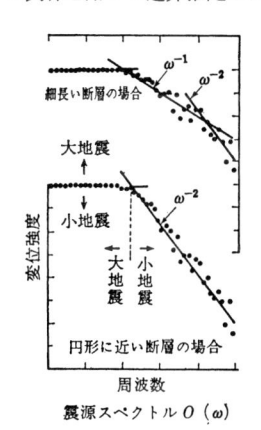

例6 地震波(震源から出る波動のスペクトル)

地震は地球内部の応力場における岩石層での破壊現象であり，物理学における転位の理論を基礎として断層の動力学が展開されている。図3.9は簡単な断層モデルから出る地震波を計算し，横波S波(縦波P波についても同様の結果がえられる)の変位スペクトルを示したものである。震源スペクトル $O(\omega)$ は低周波側でスペクトルが平坦で，ある周波数を境にして ω^{-1} および ω^{-2} に比例して減少している。平坦部のスペクトルレベルは地震の大きさ M でほとんど決まる。また，境目となる周波数は，M とずれの起こり方の時間関数とでおよそ決まってくる。なお，このスペクトル強度を ω^2 倍すれば加速度の震源スペクトルを知ることができる。

図 3.9 (太田裕, 1976)

例7 ジェットエンジンの騒音

ジェット騒音を消すには，ジェットノズルを円筒状あるいは菊花形に分割し，ジェット流の干渉を利用して混合域からの騒音を消す方法が有効である。円筒や花びら形の消音効果をスペクトルにより示したものが図3.10である。

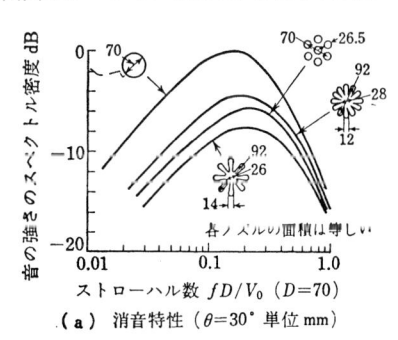

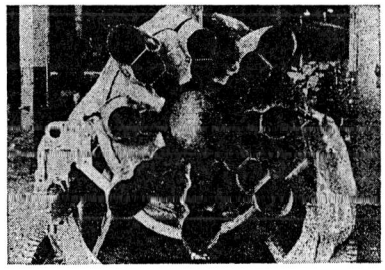

(a) 消音特性 ($\theta=30°$ 単位mm)   (b) P & W JT4A-9のサイレンサー

図 3.10 (小竹進・岡崎卓郎(1964))

4. 相互相関とクロススペクトル

前章までは，ただ一つの信号を考えた．しかし多くの場合，二つ以上の時系列があり，これらの間の相互関係を定量的に明らかにする必要にせまられる．降雨と流出や地震動と建物のゆれのように二つの時系列がそれぞれ原因と結果（システムへの入力と出力）の関係にあることもあるし，あまり隔たっていない二点で観測される波浪や地震波のように二つのランダムな波は極めて似ているが，伝播時間の分だけ遅れ，かつ少し変形している場合もある．この章ではこうした例を念頭に置きながら，自己相関関数とスペクトルの拡張としての相互相関関数とクロススペクトルについて述べる．

なお，システム特性を考慮した入出力の関係は，第10章で述べる．

4.1 相互相関関数の定義とその性質

4.1.1 相互相関関数

二つの不規則変動，$x(t)$ と $y(t)$ との間の相関性を調べるために，相互相関

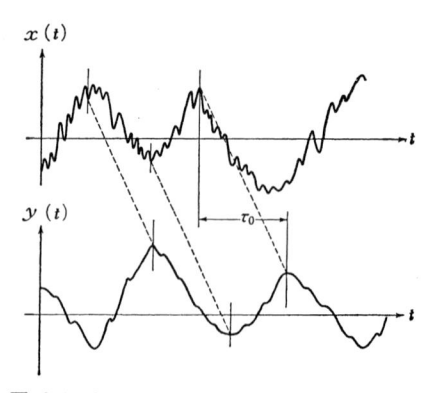

図 4.1 相互に相関性の高いランダム変動

関数 $C_{xy}(\tau)$ および相互相関係数 $R_{xy}(\tau)$ を定義する.

$$C_{xy}(\tau) = \overline{x(t)y(t+\tau)} \tag{4.1}$$

$$R_{xy}(\tau) = \overline{x(t)y(t+\tau)}/\sqrt{\overline{x^2}}\sqrt{\overline{y^2}}$$

$$= C_{xy}(\tau)/\sqrt{C_x(0)C_y(0)} \tag{4.2}$$

4.1.2 相互相関関数の性質

(i) x と y の相互相関 C_{xy} および y と x の相互相関 C_{yx} は

$$C_{xy}(\tau) = C_{yx}(-\tau) \tag{4.3}$$

の関係にある. なぜならば

$$C_{xy}(-\tau) = \lim_{T \to \infty} \frac{1}{T} \int_{-T/2}^{T/2} x(t)y(t-\tau)\,dt$$

において,変数変換 $\rho = t - \tau$ を行なえば

$$C_{xy}(-\tau) = \lim_{T \to \infty} \frac{1}{T} \int_{-T/2-\tau}^{T/2-\tau} y(\rho)x(\rho+\tau)\,d\rho$$

変動の定常性から $(-T/2-\tau, T/2-\tau)$ の間の積分は $(-T/2, T/2)$ の間の積分と等しいから

$$C_{xy}(-\tau) = \lim_{T \to \infty} \frac{1}{T} \int_{-T/2}^{T/2} y(\rho)x(\rho+\tau)\,d\rho = C_{yx}(\tau)$$

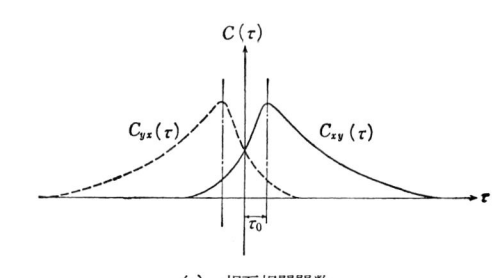

(a) 相互相関関数

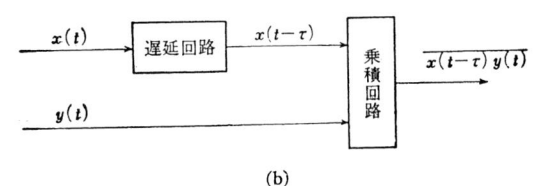

(b)

図 4.2

(ii) 相互相関関数 $C_{xy}(\tau)$ は一般に $\tau=0$ に関しての対称性はなく，$\tau=0$ で最大になるとは限らない．このことは x がある線形系への入力であり，y がそれに対応する出力である場合，入力に対する出力最大時までの遅れがあることを考えれば当然であろう．しかし，$\tau=\pm\infty$ では

$$C_{xy}(\pm\infty)=0 \tag{4.4}$$

である．

(iii) a, b を任意の実数として $[ax(t)\pm by(t+\tau)]^2$ の平均をとる．この値は

$$\lim_{T\to\infty}\frac{1}{T}\int[ax(t)\pm by(t+\tau)]^2 dt \geq 0 \tag{4.5}$$

これを展開すれば，

$$a^2\Big[\lim_{T\to\infty}\frac{1}{T}\int x^2(t)dt\Big]+b^2\Big[\lim_{T\to\infty}\frac{1}{T}\int y^2(t+\tau)dt\Big]$$
$$\pm 2ab\Big[\lim_{T\to\infty}\frac{1}{T}\int x(t)y(t+\tau)dt\Big]\geq 0$$

すなわち

$$a^2 C_x(0)\pm 2ab C_{xy}(\tau)+b^2 C_y(0)\geq 0$$

$b\neq 0$ とすれば

$$\Big(\frac{a}{b}\Big)^2 C_x(0)\pm 2\Big(\frac{a}{b}\Big)C_{xy}(\tau)+C_y(0)\geq 0 \tag{4.6}$$

これは，(a/b) の 2 次方程式が等根であるか，あるいは実根をもたないことを意味し，判別式は 0 または負でなければならない．

$$4C_{xy}^2(\tau)-4C_x(0)C_y(0)\leq 0$$

したがって，相互相関に関する次の不等関係式として

$$C_{xy}^2(\tau)=|C_{xy}(\tau)|^2\leq C_x(0)C_y(0) \tag{4.7}$$

あるいは，相互相関係数 $R_{xy}(\tau)$ について

$$-1\leq R_{xy}(\tau)\leq 1 \tag{4.8}$$

また，式 (4.6) で $a/b=1$ とおき

$$|C_{xy}(\tau)|\leq \frac{1}{2}[C_x(0)+C_y(0)]=\frac{1}{2}[\overline{x^2}+\overline{y^2}] \tag{4.9}$$

をうる．これは，相互相関はそれぞれの変動の 2 乗平均の平均値を越えないことを意味する．

例 1 降雨と流出の相互相関

一つのシステムへの入力と出力の関係にある二つの時系列の例として，流域への降雨と河川流出量の間の関係をあげることができる．降雨の大部分は直接地表面を流れて河

4.1 相互相関関数の定義とその性質

川に流入する表面流出成分と地中に滲み込んだのちゆっくりと流出する浸透流成分となり，ごく一部が大気中への蒸発散などとなる．こうした因果関係は明確であるが，これを機械系や電気系の場合のように基礎方程式や構成要素から記述することはかなり困難であり，実測データから求めることになる．

降雨が流れ集って下流の量水地点に到達するまでにはある時間遅れがある．日本では，河川勾配が急で流域長も短いために，この遅れは1日程度，表日本最長河川の利根川でも数日である．しか

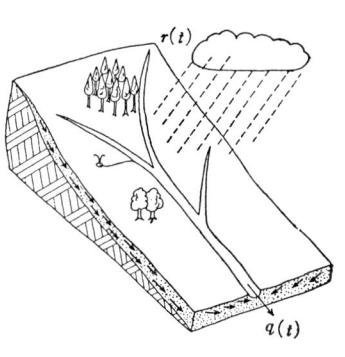

図 4.3 流域構造の模式図

し，米国やソ連や南米などの河ではこの遅れ時間は月オーダーである．図 4.4 は，比較的早い時期から精度の高い観測資料の得られている利根川支流神流川の降雨量 $x(t)=r(t)$ と流出量 $y(t)=q(t)$ との相互相関係数である．相互相関は1日遅れて最大となり，以後ゆるやかに逓減する．これは，地表流出のほか，滲透流出成分が徐々に出てくるためである．遅れ時間 τ が負でも相関は零ではないが，これは（雨が降る前に流出が起るのではなく）雨が過去の降雨と相関をもつためである．

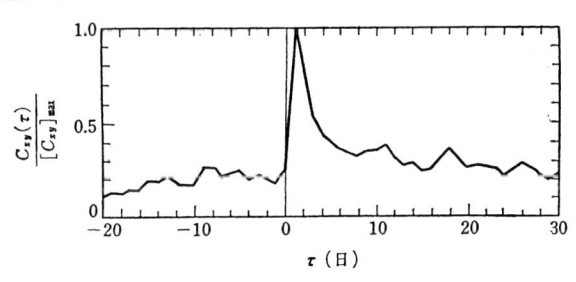

(a) 日降雨量と日流量の相互相関

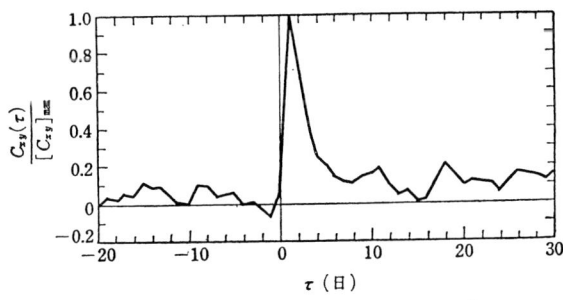

(b) 日降雨量と日流量の相互相関（低周波数成分を数値フィルターで除いた場合）

図 4.4 （日野，ASCE 1970）

4.2 クロススペクトル

自己相関関数のフーリエ変換がスペクトルであるように，相互相関関数のフーリエ変換としてクロススペクトル $S_{xy}(\omega)$ が定義できる．

■
$$S_{xy}(\omega) = \frac{1}{2\pi} \int_{-\infty}^{\infty} C_{xy}(\tau) e^{-i\omega\tau} d\tau \qquad (4.10)$$

上式の逆フーリエ変換より

■
$$C_{xy}(\tau) = \int_{-\infty}^{\infty} S_{xy}(\omega) e^{i\omega\tau} d\omega \qquad (4.11)$$

をうる．

4.2.1 クロススペクトルのフーリエ成分による定義

$x(t)$ および $y(t)$ をそれぞれフーリエ積分表示をする．

$$\left.\begin{aligned} x(t) &= \int_{-\infty}^{\infty} X(\omega) e^{i\omega t} d\omega \\ y(t) &= \int_{-\infty}^{\infty} Y(\omega) e^{i\omega t} d\omega \end{aligned}\right\} \qquad (4.12\text{a})$$

$$\left.\begin{aligned} X(\omega) &= \frac{1}{2\pi} \int_{-\infty}^{\infty} x(t) e^{-i\omega t} dt \\ Y(\omega) &= \frac{1}{2\pi} \int_{-\infty}^{\infty} y(t) e^{-i\omega t} dt \end{aligned}\right\} \qquad (4.12\text{b})$$

この関係を式 (4.1) に代入し，§3.1 で Wiener-Khintchine の公式を導いたと同様の変換を行なう．

$$\begin{aligned} C_{xy}(\tau) &= \lim_{T\to\infty} \frac{1}{T} \int_{-T/2}^{T/2} x(t) y(t+\tau) dt \\ &= \lim_{T\to\infty} \frac{1}{T} \int_{-T/2}^{T/2} \left\{ \int_{-\infty}^{\infty} Y(\omega) e^{i\omega(t+\tau)} d\omega \right\} x(t) dt \\ &= \lim_{T\to\infty} \frac{1}{T} \int_{-\infty}^{\infty} Y(\omega) e^{i\omega\tau} \left\{ \int_{-T/2}^{T/2} x(t) e^{i\omega t} dt \right\} d\omega \end{aligned} \qquad (4.13)$$

§3.1 と同じく，$x(t)$ は $(-T/2, T/2)$ 以外では 0 であると仮定すれば，上式の右辺の $(-T/2, T/2)$ での積分は $(-\infty, \infty)$ での積分におきかえられ，さらに式 (4.12 b) の共役関係

$$X^*(\omega) = \frac{1}{2\pi} \int_{-\infty}^{\infty} x(t) e^{i\omega t} dt$$

を代入すれば，

$$\begin{aligned} C_{xy}(\tau) &= \lim_{T\to\infty} \frac{2\pi}{T} \int_{-\infty}^{\infty} X^*(\omega) Y(\omega) e^{i\omega\tau} d\omega \\ &= \int_{-\infty}^{\infty} \left[\lim_{T\to\infty} \frac{2\pi}{T} X^*(\omega) Y(\omega) \right] e^{i\omega\tau} d\omega \end{aligned} \qquad (4.14)$$

あるいは，上式の左右両辺に共役操作を行なえば，

$$C_{xy}(\tau) = \int_{-\infty}^{\infty}\left[\lim_{T\to\infty}\frac{2\pi}{T}X(\omega)Y^*(\omega)\right]e^{-i\omega\tau}d\omega \tag{4.15}$$

式 (4.14) を式 (4.11) と比較すれば，

$$S_{xy}(\omega) = \lim_{T\to\infty}\frac{2\pi}{T}X^*(\omega)Y(\omega) \tag{4.16}$$

あるいは，アンサンブル平均 $E[\ ]$ として，

$$S_{xy}(\omega) = E\left[\frac{2\pi}{T}X^*(\omega)Y(\omega)\right] \tag{4.17}$$

が得られる．

4.2.2 クロススペクトルの意味

クロススペクトルの物理的意味について考えてみよう．いま，二点において観測される不規則変動を $x(t)$ および $y(t)$ とする．例えば，気象の例をとれば気圧とか気温とか風速といったもので，ある距離離れた二点での値は全体としては同一傾向の変化を示しても微細な変動は互いに異なっている．全体としての変化も二点間の間隔が大きくなると互いに異なるようになる．また，全般的に気象現象はある方向に変化が移動するから，二点が変動の移動方向に離れておれば，変動に時間的ズレが生じる．

原義的説明

簡単のために，二点が変化の伝わる方向に位置しているとしよう．さて，同一時刻（ラグ $\tau=0$）での相互相関 $C_{xy}(0)$ は，一点での変動の rms の場合と同様に，種々の周波数の変動成分の寄与から成ると考えられ，その周波数帯 (ω, $\omega+d\omega$) による寄与分 $S_{xy}(\omega)d\omega$ をクロススペクトルと定義する．すなわち，

$$C_{xy}(0) = \int_{-\infty}^{\infty}S_{xy}(\omega)d\omega \tag{4.18}$$

$x(t)$ と $y(t)$ の相互相関

$$C_{xy}(\tau) = \overline{x(t)y(t+\tau)} = \overline{x(t-\tau)y(t)}$$

を求めるには，信号 $x(t)$ を遅延回路を通し時間 τ だけずらしたのち $y(t)$ と掛けて積分平均をとればよい．ラグ τ に対する相互相関 $C_{xy}(\tau)$ も各周波成分からの寄与の合計と考え，その寄与分を $S_{xy}(\omega;\tau)$ で表わす．

$$C_{xy}(\tau) = \int_{-\infty}^{\infty}S_{xy}(\omega;\tau)d\omega \tag{4.19}$$

ところで遅延回路を通すことにより信号 x は,式 (4.12 a) により

$$x(t-\tau) = \int_{-\infty}^{\infty} X(\omega) e^{i\omega(t-\tau)} d\omega = \int_{-\infty}^{\infty} X^*(\omega) e^{-i\omega(t-\tau)} d\omega$$

$$= \int_{-\infty}^{\infty} X^*(\omega) e^{i\omega\tau} e^{-i\omega t} d\omega$$

となる.つまり,角周波数 ω(周期 $T_\omega = 2\pi/\omega$)の変動は,位相が $\theta = 2\pi(\tau/T_\omega) = \omega\tau$ だけ遅れて出てくることになる.それゆえ,

$$S_{xy}(\omega;\tau) = S_{xy}(\omega) e^{i\omega\tau} \tag{4.20}$$

すなわち,式 (4.19),(4.20) より相互相関関数は

$$C_{xy}(\tau) = \int_{-\infty}^{\infty} S_{xy}(\omega) e^{i\omega\tau} d\omega \tag{4.21}$$

となる.

回転フーリエ成分ベクトルによる説明

クロススペクトルの意味を数式的に理解するには,複素フーリエ成分 $X(\omega)$, $Y(\omega)$(式 (4.12 b))をベクトル表示するのがよい.いま,複素関数 $X(\omega)$ を

$$X(\omega) = |X(\omega)| e^{i\theta_x(\omega)} \tag{4.22}$$

と書き直す.すると式 (4.12 a) は,ランダム変動 $x(t)$ は絶対値が $|X(\omega)|$, 偏角が $\theta_x(\omega)$ のベクトルが,周期 $T_\omega = 2\pi/\omega$ で原点のまわりを反時計まわり (ω:正)および時計まわり (ω:負)に回転しており,このようなベクトル,つまり $X(\omega) e^{i\omega t}$ を正および負のすべての角周波数 ω について重ね合わせたものであることを示している.$x(t)$ は実関数ゆえ,現実には,ベクトル $X(\omega) e^{i\omega t}$ の実軸成分を見ることになる.

$$x(t) = \int_{-\infty}^{\infty} X(\omega) e^{i\omega t} d\omega$$

$$= \mathcal{R}\left[\int_{-\infty}^{\infty} X(\omega) e^{i\omega t} d\omega\right]$$

$$= \int_{-\infty}^{\infty} |X(\omega)| \cos(\omega t + \theta_x(\omega)) d\omega$$

さて,$y(t)$ についても同様のことがいえる.角周波数 ω の成分のみについてみれば,二つのベクトル $X(\omega)$ と $Y(\omega)$ が,一定の偏角差 $\theta_{xy}(\omega) = \theta_x(\omega) - \theta_y(\omega)$ をたもちつつ周期 $2\pi/\omega$ で原点のまわりを回転している.つまり,この二

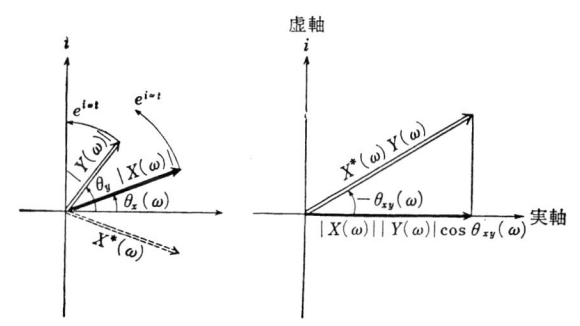

図 4.5 クロススペクトルの意味. 二つのランダム
変動の ω 成分波ベクトルとその位相角 $\theta_{xy}(\omega)$

つのベクトルの関係は X の共役ベクトル X^* と Y との積で示すことができる.

$$X^*(\omega)Y(\omega) = |X(\omega)||Y(\omega)|e^{-i\theta_{xy}(\omega)} \qquad (4.23)$$

ここに,

$$\theta_{xy}(\omega) = \theta_x(\omega) - \theta_y(\omega) \qquad (4.24)$$

クロススペクトル(式 (4.16), (4.17))は, 上式に $2\pi/T$ (T: 全記録時間)を掛け, パワーの単位で示したものである.

$$S_{xy}(\omega) = \frac{2\pi}{T}E[X^*(\omega)Y(\omega)]$$

$$= \frac{2\pi}{T}E[|X(\omega)||Y(\omega)|e^{-i\theta_{xy}(\omega)}]$$

アナログフィルターからの出力としての説明

電気回路などでアナログ的にクロススペクトルを測定するには, 図 4.6(a) に示すように, 二つの信号をそれぞれ周波数 ω の帯域フィルターを通してやり, 演算回路でその積をつくり平均値を求めればよい. ただし, アナログ回路の出力はすでに説明した複素フーリエ成分の実数部分に相当するので, アナログ回路の x の信号は $\mathcal{R}[X(\omega)e^{i\omega t}] = |X(\omega)|\cos(\omega t + \theta_x(\omega))$ であり[*], y 回路からの信号は $\mathcal{R}[Y(\omega)e^{i\omega t}] = |Y(\omega)|\cos(\omega t + \theta_y(\omega))$ である. したがって, 乗積回路からの平均出力は $<|X(\omega)||Y(\omega)|\cos\theta_{xy}>$ すなわちクロススペクトル $S_{xy}(\omega)$ の実数部, 次の§4.2.4で定義するコスペクトルになる. クロススペク

---

[*] 正確には,

$$x(t) = \int_{-\infty}^{\infty} X(\omega)e^{i\omega t}d\omega = \mathcal{R}[\int_0^{\infty}\{X(\omega) + X^*(-\omega)\}e^{i\omega t}d\omega]$$

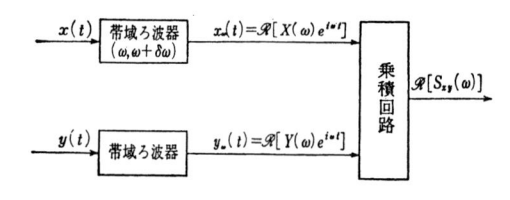

(a) 実数部　$|S_{xy}(\omega)||\cos\theta(\omega)|$

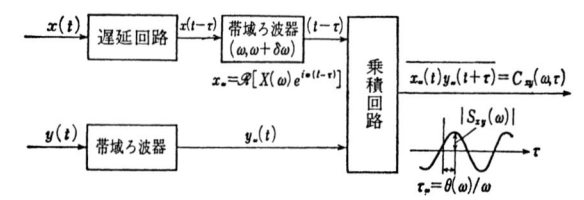

(b) 遅延回路によるクロススペクトルの絶対値と偏角の測定

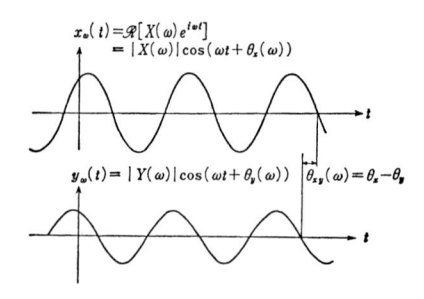

(c) 帯域ろ波器よりの出力信号

図 4.6　クロススペクトルの意味と測定

トルの虚数部を測定するには，x 信号を 90° だけシフトしてから乗積回路に入れればよい．これらを式で書けば $x_\omega(t)$，$y_\omega(t)$ をそれぞれ帯域 $(\omega,\omega+\varDelta\omega)$ のフィルターを通した信号として

$$\mathcal{R}(S_{xy}(\omega))=\lim_{\varDelta\omega\to 0}\lim_{T\to\infty}\frac{1}{(\varDelta\omega)T}\int_0^T x_\omega(t)y_\omega(t)dt \tag{4.25}$$

$$\mathcal{J}(S_{xy}(\omega))=\lim_{\varDelta\omega\to 0}\lim_{T\to\infty}\frac{1}{(\varDelta\omega)T}\int_0^T \hat{x}_\omega(t)y_\omega(t)dt \tag{4.26}$$

となる．ここに，$\hat{x}_\omega(t)$ は位相を 90°ずらしたことを意味する．遅延回路ではラグを $\tau=\pi/(2\omega)$ に設定すればよい．

信号 $x(t)$ を遅延フィルターに通したのちに，上記の帯域ろ波系に通せば出力信号は，

$$x_\omega(t-\tau) = \Re[X^*(\omega)e^{-i\omega(t-\tau)}]$$
$$= |X(\omega)|\cos(-\omega(t-\tau)-\theta_x)$$

となる. y_ω および $x_\omega(t-\tau)y_\omega(t)$ についても次のようになる.

$$y_\omega(t) = \Re[Y(\omega)e^{i\omega t}]$$
$$= |Y(\omega)|\cos(\omega t+\theta_y(\omega))$$

$$\overline{x_\omega(t-\tau)y_\omega(t)} = |X(\omega)||Y(\omega)|\overline{\cos(\omega t+\theta_y)\cdot\cos(-\omega(t-\tau)-\theta_x)}$$
$$= \frac{1}{2}|X(\omega)||Y(\omega)|\cdot$$
$$\overline{[\cos(\omega\tau+\theta_y-\theta_x)+\cos(2\omega t-\omega\tau+\theta_x+\theta_y)]}$$
$$= \frac{1}{2}|X(\omega)||Y(\omega)|\cos(\omega\tau+\theta_y-\theta_x) \qquad (4.27)$$

ラグ τ を変化させると

$$\tau = \frac{\theta_x-\theta_y}{\omega} \qquad (4.28)$$

のとき出力は最大となりクロススペクトルの絶対値を与える. また, $\tau=\pi/(2\omega)$ のとき先に述べたようにクロススペクトルの虚数部となる.

4.2.3 クロススペクトルの性質

クロススペクトル $S_{xy}(\omega), S_{yx}(\omega)$ およびその共役スペクトルは, 次のように関係づけられる.

$$\left.\begin{array}{l} S_{xy}(-\omega) = S_{yx}(\omega) \\ S_{xy}(-\omega) = S_{xy}{}^*(\omega) \\ S_{xy}{}^*(\omega) = S_{yx}(\omega) \end{array}\right\} \qquad (4.29)$$

これらの関係の第一式は, 式 (4.3) $C_{yx}(\tau) - C_{xy}(-\tau)$ と式 (4.11) より

$$\int_{-\infty}^{\infty} S_{yx}(\omega)e^{i\omega\tau}d\omega = \int_{-\infty}^{\infty} S_{xy}(\omega)e^{-i\omega\tau}d\omega$$

さらに右辺を $\omega \to -\omega$ とおきかえれば

$$\int_{-\infty}^{\infty} S_{yx}(\omega)e^{i\omega\tau}d\omega = \int_{-\infty}^{\infty} S_{xy}(-\omega)e^{i\omega\tau}d\omega$$

となることから得られる.

第二式は, 式 (4.11) の右辺を $\omega \to -\omega$ とし

$$C_{xy}(\tau) = \int_{-\infty}^{\infty} S_{xy}(-\omega)e^{-i\omega\tau}d\omega$$

さらに両辺の共役数をとれば

$$= \int_{-\infty}^{\infty} S_{xy}{}^*(\omega) e^{-i\omega\tau} d\omega$$

となることから明らかである．

第三式は，式 (4.29) の上二式から得られる．

4.2.4 コスペクトルとクオドスペクトル

クロススペクトルは一般に複素数であるので，$K_{xy}(\omega)$ と $Q_{xy}(\omega)$ によりそれぞれクロススペクトル $S_{xy}(\omega)$ の実部と虚部を表わし，$K_{xy}(\omega)$ を**コスペクトル** (cospectrum, coincidental spectral density)，$Q_{xy}(\omega)$ を**クオドラチャスペクトル**または**クオドスペクトル** (quadrature spectrum, or quad-spectrum) と呼ぶ．すなわち，

$$S_{xy}(\omega) = K_{xy}(\omega) - iQ_{xy}(\omega) \qquad (4.30)$$

$$|S_{xy}(\omega)| = \sqrt{K_{xy}{}^2(\omega) + Q_{xy}{}^2(\omega)}$$

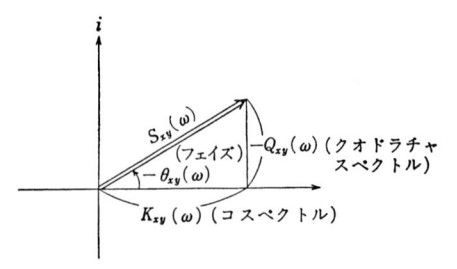

図 4.7 クロススペクトル $S_{xy}(\omega)$，コスペクトル $K_{xy}(\omega)$，クオドラチャスペクトル $Q_{xy}(\omega)$ およびフェイズ $\theta_{xy}(\omega)$

式 (4.10) および (4.30) より，コスペクトルとクオドスペクトルはそれぞれ相互相関の余弦および正弦変換で求められることが示される．

$$K_{xy}(\omega) = \frac{1}{2\pi} \int_{-\infty}^{\infty} C_{xy}(\tau) \cos \omega\tau d\tau \qquad (4.31)$$

$$= \frac{1}{2\pi} \int_{0}^{\infty} (C_{xy}(\tau) + C_{yx}(\tau)) \cos \omega\tau d\tau \qquad (4.31\text{ a})$$

$$Q_{xy}(\omega) = \frac{1}{2\pi} \int_{-\infty}^{\infty} C_{xy}(\tau) \sin \omega\tau d\tau \qquad (4.32)$$

$$= \frac{1}{2\pi} \int_{0}^{\infty} (C_{xy}(\tau) - C_{yx}(\tau)) \sin \omega\tau d\tau \qquad (4.32\text{ a})$$

また，式 (4.30) と (4.29) の第二式すなわち，$S_{xy}(-\omega)=S_{xy}{}^*(\omega)$ の関係より，K_{xy} は偶関数，Q_{xy} は奇関数であることがわかる．

$$K_{xy}(\omega)=K_{xy}(-\omega) \quad :偶関数$$
$$Q_{xy}(\omega)=-Q_{xy}(-\omega) \quad :奇関数$$

同じく，式 (4.29) より $S_{xy}{}^*(\omega)=S_{xy}(-\omega)=S_{yx}(\omega)$ であるから，

$$K_{xy}(\omega)=\frac{1}{2}[S_{xy}(\omega)+S_{yx}(\omega)] \tag{4.33}$$

$$Q_{xy}(\omega)=\frac{i}{2}[S_{xy}(\omega)-S_{yx}(\omega)] \tag{4.34}$$

4.3 コヒーレンスとフェイズ

二つの変動量の間の統計的性質を表わすのに，相互相関関数 $C_{xy}(\tau)$ とクロススペクトル $S_{xy}(\omega)$ の定義を導入した．しかし，クロススペクトルは一般に複素関数であり，現象の把握・記述に不便であるので，さらにコヒーレンス (coherence) とフェイズ (phase) を次のように定義する．

コヒーレンス[*] $\mathrm{coh}^2(\omega)$

$$\mathrm{coh}^2(\omega)=\frac{|S_{xy}(\omega)|^2}{S_{xx}(\omega)S_{yy}(\omega)}=\frac{K_{xy}{}^2(\omega)+Q_{xy}{}^2(\omega)}{S_{xx}(\omega)S_{yy}(\omega)} \tag{4.35}$$

ここに，$S_{xx}(\omega)$，$S_{yy}(\omega)$ はそれぞれ $x(t), y(t)$ のスペクトルを表わし，$K_{xy}(\omega)$ および $Q_{xy}(\omega)$ はコスペクトルとクオドスペクトルである．

先に述べたように，クロススペクトル $S_{xy}(\omega)$ は帯域フィルターを通した角周波数 ω の二信号の乗積平均 $\overline{x_\omega \cdot y_\omega}$ であるから，コヒーレンスの平方根 $\mathrm{coh}(\omega)$ は"二信号のフーリエ周波数成分の相互相関係数"である．

---

[*] コヒーレンスの定義には多少の混乱ないしは不統一がある．$\mathrm{coh}^2(\omega)$ とその平方根である $\mathrm{coh}(\omega)$ は，それぞれ

$\mathrm{coh}^2(\omega)$：coherence, coherence squared
coherency, coherency squared

$\mathrm{coh}(\omega)$：coherence, coherency

などと呼ばれる．したがって，単にコヒーレンスまたはコヒーレンシーとあるとき coh^2 を意味するのか，coh であるのかに注意を要する．なお，コヒーレンスの慣用記号には coh とならんで $\gamma(\omega)$ や $\gamma_{xy}(\omega)$ も用いられる．

フェイズ $\theta_{xy}(\omega)$

■
$$\theta_{xy}(\omega) = \tan^{-1}\left(\frac{Q_{xy}(\omega)}{K_{xy}(\omega)}\right) \tag{4.36}$$

フェイズ $\theta_{xy}(\omega)$ は，すでに前項で述べたように，変動 x と y の ω 成分である $X(\omega)$ と $Y(\omega)$ との位相角を意味し，これを ω で割った τ_ω は

■
$$\tau_\omega = \frac{\theta_{xy}(\omega)}{\omega} \tag{4.37}$$

二つの変動の間の時間遅れを表わす．

もし，二点の距離が現象(波)の伝播する方向に ξ だけ離れ，成分波の伝播速度が $U_c(\omega)$ であるとすれば

$$\tau_\omega = \frac{\xi}{U_c(\omega)}$$

である．したがって，

$$\theta_{xy}(\omega) = \frac{\xi\omega}{U_c(\omega)} \tag{4.38}$$

となり，位相角 $\theta_{xy}(\omega)$ を測ることにより，成分波の伝播速度 $U_c(\omega)$ と ω の関係を計測しうる．

複素関数であるクロススペクトルは，コスペクトル，クオドラチャスペクトルとフェイズにより極座標表示をすることができる．

$$S_{xy}(\omega) = |S_{xy}(\omega)| e^{-i\theta_{xy}(\omega)} \tag{4.39}$$

コヒーレンスは二変動 x, y の間の各周波数成分ごとの線形性の程度を表わすもので，この値は常に1を越えることはない．

いま，相互相関関数間の不等関係式 (4.7) において，$\tau=0$ とおけば

$$|C_{xy}(0)|^2 \leq C_{xx}(0)C_{yy}(0) \tag{4.40}$$

式 (4.18) および (3.12) よりこれは次のようになる．

$$\left|\int_{-\infty}^{\infty} S_{xy}(\omega)d\omega\right|^2 \leq \int_{-\infty}^{\infty} S_{xx}(\mu)d\mu \cdot \int_{-\infty}^{\infty} S_{yy}(\omega)d\omega$$
$$= \iint_{-\infty}^{\infty} S_{xx}(\mu)S_{yy}(\omega)d\mu d\omega \tag{4.41}$$

一方，上式の左辺は次のように書きかえられる．

$$\left|\int_{-\infty}^{\infty} S_{xy}(\omega)d\omega\right|^2 = \int_{-\infty}^{\infty} S_{xy}(\mu)d\mu \left[\int_{-\infty}^{\infty} S_{xy}(\omega)d\omega\right]^*$$
$$= \iint_{-\infty}^{\infty} S_{xy}(\mu)S_{xy}{}^*(\omega)d\mu d\omega$$

したがって，すべての ω および μ に対して

$$S_{xy}(\mu)S_{xy}{}^*(\omega) \leq S_{xx}(\mu)S_{yy}(\omega)$$

となる． $\mu=\omega$ とおけば

$$|S_{xy}(\omega)|^2 \leq S_{xx}(\omega)S_{yy}(\omega)$$

すなわち，

$$0 \leq \mathbf{coh}^2(\omega) = \frac{|S_{xy}(\omega)|^2}{S_{xx}(\omega)S_{yy}(\omega)} \leq 1 \tag{4.42}$$

が証明された．

例1 降雨と流出とのコヒーレンス

前例で示した降雨と流出の相互関係を周波数成分ごとにみるために，コヒーレンスとフェイズを求めた結果が図4.8である．

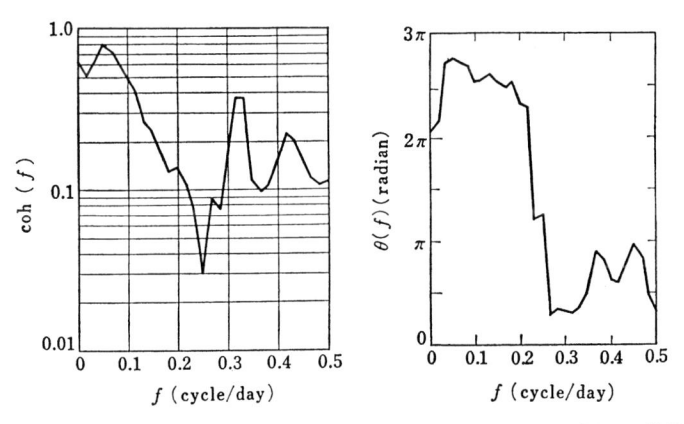

(a) 日降雨量と日流量のコヒーレンシー　　(b) 日降雨量と日流量との位相角

図 4.8 （日野, ASCE 1970）

図4.8によれば，周波数が 0.25 cycle/day を境にして性質の異なる二つの領域に分かれている．周波数 0.25 cycle/day 以上（周期4日以下）の成分は表面流出成分であり，フェイズのはっきりずれる低周波数成分は滲透流出成分であると解釈される．コヒーレンスとフェイズによりこうした流出の物理的機構も明らかにしうる．

例2 湧昇流と日照

最近大陸周辺に発生する深海からの湧昇流(upwelling)の影響が注目されている．湧昇流は深海からの冷い栄養塩類に富む流れである．この強弱は気候変動と密接に関連し漁業生産を左右する．ペルー沖での湧昇流とアンチョビ(カタクチイワシ)の関係，とくにクリスマスの頃に時折発達するエル・ニーニョと呼ばれる気候変化により，湧昇流系が変化し漁獲量が減少することはよく知られている．最近では1972年のエル・ニーニョによりアンチョビの漁獲量（家畜の飼料）が激減し，これが世界の食料事情に一時的危機をもたらしたことは記憶に新しい．湧昇流の発生は海面温度をさげ，大気下層に逆転層をつくりこの海上には霧や雲の発生をうながす．この結果，日射量は減少しこれが低い

海面水をさらに加速する.
図4.9はそれらのコヒーレンスである.
1年 (0.08 cycle/月), 6ヶ月, 4ヶ月のところにスペクトルピークがみられる.

例 3 片持梁の振動

片持支持の弾性梁の一点に振動荷重が働いている. 入力(梁にかかる変動荷重)の自己相関 $C_{ii}(\tau)$ および入力と梁上の一点の変位加速度の相互相関 $C_{io}(\tau)$ を求め, それぞれをフーリエ変換したのち, 式 (10.17) の関係によりシステム関数 (絶対値と偏角) が求められる. システム関数が決定すると任意のランダム荷重に対する弾性梁の振動応答が求められる.

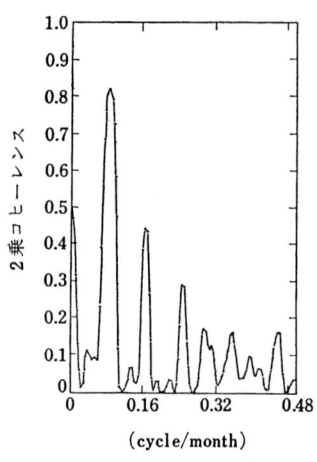

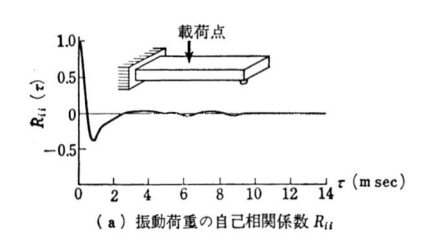

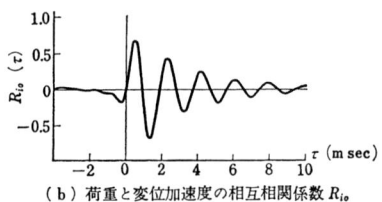

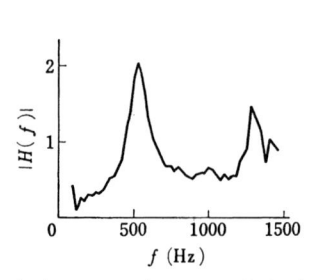

図 4.9 湧昇流指数と日照率のコヒーレンス (Tont, S. A., 1975)

(a) 振動荷重の自己相関係数 R_{ii}

(b) 荷重と変位加速度の相互相関係数 R_{io}

(c) システム関数の絶対値 $|H(f)|$

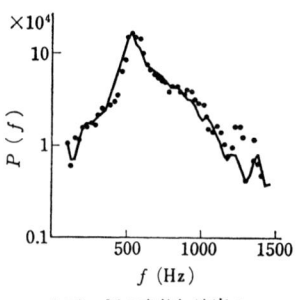

(d) 梁の変位加速度のパワースペクトル

図 4.10

5. 白色雑音のスペクトルと自己相関関数

　この章は，単に白色雑音の相関とスペクトルを論ずるのではなく，その議論を通して相関関数とスペクトルの取り扱いや意味についての理解を深め，同時に，デルタ関数の性質についての平易な解説を行うことを目的としている．

　白色光(太陽光)が，すべての成分色光(可視域のすべての波長の電磁波)をほぼ同じ強さの割合で含んでいると同様に，すべての(もう少し正確にいうと，対象としている周波数域よりずっと広い周波数帯にわたって)各成分波を同じ割合に混合している不規則変動を**白色雑音**と名づける．したがって，すでに§1.4に述べたスペクトル概念の定義に従えば，白色雑音のスペクトルは角周波数 ω に無関係に一定である．すなわち，

$$S_n(\omega) = \text{const} = c \tag{5.1}$$

また，式 (5.1) に形式的に Wiener–Khintchine の公式を用いれば，白色雑音の自己相関関数 $C_n(\tau)$ は

$$C_n(\tau) = \int_{-\infty}^{\infty} c e^{i\omega\tau} d\omega \tag{5.2}$$

逆にスペクトルは

$$S_n(\omega) = \frac{1}{2\pi} \int_{-\infty}^{\infty} C_n(\tau) e^{-i\omega\tau} d\tau \tag{5.3}$$

となる．これまでの普通の関数の定義からは式 (5.2) により定義される $C_n(\tau)$ は不定であり，白色雑音の自己相関関数は決定し得ない．そこで次のように順を追って白色雑音の自己相関関数とスペクトルの関係について説明する．

5.1　パルス列の自己相関関数とスペクトル

5.1.1　矩形パルス

　白色雑音のスペクトルおよび相関関数を求めるに先立って，図 5.1(a) に示

5. 白色雑音のスペクトルと自己相関関数

(a) 矩形パルス　　(b) 矩形パルスのスペクトル（フーリエ成分）

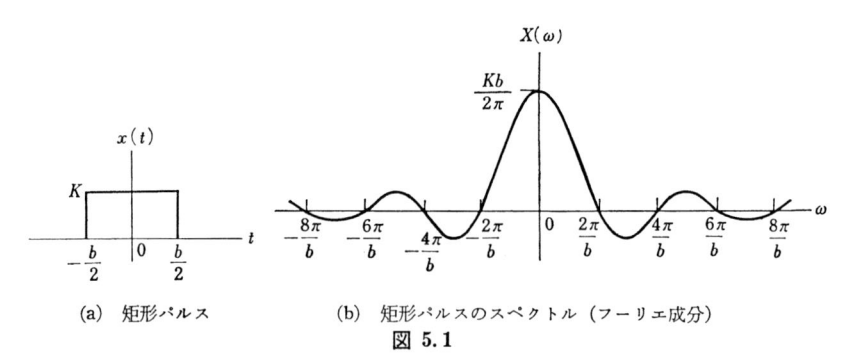

図 5.1

すような，$t=0$ を中心とする幅 b，高さ K の単一の矩形パルスを考える。このフーリエ成分は，式 (1.27) により

$$X(\omega) = \frac{1}{2\pi} \int_{-\infty}^{\infty} x(t) e^{-i\omega t} dt$$

$$= \frac{1}{2\pi} \int_{-b/2}^{b/2} K e^{-i\omega t} dt$$

$$= \frac{Kb}{2\pi} \cdot \frac{\sin(\omega b/2)}{(\omega b/2)} \tag{5.4}$$

となる(図5.1(b))。上式の逆変換 (1.26) により，矩形パルス $x(t)$ は次のように表わされる。

$$x(t) = \int_{-\infty}^{\infty} [X(\omega) e^{i\omega t}] d\omega$$

$$= \int_{-\infty}^{\infty} [X(\omega) \cos \omega t] d\omega \tag{5.5}$$

式 (5.4), (5.5) は次のように解釈される。$t=0$ を中心とする矩形パルスは無数の sinusoids (この場合は，$x(t)$ が偶関数であるから cosine 波)に分解することができ，角周波数 $-\infty$ から ∞ にわたる連続な各成分波の振幅は，

$$|X(\omega)| = \frac{Kb}{2\pi} \left| \frac{\sin(\omega b/2)}{(\omega b/2)} \right| \tag{5.6}$$

である。また，成分波の位相は $\theta(\omega) = \tan^{-1}[\mathcal{I}(X(\omega))/\mathcal{R}(X(\omega))]$ （$\mathcal{R}$：実数部，$\mathcal{I}$：虚数部）により，すなわち，$X(\omega) = (Kb/\pi)[\sin(\omega b/2)/(\omega b/2)]$ の正負に従い，それぞれ 0 または π である。単一矩形パルスの自己相関 (apenodic な関数については $C_p(\tau) = \int_{-\infty}^{\infty} x(t) x(t+\tau) dt$ と定義) は図5.2に示すように，矩形パルスを τ だけずらして重ね，重なり合う区間 $[-t_0, b-t_0-\tau]$ に

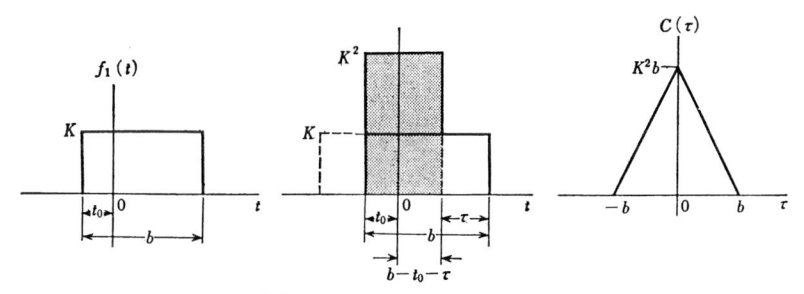

5.1 パルス列の自己相関関数とスペクトル

(a) 矩形パルス　(b) 矩形パルスのラグτの自己相関　(c) 矩形パルスの自己相関関数

図 5.2 矩形パルスの自己相関の計算

ついて積分を行なえば，式 (5.7) のように求められる（図 5.2(c)）．

$$C_p(\tau) = \int_{-t_0}^{b-t_0-\tau} K^2 dt \begin{cases} = K^2(b-|\tau|) & (|\tau| \leq b) \\ = 0 & (|\tau| > b) \end{cases} \tag{5.7}$$

5.1.2 ランダムな矩形パルス列

上の説明では，単一の矩形パルスを考えたが，次には図 5.3 に示すようなでたらめに発生する矩形パルス列を考えよう．ただし，今後は正のパルスと負のパルスは平均的には単位時間当り k 回の割合で同数発生するものとする．各パルスの間には全く関連がなく，パルス発生の間隔の確率分布は Poisson 分

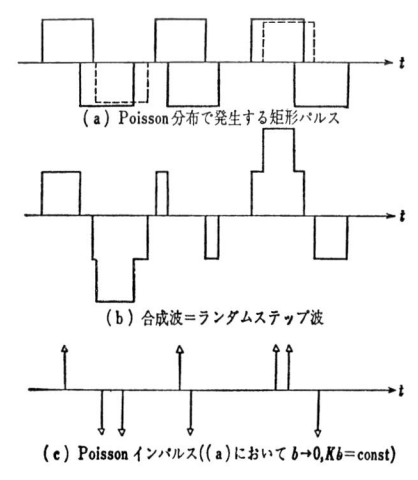

(a) Poisson 分布で発生する矩形パルス

(b) 合成波＝ランダムステップ波

(c) Poisson インパルス ((a) において $b \to 0, Kb = \text{const}$)

図 5.3

布となっており，合成波はランダムステップ波である．さて，このパルスは単位時間に平均 k 回生起するから，パルス列の自己相関関数は，次のようになる．

$$C(\tau) \begin{cases} = K^2(b-|\tau|)k & (|\tau| \leq b) \\ = 0 & (|\tau| > b) \end{cases} \tag{5.8}$$

上式のフーリエ変換より，Poisson パルス列のパワースペクトルは式 (5.9) のようになる (図 5.4)．

$$S(\omega) = \frac{1}{2\pi}\int_{-b}^{b} K^2(b-|\tau|)\cos\omega\tau d\tau = \frac{K^2 b^2 k}{2\pi}\left(\frac{\sin(\omega b/2)}{(\omega b/2)}\right)^2 \tag{5.9}$$

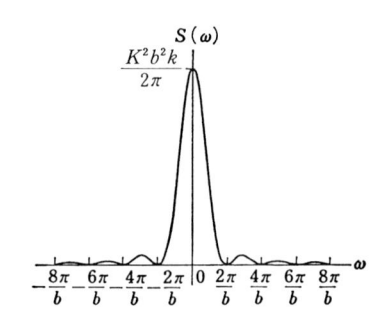

図 5.4 Poisson パルス列のパワースペクトル

5.2 デルタ関数

5.2.1 デルタ関数の導入

§5.1.2 で考えたランダムな矩形パルス列の極限として，各パルスの面積 Kb を一定値 $Kb=1$ としたまま，幅 b を 0 に近づけ**単位インパルス列** (unit-impulses) とする場合を考える．この場合には，各パルスの高さは ∞ となる (図 5.3(c))．式 (5.9) の極限をとればランダム単位インパルス列のスペクトルは簡単に次のように求まる．

$$S(\omega) = \lim_{b \to 0} \frac{K^2 b^2 k}{2\pi}\left(\frac{\sin(\omega b/2)}{(\omega b/2)}\right)^2 = \frac{k}{2\pi} \tag{5.10}$$

上式は正に式 (5.1) により物理的に定義した白色雑音のスペクトルに外ならない．

5.2 デルタ関数

一方，式 (5.8) の極限をとれば，自己相関関数 $C_n(\tau)$ は

$$C_n(\tau) \begin{cases} =\infty & (\tau=0) \\ =0 & (\tau\neq 0) \end{cases} \quad (5.11)$$

であり，かつ極限操作の条件 $Kb=1$ より

$$\int_{-\infty}^{\infty} C_n(\tau) d\tau = k \quad (5.12)$$

となる．この極限操作にともなう自己相関関数およびスペクトルの変化の様子を図 5.5 に示す．

式 (5.11), (5.12) のように "原点では無限大で，それ以外の点では零であり，原点を含む区間で積分すれば有限値 ($=1$) となる" 奇妙な性質をもつ関数 $C_n(\tau)/k$ は $\delta(\tau)$ の記号で表わされる．この関数は英国の電気工学出身の原子物理学者 P. A. M. Dirac により導入され，**Dirac のデルタ関数** (1926-7) と呼ばれる．

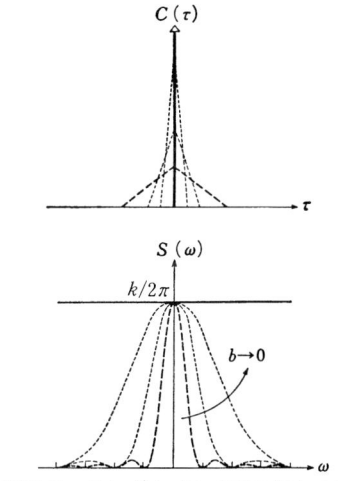

図 5.5 ランダムパルス列の幅 b の縮小にともなう自己相関関数とスペクトルの変化．$C(\tau)$ は $k\delta(\tau)$, $S(\omega)$ は $k/2\pi$ になる．

デルタ関数に任意の正則な連続関数 $g(\tau)$ を掛け $(-\infty, \infty)$ の範囲で積分する．$\delta(\tau)$ は，$\tau=0$ を除き 0 であるから，ϵ を微小量とすれば $(-\epsilon, \epsilon)$ の区間では $g(\tau) \fallingdotseq g(0)$ と近似される．したがって，

$$\int_{-\infty}^{\infty} \delta(\tau)g(\tau) d\tau = \int_{-\infty}^{-\epsilon} \delta(\tau)g(\tau) d\tau + \int_{-\epsilon}^{\epsilon} \delta(\tau)g(\tau) d\tau + \int_{\epsilon}^{\infty} \delta(\tau)g(\tau) d\tau$$

$$= g(0) \int_{-\epsilon}^{\epsilon} \delta(\tau) d\tau \quad (\epsilon \approx 0)$$

$$= g(0) \quad (5.13)$$

より一般的には，

$$\delta(\tau-\mu) \begin{cases} =\infty & (\tau=\mu) \\ =0 & (\tau\neq \mu) \end{cases} \quad (5.14)$$

$$\int_{-\infty}^{\infty} \delta(\tau-\mu) g(\tau) d\tau = g(\mu) \quad (5.15)$$

さて，この章の最初の所にもどって，式 (5.3) の $C_n(\tau)$ を $\delta(\tau)$ とおけば，式 (5.13) の関係により，$S_n(\omega)=$ 一定（ω に無関係）の関係が逆に導かれる．

5. 白色雑音のスペクトルと自己相関関数

$$S_n(\omega) = \frac{1}{2\pi} \int_{-\infty}^{\infty} \delta(\tau) e^{-i\omega\tau} d\tau$$

$$= \frac{1}{2\pi}$$

すなわち，デルタ関数のフーリエ変換は 1 である．

$$1 = \int_{-\infty}^{\infty} \delta(\tau) e^{-i\omega\tau} d\tau \tag{5.16}$$

また，上式の逆フーリエ変換 $\delta(\tau) = \int_{-\infty}^{\infty} S_n(\omega) e^{i\omega\tau} d\omega$ よりランダムインパルス列の自己相関は，形式的に次のように表わされる．

$$\delta(\tau) = \frac{1}{2\pi} \int_{-\infty}^{\infty} e^{i\omega\tau} d\omega \tag{5.17a}$$

$$= \frac{1}{2\pi} \int_{-\infty}^{\infty} \cos \omega\tau \, d\omega \tag{5.17b}$$

上式の積分は通常の定義では明らかに意味をもたず，"distribution"（超関数）としてのみ意味をもつ．

5.2.2 白色雑音

以上整理してまとめると，白色雑音の自己相関関数 $C_n(\tau)$ とパワースペクトル $S_n(\omega)$ は次式となる．

$$\left. \begin{array}{l} C_n(\tau) = \delta(\tau) \\ S_n(\omega) = 1/2\pi \end{array} \right\} \tag{5.18}$$

さて，上式の議論より平坦なスペクトルをもつ**白色雑音は，ランダムな単位インパルスにより**つくられることが示された．すなわち，Poisson 分布ランダムインパルスは白色雑音の一つの型である．個々のインパルスは §5.1.1 に示したように

$$\lim_{\substack{(Kb=1) \\ (b \to 0)}} \left| \frac{Kb}{2\pi} \cdot \frac{\sin(\omega b/2)}{\omega b/2} \right|^2 = \frac{1}{2\pi}$$

の等しい強さの周波数が 0 から ∞ にわたる成分波の重ね合わせであり，各成分波の位相差はそろっている．しかし，別々のインパルス同士にはなんらの関連性はないから，ランダムなインパルス列についてみれば，各周波数間の位相は全くでたらめである．したがって，次のように結論される．"白色雑音は周波数が 0 から ∞（少なくとも考慮している周波数域よりはるかに広い周波数）に

わたる連続した成分波が同じ強さで,でたらめな位相で混合したものである.そのスペクトルは平坦な一定値であり,自己相関関数はデルタ関数で示される."

5.2.3 デルタ関数の原形

デルタ関数は特異な性質をもつ関数(超関数)であるが,前項ですでにデルタ関数の定義や性質を導くために用いたように,普通の単純な関数の極限形と考えればよい.この極限をとる前の普通の関数を"**デルタ関数の原形**"(prototype)と呼ぶ.これらには,式 (5.8) の三角パルスのほか次のような関数がある.

[**矩形パルス**] $2a \geq 0$ の幅をもつ積分値が 1 の矩形パルス

$$k_a(t-t_0) = \begin{cases} \dfrac{1}{2a} & (t_0-a<t<t_0+a) \\ 0 & (|t-t_0| \geq a) \end{cases} \tag{5.19}$$

ここに,

$$\int_{-\infty}^{\infty} k_a(t-t_0)\,dt = 1 \tag{5.20}$$

積分値を 1 に保ちつつ $a \to 0$ の極限をとれば,矩形パルスはデルタ関数となる.

$$\delta(t-t_0) = \lim_{a \to 0} k_a(t-t_0) \tag{5.21}$$

[**Gauss パルス**] 矩形パルスは最も単純な原形として便利であるが,微分が不連続である.それゆえ,連続な微分をもつ原形として,Gauss パルスが使われる.

$$g_a(t-t_0) = \frac{a}{\sqrt{\pi}} \exp[-a^2(t-t_0)^2] \tag{5.22}$$

ここに,

$$a > 0$$

$$\int_{-\infty}^{\infty} g_a(t-t_0)\,dt = 1 \tag{5.23}$$

$a \to \infty$ の極限で,$g_a(t-t_0)$ は無限大となり,その裾は 0 に近づく.したがって,$a \to \infty$ の極限で

$$\delta(t-t_0) = \lim_{a \to \infty} g_a(t-t_0) \tag{5.24}$$

5.2.4 デルタ関数の積分

デルタ関数 $\delta(t-t_0)$ は，そのアーギュメント $t-t_0$ の偶関数と定義することが望ましい．すなわち，

$$\delta(t-t_0) = \delta(t_0-t) \tag{5.25}$$

このとき，

$$\int_{-\infty}^{t_0} \delta(t-t_0)\,dt = \frac{1}{2} = \int_{t_0}^{\infty} \delta(t-t_0)\,dt \tag{5.26}$$

である．

デルタ関数を $(-\infty, t)$ の範囲で積分すれば，式 (5.14)，(5.26) より，ユニットステップ関数 $U(t-t_0)$ となる．

$$\int_{-\infty}^{t} \delta(\eta-t_0)\,d\eta = U(t-t_0) \tag{5.27}$$

ここに

$$U(t-t_0) = \begin{cases} 0 & (t < t_0) \\ 1/2 & (t = t_0) \\ 1 & (t > t_0) \end{cases} \tag{5.28}$$

逆に，ユニットステップ関数 U の微分はデルタ関数である．

$$\frac{d}{dt}U(t-t_0) = \delta(t-t_0) \tag{5.29}$$

5.2.5 デルタ関数の微分

デルタ関数の原形の一つである $t=t_0$ を中心とする幅 $2a$ の矩形パルスは，二つのユニットステップ関数を用いて，次のように表わしうる．

$$k_a(t-t_0) = \frac{1}{2a} \{U(t-(t_0-a)) - U(t-(t_0+a))\} \tag{5.30}$$

上式を微分すれば，式 (5.29) より

$$k_a'(t-t_0) = \frac{1}{2a} \{\delta(t-(t_0-a)) - \delta(t-(t_0+a))\} \tag{5.31}$$

ところで，矩形パルスは幅 $2a$ を 0 とする極限でデルタ関数となることより，式 (5.31) によってデルタ関数の微分を，次のように定義しうる．

$$\delta'(t-t_0) = \lim_{a \to 0} k_a'(t-t_0)$$

さて，関数 k_a' と $t=t_0$ で連続な微係数をもつ任意の関数 $f(t)$ の積分をとれば，

$$\int_{-\infty}^{\infty} f(t) k_a'(t-t_0)\,dt$$

$$= \frac{1}{2a} \int_{-\infty}^{\infty} f(t) \{\delta(t-(t_0-a)) - \delta(t-(t_0+a))\}\,dt$$

$$= \frac{1}{2a} \{f(t_0-a) - f(t_0+a)\} \tag{5.32}$$

式 (5.32) の $a\to 0$ の極限をとれば，右辺は任意関数 f の $t=t_0$ における微分に負符号をつけたものになるから

$$\lim_{a\to 0}\int_{-\infty}^{\infty}f(t)k_{a}'(t-t_0)dt=-f'(t_0)$$

したがって，$t=t_0$ で連続した微分をもつ任意の関数と $t=t_0$ を中心とするデルタ関数の微分の積の区間 $(-\infty, \infty)$ での積分は，任意関数 f の $t=t_0$ での微分を与える．

$$\int_{-\infty}^{\infty}f(t)\delta'(t-t_0)dt=-f'(t_0) \tag{5.33}$$

同様に，デルタ関数の n 回の微分は，その原形のいずれか一つの n 回微分の極限値として定義しうる．もし，$f(t)$ が $t=t_0$ で n 回微分可能ならば，デルタ関数の n 回微分に関して次の積分公式が成立する．

$$\int_{-\infty}^{\infty}f(t)\delta^{(n)}(t-t_0)dt=(-1)^{n}f^{(n)}(t_0) \tag{5.34}$$

上式において $f(t)=e^{-i\omega t}$ とおけば，デルタ関数の n 回微分のフーリエ変換として，次の公式を得る．

$$\int_{-\infty}^{\infty}\delta^{(n)}(t-t_0)e^{-i\omega t}dt=(i\omega)^{n}e^{-i\omega t_0}$$
$$\int_{-\infty}^{\infty}\delta^{(n)}(t)e^{-i\omega t}dt=(i\omega)^{n} \tag{5.35}$$

また，上式の右辺に式 (5.15) を適用すれば，デルタ関数の n 回微分のフーリエ変換は，デルタ関数のフーリエ変換に $(i\omega)^{n}$ を乗じたものであることが導かれる．

$$\int_{-\infty}^{\infty}\delta^{(n)}(t-t_0)e^{-i\omega t}dt=(i\omega)^{n}\int_{-\infty}^{\infty}\delta(t-t_0)e^{-i\omega t}dt$$

式 (5.35) の逆フーリエ変換(あるいは式 (5.17 a) の t に関する微分)から，$(i\omega)^{n}$ のフーリエ変換が $\delta^{(n)}(t)$ であることが導かれる．

$$\delta^{(n)}(t-t_0)=\frac{1}{2\pi}\int_{-\infty}^{\infty}(i\omega)^{n}e^{-i\omega t_0}e^{i\omega t}d\omega \tag{5.36}$$

$$\delta^{(n)}(t)=\frac{1}{2\pi}\int_{-\infty}^{\infty}(i\omega)^{n}e^{i\omega t}d\omega \tag{5.37}$$

5.3　二つのインパルスのスペクトル

前々項で，白色雑音について論じ，自己相関関数とスペクトル密度関数がそれぞれデルタ関数と $1/2\pi$ であることを証明した．また，Wiener-Khintchine の公式として，次の関係式が成立することも説明した．

$$\left.\begin{array}{l}\delta(t)=\dfrac{1}{2\pi}\displaystyle\int_{-\infty}^{\infty}1\cdot e^{i\omega t}d\omega \\ 1=\displaystyle\int_{-\infty}^{\infty}\delta(t)e^{-i\omega t}dt\end{array}\right\} \tag{5.38}$$

上式の第一式において，t を $t-t_0$ とおいて変形すれば

$$\delta(t-t_0) = \frac{1}{2\pi}\int_{-\infty}^{\infty} e^{i\omega(t-t_0)}d\omega$$

$$= \frac{1}{2\pi}\int_{-\infty}^{\infty} e^{-i\omega t_0}e^{i\omega t}d\omega \tag{5.39}$$

すなわち, $e^{-i\omega t_0}$ のフーリエ変換は $t=t_0$ において作用するインパルス $\delta(t-t_0)$ である。したがって, 上式の逆フーリエ変換は

$$e^{-i\omega t_0} = \int_{-\infty}^{\infty} \delta(t-t_0)e^{-i\omega t}dt \tag{5.40}$$

となる。

t と ω を入れかえ, t_0 を $-\omega_0$ と書きかえて cosine 関数は

$$f_c(t) = \cos\omega_0 t = \frac{1}{2}[e^{i\omega_0 t} + e^{-i\omega_0 t}] \tag{5.41}$$

であるから, そのフーリエ変換は式 (5.39) の関係を用いれば,

$$F_c(\omega) = \frac{1}{2}[\delta(\omega-\omega_0) + \delta(\omega+\omega_0)] \tag{5.42}$$

となる。同様に sine 関数については

$$f_s(t) = \sin\omega_0 t = \frac{1}{2i}[e^{i\omega_0 t} - e^{-i\omega_0 t}] \tag{5.43}$$

$$F_s(\omega) = \frac{1}{2}[\delta(\omega-\omega_0) - \delta(\omega+\omega_0)] \tag{5.44}$$

となる。

すなわち, cosine 波は原点に関して対称な二つのインパルスのスペクトル, sine 波は逆対称な二つのインパルスのスペクトルである。また, t と ω の役割を代えてみると 2 組のインパルスのスペクトルは sine あるいは cosine 関数となる。

6. 定常性・エルゴード性

これまで述べてきたランダムデータの統計処理においては，ランダム変動にある種の統計的性質を暗々裏に仮定してきた．それは，"**定常性**"と"**エルゴード性**"である．普通われわれが取り扱うほとんど大部分のランダム変動は，このような性質をそなえている．しかし，このような性質はランダム変動としては限定されたものであるということができよう．本章ではこの点について少し詳しい議論をし，確率過程論の基礎を明確にしよう．

6.1 アンサンブル平均

ある不規則変動 $f(t)$ を考える．t は時間または距離である．ある現象が確率的であるということは，その現象は起るたびごとに互いに相違しているということである．$f(t)$ は例えば流れの変動のように，t のすべての値に対して常に 0 とは限らない値をもつ連続的な関数である場合もあるし，また，例えば地震動のように，ある時刻に始まり有限時間内で終るものもある．

このような不規則変動を観測の順ごとに番号 k をつけ，$f_k(t)$ で表わす（図 6.1）．もし，任意の二つの標本が常に全く一致すれば，

$$f_j(t) \equiv f_k(t)$$

この現象は決定論的である．

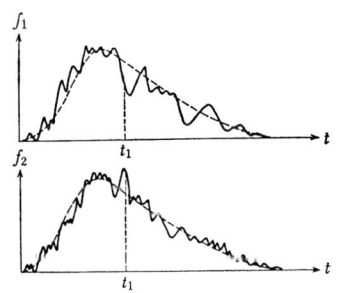

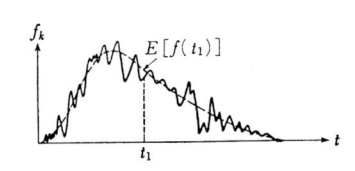

図 6.1 アンサンブル平均値（非定常ランダム過程の場合）

標本ごとに現象が異なるというだけでは,漠然としていて理論の立てようがないので,ある程度の性質を仮定し,あるいは制約をおき,その範囲で現象の特性を論じる必要がある.しかし,その制約がきつく特殊で,それを満たすものが例外的であれば,いくら厳密な理論を展開したところで意味はない.むしろ,われわれがしばしば取り扱う**不規則現象に共通な一般的性質**を抽出し,その範囲内で議論を展開すべきである.幸いに,もっともしばしば現われるランダム変動から,二つの一般性質——定常性とエルゴード性——を抽出でき,これを仮定するとき統計的議論の展開がかなり単純化される.

観測例や各サンプルの集合をアンサンブル(ensemble)と呼ぶ.このとき,ある瞬間 $t=t_1$ での平均値 $\mu(t_1)$ を各観測値の平均として定義しうる.

$$E\{f(t)\} = \lim_{N\to\infty} \frac{1}{N} \sum_{k=1}^{N} f_k(t) \tag{6.1a}$$

$$= \int_{-\infty}^{\infty} f(t) p(f) df \tag{6.1b}$$

$$= \mu(t)$$

ここに,$p(f)$ は f の確率分布密度関数である.このような平均を**アンサンブル平均**(ensemble mean)と呼ぶ.

また,自己相関関数は次のように定義される.

$$C(t_1, \tau) = \lim_{N\to\infty} \frac{1}{N} \sum_{k=1}^{N} f_k(t_1) f_k(t_1+\tau) \tag{6.2}$$

あるいは,同時確率分布密度関数 $p(x, y)$ により

$$C(t_1, \tau) = \int_{-\infty}^{\infty} \int_{-\infty}^{\infty} xy p(x, y) dx dy \tag{6.3}$$

ここに,

$$x = f(t_1), \quad y = f(t_1+\tau)$$

一般に,$\mu(t_1)$ や $C(t_1, \tau)$ は t_1 により異なる(図 6.1).

6.2 定常性

もし,これらが時刻 t_1 に無関係で μ は一定,C は τ のみの関数のとき,ランダム変動は,**弱い定常性**(weakly stationary)をもつ,あるいは,**広い意味**

で定常である(stationary in the wide sense)といわれる．

$$\left.\begin{array}{l}\mu(t_1)=\mu\ (一定)\\ C(t_1,\tau)=C(\tau)\end{array}\right\} \qquad (6.4)$$

$f(t)$ がすべての高次モーメントについて時刻 t_1 に無関係のとき，ランダム変動は，**強定常あるいは厳密に定常である**(strongly stationary あるいは stationary in the strict sense)といわれる．

このような性質をもたないランダム変動を**非定常である**という．非定常ランダム変動のわかりやすい例は地震動である．

6.3 エルゴード性

不規則変動のある時刻での平均値およびモーメント(相関)は上述のようにアンサンブル平均として定義される．しかし，不規則変動が定常確率過程に属し，あるサンプルについての時間平均値 $\mu(k), C(\tau, k)$

$$\mu(k)=\lim_{T\to\infty}\frac{1}{T}\int_0^T f_k(t)\,dt \qquad (6.5)$$

$$C(\tau,k)=\lim_{T\to\infty}\frac{1}{T}\int_0^T f_k(t)f_k(t+\tau)\,dt \qquad (6.6)$$

がサンプル k によらず，アンサンブル平均 μ および $C(\tau)$ と一致するとき，すなわち，

$$\mu(k)=\mu \qquad (6.7)$$

$$C(\tau,k)=C(\tau) \qquad (6.8)$$

この不規則変動は**エルゴード性**をもつ(ergodic)といわれる．多くの実際の物理現象は，それが定常過程に属するときエルゴード性をもち，現象の統計的特性は任意の観測例の時間的平均により推定できる．なお，定常ランダム変動のみがエルゴード性をもち得ることに注意しなければならない．

非エルゴード的な定常確率過程 定常確率過程ではあるが，エルゴード性をもたない例を示そう．$X(k)$ および $\varphi(k)$ を k に関する不規則変動量とする．いま，これらを用いて正弦波 $f_k(t)$

$$f_k(t)=X(k)\sin[2\pi ft+\varphi(k)]+n_k(t) \qquad (6.9)$$

をつくる．ここに，$n_k(t)$ は白色雑音である．$\varphi(k)$ が一様分布であるとする

表 6.1 ランダム変動の分類

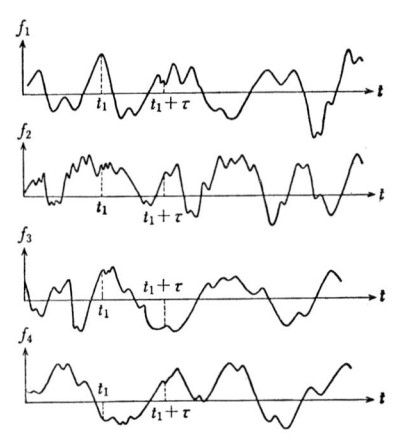

ランダム変動 ⎰ 定常 ⎰ エルゴード的
　　　　　　⎱　　 ⎱ 非エルゴード的
　　　　　　⎱ 非定常 非エルゴード的

図 6.2 定常でエルゴード的なランダム過程

$f_k(t) = X(k)\sin(2\pi ft + \varphi(k)) + n_k(t)$

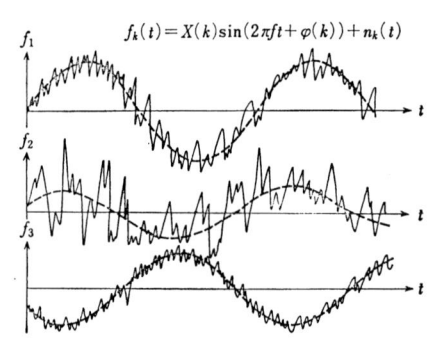

図 6.3 非エルゴード的な定常確率過程

と,任意の時刻における f_k の統計量のアンサンブル平均はその時刻に無関係である.したがって,$f_k(t)$ は定常である.しかし,例えば各サンプル f_k についての時間平均としての自己相関関数は

$$C(\tau, k) = \frac{X^2(k)}{2}\cos 2\pi f\tau$$

(6.10)

であり,サンプルごとに異なるからこの不規則変動はエルゴード性をもっていない.信号 $f_k(t)$ は,非エルゴード的な定常確率過程の例である(図 6.3).

例1 振動乱流の流速分布

パイプの一端を開放にし他端のピストンを往復させるとパイプ内に振動流が生じる.流速が遅い(正確にはレイノルズ数が小さい)場合の流れは層流で,その流速分布はNavier-Stokesの方程式と連続の方程式から理論的に求められ,実験との一致も認められている.

流速がある限界を越えると一方向流れの場合と同様に流体粒子が激しく不規則に入り乱れる乱流状態となる.しかし,一方向流れの場合と著しく異なって,レイノルズ数が相当大きくなっても全サイクルにわたって乱流になるのではなく,流速の絶対値が最大値に達したのちの減速域で突如乱流となり,流速が零から増加する加速域では再び層流状態となる.図 6.4(a)は実験結果の一例である.このような流れ(conditional turbulence)では流速分布もアンサンブル平均として定義する必要がある.図 6.4(b)によれば,このようにして求められた乱流域での流速は層流の場合に比べて,パイプの中心部($\eta \approx 0$)でより小さく,壁面近くでは逆に層流時よりも増加していること

6.3 エルゴード性

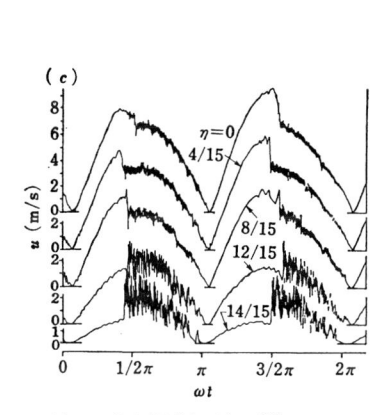

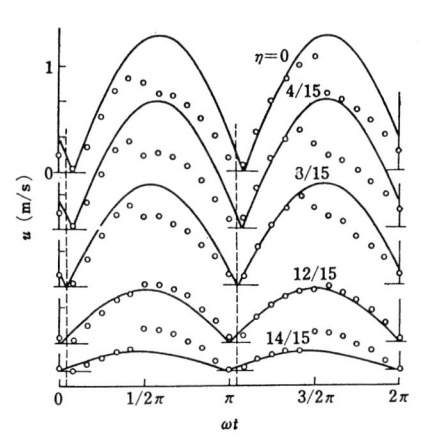

(a) 振動流(円管)の流速変化 (b) アンサンブル平均した流速分布(○)と層流理論解(実線)との比較

図 6.4 （日野・沢本・高須：J. Fluid Mech. 1976）

がわかる．これは，乱れによる混合作用のためパイプの断面全体にわたって流れが平均化されるためである．

なお，非定常流れが乱流になりずらいことは脈動流である血管流が抵抗の少ない層流状態にあり（少なくとも完全な乱流ではなく），心臓にかかる負担(血圧)が一様な流れを血管に送るよりも少なくなっていることにも関連する．

例 2 大気汚染の日変化

気象および人間の社会活動(工場の嫁動・交通等)が24時間を単位として変動するために，それらの相互作用の結果である大気汚染状況も日変化をする．

図6.5(a), (b)はある工業地帯の亜硫酸ガス濃度と風速の各時刻の平均値および標準偏

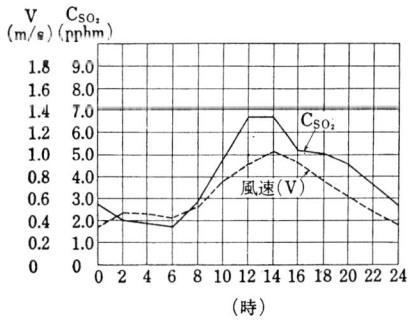

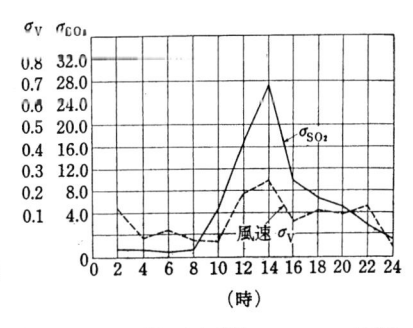

(a) 風速および SO_2 濃度の日変化   (b) 風速および SO_2 濃度変化の r.m.s. の日変化

図 6.5

差曲線である．一日分の連続記録をそれぞれ一つの標本とみなせば，これはアンサンブル平均である．単純に考えると汚染濃度は風速に逆比例するから風速の大きい昼に濃度が低下するはずであるけれども，この例では風速の強い時に濃度も高くなっている．この理由としては

（ｉ）　風速が大きくなると，煙の浮力による上昇高さが減り煙突有効高さが減少し，したがって煙の地上濃度が増加する．

（ⅱ）　この工業地帯では海陸風がよく発達する．日中は海風が発生し，臨海工業地帯の煙は観測点のある内陸に流れてその影響をもろにうけるが，夕方から夜間は逆に陸風で煙は海側に流れるため濃度は低下する．

（ⅲ）　日中の煙の排出量が大きく風速増加の影響を帳消しにしている．

等々が考えられる．形式的な統計処理の結果を鵜飲みにせずによく考えなければならない例として図6.5をあげた．

7. 情報エントロピーとスペクトル

 これまではランダム変動のフーリエ変換の立場から確率過程のスペクトルを論じてきた.本章では,情報理論の立場からスペクトルを取り扱う.それは次のような事情による.

 MEM と呼ばれる新しいスペクトルの計算方法が,1967年地震波解析に関して John Parker Burg により提案され,その後種々の分野への浸透が急速に拡がりつつある.この MEM 法は,情報理論におけるエントロピーの概念にもとづいた資料解析法で,後章で述べる従来のスペクトル推定法(Blackman–Tukey, FFT(Cooley–Tukey))に比べて,ⓐ 短いデータからもスペクトルの推定が可能である.ⓑ スペクトルの分解能が極めて高い,という圧倒的な優秀性をもっている.

 この方法は,アルゴリズムの一部を除いてわが国の赤池弘次(1969)が発表した自己回帰式によるスペクトル推定法と同一であり,予測理論として最近注目を集めている自己回帰予測と表裏をなすものであることも明らかにされるに至った.

 MEM の理論は理解のしやすさの点からは,後に述べる自己回帰式から入る方がずっとわかりやすいかもしれないが,順序としてエントロピーから説明することにする.なお,自己回帰式について準備のない諸氏は,第10章 線型システムの簡単な理論のうち §10.2, 10.3, 10.6 を先に読まれたい.アルゴリズムについては後章(第12章)で従来の方法とともに説明する.

7.1 情報とエントロピー

 エントロピーとは本来熱力学や統計物理学の分野で定義された概念(ある系

に許される位相の量あるいは状態の数の対数)で，無秩序あるいは不規則さの順位や程度を表わす．転じて，情報理論では未知(無知)の度合いを表わす概念として導入された．

ある事象がA,B二つの状態をとりうるとする．もし，前もって状態Aが起ることがわかっておれば，すなわちAの起る確率は1，Bの起る確率は0であるならば，未来についての不確定さはなく，新しい情報のもつ意味はない．これに反し，A,Bの起る確率がそれぞれ p および $q=1-p$ であるとき，確率 p をもつ事象 A が生起したとすれば，これの与える情報量を

$$I_A = \log_2 \frac{1}{p} \tag{7.1}$$

と定義しうる．実際，事象 A の起る確率が高く $p \approx 1$ であれば，情報量は0に近い．これに反して，もしAの起る確率が低く $p \approx 0$ ならばAが起ったという情報はとてつもなく大きく $I_A \to \infty$ ということになる．

ある事象のとりうる状態が n 個あり，それぞれの状態の起る確率を $p_j(j=1, 2, \cdots, n)$ とすれば，このうちの一つの事象 j が生起したとき与えられる情報量は

$$I_j = \log_2 \frac{1}{p_j}$$

である．情報エントロピーは"1回の試行によって得られるであろう情報量の期待値"として次のように定義される(Shannon, 1948)．

$$\begin{aligned} H &= E[I_j] \\ &= \sum_j p_j \log_2 \frac{1}{p_j} \\ &= -\sum_{j=1}^n p_j \log_2 p_j \end{aligned} \tag{7.2}$$

事象のとりうる状態が連続的であるとすると，$j \to x$，$p_j \to p(x)$ として，情報エントロピーは，次のように書き直される．

$$H = -\int p(x) \log p(x) dx \tag{7.3}$$

情報エントロピーと熱力学エントロピー

情報エントロピーと熱力学エントロピーは，ともに系の不規則さや無秩序の程度を表わす概念である．これらは類似の性質をもつが，本来は別物である．

熱力学のエントロピーは増加する一方である．しかし，情報エントロピーの減少が情報量であり，情報エントロピーは減少しうる．そこで，一つの物理系について熱力学的エントロピーと情報エントロピーの和を考える．この物理系の情報を知るためには，系に何らかの測定器をもち込むことが必要であり，これが系を乱し情報エントロピーの減少とは逆に熱力学的エントロピーは増加し，系全体のエントロピーもまた増加すると考えられる．

7.2 時系列の情報エントロピーと相関行列(Toeplitz 行列)

離散時系列 $x(0)$, $x(\Delta t)$, $x(2\Delta t)$, $\cdots$, $x(m\Delta t)$ がある．各時刻のとりうる x の値 $x(k\Delta t)=x_k$ ($k=0, 1, \cdots, m$) は連続量であるとすると，式 (7.3) を $m+1$ 次元の場合に拡張して，エントロピーを定義しうる．いま，$x_0, x_1, \cdots, x_m$ の同時確率分布を $p(x_0, x_1, \cdots, x_m)$ とすれば，エントロピーは

$$H = -\int p(x_0, x_1, \cdots, x_m) \log p(x_0, x_1, \cdots, x_m) \, dv \tag{7.4}$$

と表わせる．もし，p が Gauss 分布であれば，式 (7.4) は

$$H = \frac{1}{2} \log[\mathrm{Det}\ C_m] + \frac{m+1}{2} \log(2\pi e) \tag{7.5}$$

となることが示される．ここに，行列 C_m は x_k の相関よりなる **Toeplitz 行列** (対角線方向に同一の要素が並ぶ equidiagonal matrix) である．

$$C_m = \begin{bmatrix} C(0) & C(-1) & \cdots & C(-m) \\ C(1) & C(0) & & C(-m+1) \\ \vdots & \vdots & \cdots & \vdots \\ C(m) & C(m-1) & \cdots & C(0) \end{bmatrix} \tag{7.6}$$

$$C(k) = E[x(i)x(i-k)] \tag{7.7}$$

7.3 相関行列とスペクトル

スペクトルと相関は Wiener-Khintchine の公式により互いにフーリエ変換の関係にある(第3章)．同様に，Toeplitz 行列とスペクトルの間に次の関係が導かれている．

$$\lim_{m\to\infty}(\text{Det } C_m)^{1/m+1}=2f_N\exp\left\{\frac{1}{2f_N}\int_{-f_N}^{f_N}\log P(f)df\right\} \quad (7.8)$$

ここに, $f_N=1/(2\Delta t)$ は Nyquist 周波数と呼ばれる. ここで, $m\to\infty$ の場合に H が発散することをさけるためにエントロピー密度あるいはエントロピー率 h を定義する. これは, 式(7.5), (7.8)により式(7.9), (7.10)のように書かれる.

$$h=\lim_{m\to\infty}\frac{H}{m+1}$$

$$=\lim_{m\to\infty}\frac{1}{2}\log[\text{Det } C_m]^{1/m+1}+\log(2\pi e) \quad (7.9)$$

$$h=\frac{1}{4f_N}\int_{-f_N}^{f_N}\log P(f)\,df+\frac{1}{2}\log(4\pi ef_N) \quad (7.10)$$

したがって, "時系列のエントロピー密度 h は, その時系列のスペクトルの対数を周波数について(Nyquist 周波数 f_N の範囲で) 積分した量である" ことが導かれた.

7.4 MEM——最大エントロピースペクトル

スペクトルを計算するのには, スペクトルと自己相関の関係 (Wiener-Khintchine の公式)

$$\int_{-f_N}^{f_N}P(f)e^{i2\pi fk\Delta t}df=C(k)$$

あるいは,

$$P(f)=\Delta t\sum_{k=-\infty}^{\infty}C(k)e^{-i2\pi fk\Delta t} \quad (7.11)$$

を用いる. ここに, $C(k)$ は前と同様自己相関である. しかし, われわれのとりうる測定データは有限であり, したがって式(7.11)における十分大きなラグ k の自己相関数は未知である. この部分からもたらされる不確実さを除くために, 標準的なスペクトルの計算方法である Blackman-Tukey 法では, 第11, 12章に述べるように通信理論によりウインドー操作を行なっている.

Burg(1967) はこの問題に対して, "スペクトルのフーリエ変換が相関関数であるという Wiener-Khintchine の関係の制約のもとでエントロピーを増加させないように未知部分の自己相関関数を推定することが最も合理的である" と

7.4 MEM——最大エントロピースペクトル

提案した.つまり,最大エントロピー法である.

$$\frac{\partial h}{\partial C(k)} = 0 \qquad (k \geq m+1) \tag{7.12}$$

あるいは,

$$\frac{\partial H}{\partial C(k)} = 0 \tag{7.12a}$$

したがって,$C(0), C(1), \cdots, C(m)$ がわかっている場合,新たな $C(m+1)$ は式 (7.5), (7.6) より $\mathrm{Det}\, C_{m+1}$ を最大にするように選べばよい.これにより,$C(m+1)$ は次の条件から導かれる.

$$\mathrm{Det} \begin{bmatrix} C(1) & C(0) & \cdots & C(m-1) \\ C(2) & C(1) & \cdots & C(m-2) \\ \vdots & \vdots & & \vdots \\ C(m+1) & C(m) & \cdots & C(1) \end{bmatrix} = 0 \tag{7.13}$$

あるいは,スペクトル $P(f)$ についての関係で式 (7.12) を表わすと,式 (7.10) (7.11) より

$$\int_{-f_N}^{f_N} \frac{e^{-i2\pi f k \Delta t}}{P(f)} df = 0 \qquad (k \geq m+1) \tag{7.14}$$

でなければならない.これは,$1/P(f)$ が $2m+1$ 個の有限な級数で展開表示されることを示している.

$$\frac{1}{P(f)} = \sum_{k=-m}^{m} b_k e^{i2\pi f k \Delta t} \tag{7.15}$$

上式の右辺は,さらに $(m+1)$ 個の係数 $(\gamma_0, \gamma_1, \cdots, \gamma_m,$ ただし,$\gamma_0=1)$ を用いて次のように書き直すことができる.

$$\frac{1}{P(f)} = (\Delta t P_m)^{-1} \left(\sum_{k=0}^{m} \gamma_k e^{i2\pi f k \Delta t} \right) \left(\sum_{k=0}^{m} \gamma_k^* e^{-i2\pi f k \Delta t} \right) \tag{7.16}$$

$e^{i2\pi f \Delta t} = z$ とおけば,式 (7.11), (7.16) より

$$\left[\sum_{k=-\infty}^{\infty} C(k) z^{-k} \right] \left[\sum_{k=0}^{m} \gamma_k z^k \right] = \frac{P_m}{\sum_{k=0}^{m} \gamma_k^* z^{-k}}$$

ここで,上式の左右の辺の z の等べキの項を比較することから,次の $m+2$ 個の方程式(**Yule–Walker 方程式**)が得られる.

$$\begin{aligned}
z^0 &: C(0)+r_1C(1)+r_2C(2)+\cdots+r_mC(m)=P_m \\
z &: C(1)+r_1C(0)+r_2C(1)+\cdots+r_mC(m-1)=0 \\
z^2 &: C(2)+r_1C(1)+r_2C(0)+\cdots+r_mC(m-2)=0 \\
&\quad\vdots \qquad \vdots \qquad \vdots \qquad \vdots \\
z^m &: C(m)+r_1C(m-1)+r_2C(m-2)+\cdots+r_mC(0)=0 \\
z^{m+1} &: C(m+1)+r_1C(m)+r_2C(m-1)+\cdots+r_mC(1)=0
\end{aligned} \quad (7.17)$$

式(7.17)を解くにはすべての $C(k)$ を既知とする Yule-Walker 法と r_k, P_m の他 $C(m)$ も未知数と考える Burg 法がある．この場合には条件をもう一つ追加する必要がある(Burg, 1968; Andersen, 1974)．Burg は係数 r_k を数値フィルターとみなし，これに信号を正および逆向きに通したときの出力の平均が最小になるように r_k を決定した．MEM の特徴は Burg のアルゴリズム(§12参照)を用いるとき一層発揮される．

こうして，係数 r_k が求まれば，式(7.16)から MEM スペクトルは

$$P(f)=\frac{\Delta t P_m}{\left|\sum_{k=0}^{m} r_k e^{i2\pi fk\Delta t}\right|^2} \quad (7.18)$$

となる．係数 r_k は第10章(数値フィルター)ですぐ明らかにされる理由から予測誤差フィルター (prediction-error filter) と呼ばれる．また，P_m は予測誤差の分散である．

7.5 自己回帰式(AR—auto-regression)との関係

MEM は，自己回帰式と次のような関係にある(赤池, 1969; van den Bos, 1971)．不規則変動 $x(t)$ ($x_i(t=i\Delta t)$ と書く) が常微分方程式

$$k_m\frac{d^m x}{dt^m}+k_{m-1}\frac{d^{m-1}x}{dt^{m-1}}+\cdots+k_0 x=n(t) \quad (7.19)$$

あるいは，離散表示により

$$x_i=a_1x_{i-1}+a_2x_{i-2}+\cdots+a_mx_{i-m}+n_i \quad (7.20)$$

($n(t)$：ランダム入力) で表わされるとする．この式は x_i の予測値 ($\hat{x}_i$) を求める回帰予測式で，

$$\hat{x}_i=a_1x_{i-1}+a_2x_{i-2}+\cdots+a_mx_{i-m}$$

係数 $(1, -a_1, -a_2, \cdots)$ は予測誤差 $\varepsilon_i = x_i - \hat{x}_i$ を白色雑音 $\{n_i\}$ にするための数値フィルターとみなせる．数値フィルターの周波数領域での取り扱いは §10.6 に述べられる．(7.20) 式は再帰型の数値フィルターである．

上式に，順次 x_{i-k} を掛けて期待値をとれば，$E(x_{i-k}n_i)=0$ であることを考慮して

$$C(k) = a_1 C(k-1) + a_2 C(k-2) + \cdots + a_m C(k-m) \quad (k=1, 2, \cdots, m+1) \tag{7.21}$$

の関係 (Yule-Walker 方程式) が得られる．$C(j)=C(-j)$ であるから，これは式 (7.17) と同じである (ただし，$a_i = -\gamma_i$)．もし，$C(0), C(1), \cdots, C(m)$ が与えられれば，これらの関係から自己回帰式の係数 $a_1, a_2, \cdots, a_m$ は式 (7.21) の最初の m 個の式から，また未知の自己相関 $C(m+1)$ は次の関係から決定される．

$$\mathrm{Det} \begin{bmatrix} C(1) & C(0) & \cdots & C(m-1) \\ C(2) & C(1) & \cdots & C(m-2) \\ \vdots & \vdots & & \vdots \\ C(m+1) & C(m) & \cdots & C(1) \end{bmatrix} = 0 \tag{7.22}$$

上の関係式 (7.21)，(7.22) はとりもなおさず最大エントロピーの関係式 (7.13)，(7.17) である．したがって，"MEM によるスペクトル解析は，確率過程に自己回帰式をあてはめることに相等しい"．事実，第 10 章に示すように式 (7.20) に $x(n\Delta t) = \int X(f) e^{i 2\pi f n \Delta t} df$ を代入して変形すれば，容易に次式が得られる．

$$P(f) = \Delta t P_m \Big/ \left| 1 - \sum_{k=1}^{m} a_k \exp(i 2\pi f k \Delta t) \right|^2 \tag{7.23}$$

これは，MEM スペクトルの式 (7.18) に他ならない．

7.6 Deconvolution との関係

われわれの観測しているランダム時系列 $\{x_i\}$ を white noise $\{n_i\}$ により駆動される線型系 $h(t)$ ($H(\omega)$) からの出力とみなす．すなわち，入出力のフーリエ変換を $N(\omega), X(\omega)$ とすれば，次の関係がある (第 10 章参照)．

$$X(\omega) = H(\omega) N(\omega) \tag{7.24}$$

普通は，入出力のスペクトル・クロススペクトルの形で

$$S_{nx}(\omega) = H(\omega) S_{nn}(\omega) \tag{7.25}$$

$$S_{xx}(\omega) = |H(\omega)|^2 S_{nn}(\omega) \tag{7.26}$$

と書かれる．ところで，式 (7.24) より

$$N(\omega) = H^{-1}(\omega) X(\omega)$$

$$= \mathscr{G}(\omega) X(\omega) \tag{7.27}*)$$

システム関数 $\mathscr{G}(\omega) = H^{-1}(\omega)$ は，したがってランダム時系列 $\{x_i\}$ を再びもとの white noise $\{n_i\}$ にもどすシステム関数である．

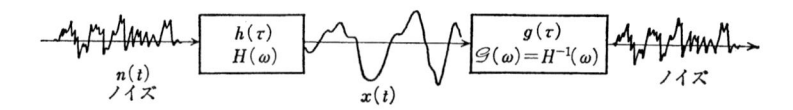

図 7.1 ノイズによる信号の発生とその deconvolution

一方，式 (7.20) を書き直してみると

$$n_i = x_i - a_1 x_{i-1} - a_2 x_{i-2} - \cdots - a_m x_{i-m} \tag{7.28}$$

となり，係数列 $\{1, -a_1, -a_2, \cdots, -a_m\}$ はまさにこの白色化システムの応答関数 $g(t)$ である．

$$g(k\varDelta t) = -a_k, \quad g(0) = 1 \tag{7.29}$$

システム関数 $\mathscr{G}(\omega)$ はこのフーリエ変換により

$$\mathscr{G}(\omega) = \int g(t) e^{i\omega t} dt = \sum g_k e^{i\omega k \varDelta t} \cdot \varDelta t$$

$$= 1 - a_1 e^{i\omega \varDelta t} - a_2 e^{i\omega 2 \varDelta t} - \cdots - a_m e^{i\omega m \varDelta t} \tag{7.30}$$

である．スペクトルは式 (7.26) より

$$S_{xx}(\omega) = \frac{S_{nn}(\omega)}{|\mathscr{G}(\omega)|^2}$$

$$= \frac{\overline{n^2}}{2\varDelta f |\mathscr{G}(\omega)|^2} = \frac{\varDelta t \overline{n^2}}{|\mathscr{G}(\omega)|^2} \tag{7.31}$$

となる．これは，MEM スペクトルの式 (7.18) である．

---

*) ここで，$G(\omega)$ は表 3.1 の意味の one-sided スペクトルではなく，インパルス応答 $g(\tau)$ に対応するシステム関数である．

7.7 MEM と Blackman-Tukey 法との比較

MEM が他のスペクトル推定法に比べてすぐれている点は，この章のはじめにも述べたように，ⓐ 短いデータからもスペクトルの計算が可能なことと，ⓑ スペクトルの分解能が高いことである．これまで広く用いられてきた Blackman-Tukey 法では，分解能を高めようとすれば相関のラグを大きくとる必要があるが，実際上有限長さのデータから大きなラグでの相関を計算するのに制約があるばかりでなく，推定精度すなわち安定度が悪くなるという相反関係がある．(したがって，Blackman-Tukey 法では，普通ラグは全データ長の10%位を目安に選んでいる．)

例1 4, 64, 65, 124.5 Hz の四つの正弦波と1/2振幅のノイズを合成した不規則データ(図7.2)を与え，そのスペクトルを Blackman-Tukey 法と Levinson 法 (Y-W法)および MEM により推定した場合の比較の例を示す(Radoski, Fougere & Zawalick, 1975). サンプル点数は257である．ラグ20 (10%) の B-T法と係数20個の場合の MEM のスペクトルの比較を図7.3 (a)に示す．MEM の方がスペクトルが鋭く分解されている．さらに，ラグ60 (23%) および100(39%) の場合の B-T 法と係数 60 および100項の場合の MEM を比較したのが図7.3(b)および (c)である．MEM では周波数の極めて近い二つの波も分解されて四つの峰に分かれているが，B-T 法では分解はできず三つの峰となっている．

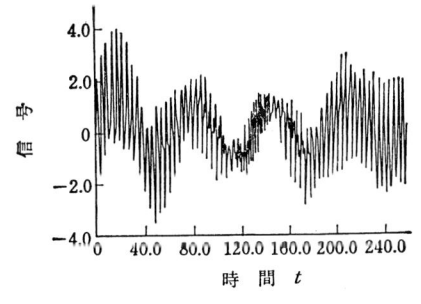

図 7.2 合成ランダム波

例2 次に正弦波に10%振幅の乱数列を重ねたものの一部分(一周期の100%および57%) を与え，この短いデータから従来のフーリエ変換による方法と Burg 法によりスペクトルを推定したのが図7.4である．従来の方法では正確なスペクトル推定は不可能であるが，Burg法でははっきりと線スペクトルが抽出されている．

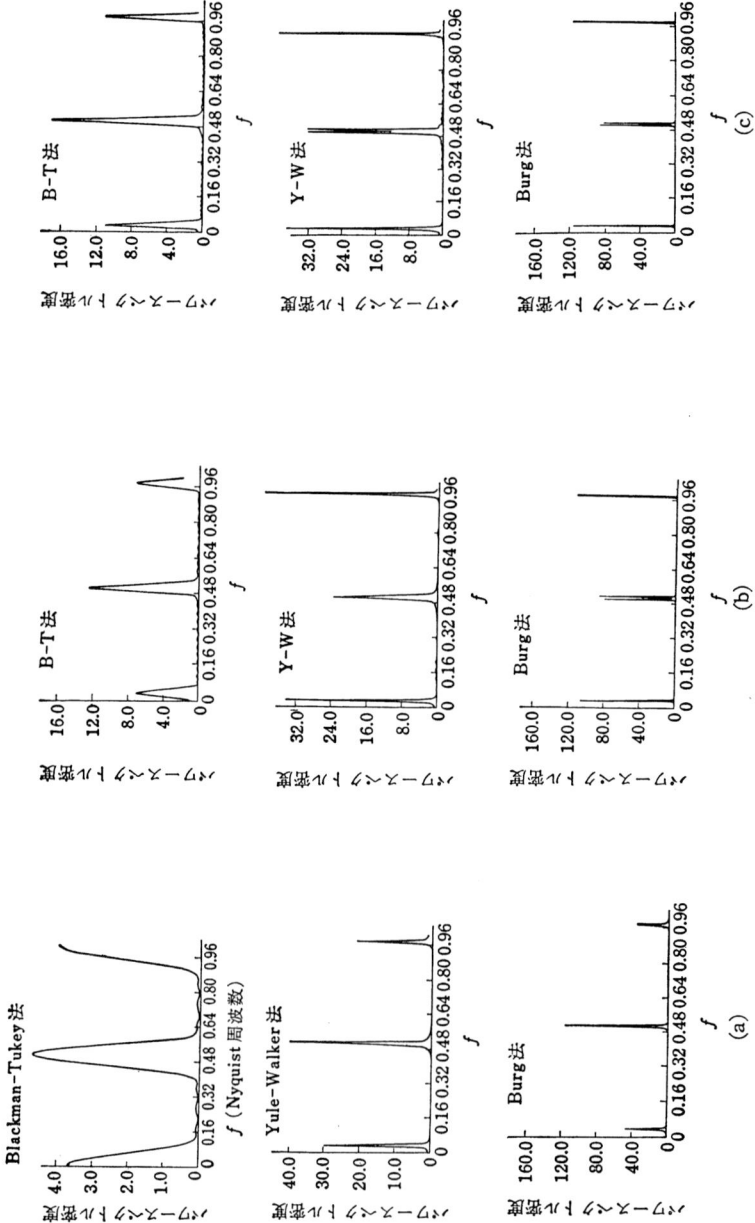

図 7.3 各方法による合成ランダム波のスペクトル推定の分解能の比較 (Radoski, H. P. 他, J. Geophy. Res. 1975)

7.7 MEM と Blackman-Tukey 法との比較

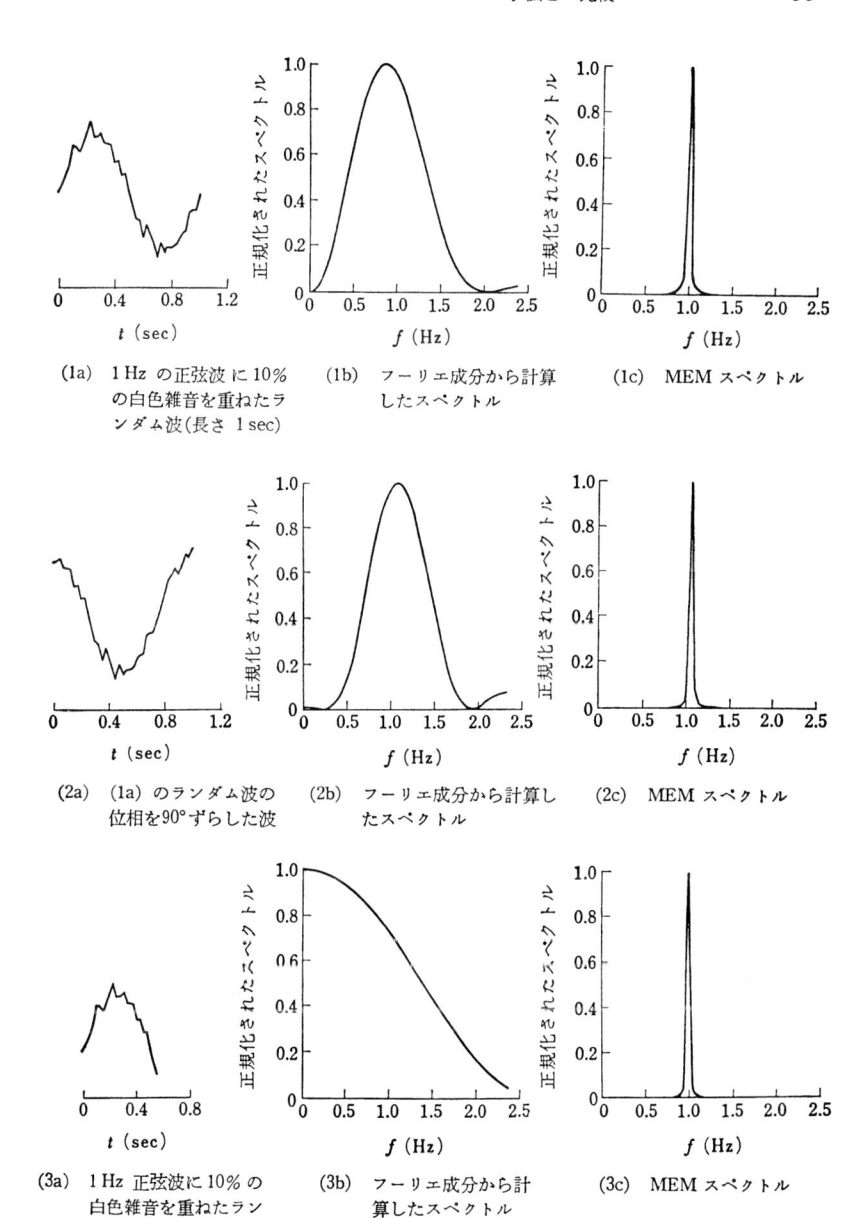

(1a) 1 Hz の正弦波に10%の白色雑音を重ねたランダム波(長さ 1 sec)

(1b) フーリエ成分から計算したスペクトル

(1c) MEM スペクトル

(2a) (1a) のランダム波の位相を90°ずらした波

(2b) フーリエ成分から計算したスペクトル

(2c) MEM スペクトル

(3a) 1 Hz 正弦波に10%の白色雑音を重ねたランダム波(長さ 0.57 sec)

(3b) フーリエ成分から計算したスペクトル

(3c) MEM スペクトル

図 7.4 短いランダムデータからのスペクトル推定 (Ulrych, T. J., J. Geophy. Res. 1972)

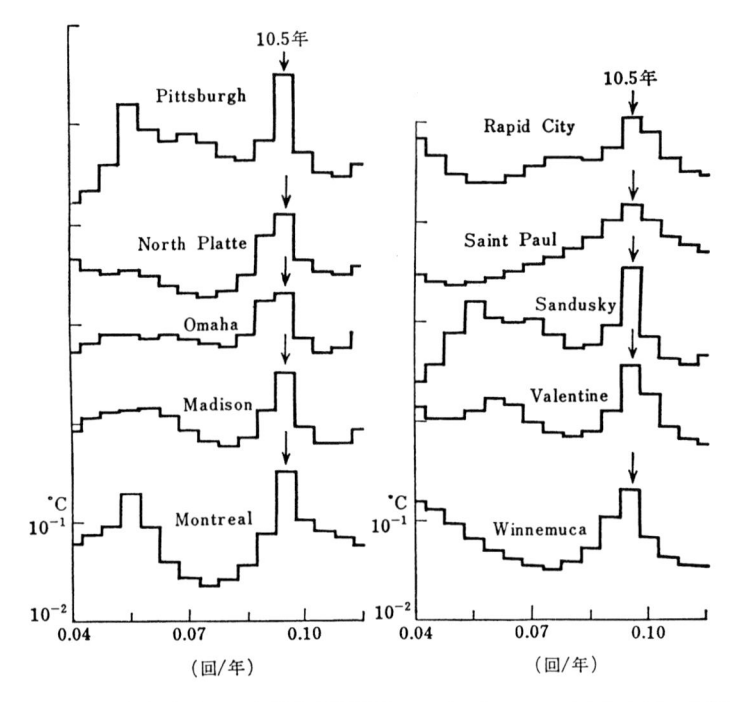

図 7.5 北米 10 都市での年平均気温変動のスペクトル. スペクトルピーク 10.5 cpy はほぼ太陽活動の周期と一致する (Gurrie, J. Geophy. Res. 1974)

例 3 気温変化と太陽活動

すでに1801年にイギリスの天文学者 William Herschel は気温と太陽活動の相関を主張している. しかし, この関係はこれまでの解析法では疑義なく認めうるほどはっきりしたものではなかった. 分解能の高い FFT 法を適用しても, スペクトルの安定度は低くなるため確定的な結論は得られなかった. しかし, MEM による解析の結果, 太陽周期の存在はもはや疑う余地のないものとなった. 図 7.5 は北米各地の観測所の 19 世紀末から現今までの平均86年間の年平均地上気温の変動幅スペクトル (temperature amplitude spectrum) である (平均およびトレンドを除去, フィルター項数は $m=29$ と48). この結果によると, 変動幅の平均と標準偏差は $0.26\pm0.07°C$, 周期は 10.5 ± 0.0 (cycle/year) である.

8. フーリエ展開の意味

フーリエ級数を基礎とするスペクトル解析の手法は，ごく当然のことのように極めて広く受け入れられている．しかし，ランダム変動を種々の周波数の正弦・余弦関数の荷重和として表わすということは，数学的にみればかなり特殊な方法というべきであろう．あるいはこういったらよいであろうか．フーリエ展開という方法は，もっと一般的な概念に拡張できるし，またそれとは別系統の分野で発展してきた違った考え方にも関連づけることができる．本章では，これまでに詳しく説明して来たスペクトル解析をより一般的な立場から見直してみよう．

8.1 ベクトルの分解と関数の展開

ある関数を正弦・余弦関数に分解して表わすということは，一つのベクトルをある座標系に関して成分に分解するという幾何学的考え方と等価であることは次のように容易に示しうる．

8.1.1 関数とベクトル

いま，$(0,1)$ 区間の関数 $x(t)$ を考える．この区間を Δt の間隔で区切れば，$n+1$ 個の点の x の値

$$x(0), x(\Delta t), x(2\Delta t), \cdots, x(n\Delta t)$$

でこの関数を離散的に表現することができる．$x(i\Delta t)=x_i$ と書けば，関数 $x(t)$ は順序づけられた $(n+1)$ 個の数の組

$$(x_0, x_1, x_2, \cdots, x_i, \cdots, x_n) \tag{8.1}$$

で近似的に表現できる．この順序づけられた $(n+1)$ 個の数値の組は，とりも直さず $(n+1)$ 次元ベクトルであり，x_{i-1} はベクトルの第 i 成分である．したがって，

関数≒ベクトル

というように二つの概念の間に結び付きをつけることができた．

もし，$\Delta t \to 0$ とすれば $n \to \infty$ となり，数列 (8.1)は関数そのものとなる．したがって，関数は無限次元のベクトルと考えることができる．

8.1.2 ベクトルの直交と関数の直交

二つのベクトル x, y の内積が零

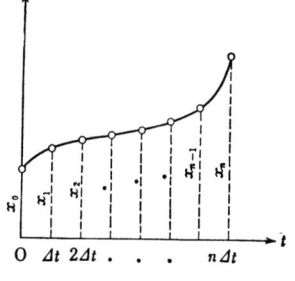

$$x \cdot y = x_1 y_1 + x_2 y_2 + \cdots + x_n y_n = 0$$

図 8.1 関数からベクトルへ

のとき，二つのベクトルは幾何学的に直交している．

二つの関数 $x(t)$ と $y(t)$ を $(n+1)$ 点の離散値で近似し，ベクトル的内積をつくる．これに Δt を掛け，その後，$\Delta t \to 0$ とすれば，

$$[x_0 y_0 + x_1 y_1 + \cdots + x_n y_n] \Delta t$$
$$= [x(0) y(0) + x(\Delta t) y(\Delta t) + \cdots + x(n \Delta t) y(n \Delta t)] \Delta t$$
$$\to \int_0^1 x(t) y(t) dt \quad (\Delta t \to 0) \tag{8.2}$$

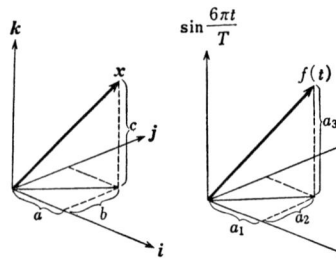

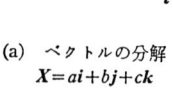

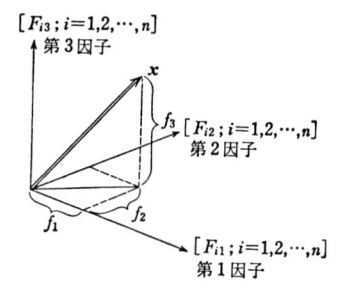

(a) ベクトルの分解
$X = ai + bj + ck$

(b) 関数のフーリエ展開
$f(t) = a_1 \sin \dfrac{2\pi t}{T} + a_2 \sin \dfrac{4\pi t}{T} + a_3 \sin \dfrac{6\pi t}{T}$

(c) 因子への分解

図 8.2 成分へのさまざまな分解法

となる．二つの関数が直交するというのは，したがって，この二つの関数の積を関数の定義域で積分したとき，それが零となることである．

$$\int_0^1 x(t) y(t) dt \begin{cases} \not\equiv 0 & (x \equiv y) \\ = 0 & (x \not\equiv y) \end{cases} \tag{8.3}$$

ここでも，ベクトルと関数の概念が等価であることが示された．$\sin 2\pi mt$, $\cos 2\pi nt$ が上のような性質を満たすことはよく知られている．

ちょうどベクトルを成分に分けて表現するように，関数は互いに直交する関数列 φ_n の荷重和として表わすことができる．ただし，関数列は直交性の他に，完備（考えている関数の空間を完全におおうもの）でなければならない．

$$x(t) = \sum_{n=0}^{\infty} a_n \varphi_n(t) \tag{8.4}$$

空間上に座標系を任意に選ぶことができるのであるから，ある関数をフーリエ級数で表わすと決めてしまうことは，こちらで勝手に座標軸を設定したことに対応している．座標系を変えるとベクトル成分が変わるように，関数の級数展開にはその他のいろいろな関数系を選ぶことができる．ただし，ベクトルの分解の座標軸が互いに直交しているのと同じように，任意の関数を展開する関数系も直交していること，つまりこれらが関数的に互いに独立であり，かつ問題としている全関数空間を表現しうる完全系でなければならない．正弦関数はこうした性質をそなえた最もポピュラーな"くせの無い"関数系である．ここに，フーリエ級数展開やいわゆるフーリエ展開にもとづくスペクトル解析が広く応用されている理由がある．

8.2 因子分析（経験的直交関数系展開）

もし，一群のベクトル $(x_1, x_2, \cdots, x_r, \cdots)$ が一つの面上に分布していれば，座標軸のうちの二つがその面に含まれるように座標系を選ぶとベクトルの分解が簡単になるように，ランダム変動の特性に応じて展開関数系を選ぶ方がより少ない項数でランダム変動 $x(t)$ を表わすことができよう（実際フーリエ級数を用いて計算をすすめると級数が収束するためには20項以上，要求される精度によっては100項もとらなければならないことがある）．実データについてこうした分析を行なうのが**主成分分析**や**因子分析法**である．$0 < t < T$ での確率変数 $x(t)$ を離散化し

$$x(t) = [x_1, x_2, \cdots, x_n]^T \tag{8.5}$$

と表わす．このとき $x(t)$ のサンプルごとの変化は仮想的内在因子 $[F_{j1}, F_{j2}, \cdots,$

F_{jm}] ($m \leq n$, $j=1, 2, 3, \cdots, n$) に起因すると考えて

$$\begin{bmatrix} x_1 \\ x_2 \\ \vdots \\ x_n \end{bmatrix} = \begin{bmatrix} F_{11} & F_{12} & \cdots & F_{1m} \\ F_{21} & F_{22} & \cdots & F_{2m} \\ \vdots & \vdots & & \vdots \\ F_{n1} & F_{n2} & \cdots & F_{nm} \end{bmatrix} \begin{bmatrix} f_1 \\ f_2 \\ \vdots \\ f_m \end{bmatrix} \tag{8.6}$$

と表わす.仮想的因子にかかる重さ $[f_1, f_2, \cdots, f_m]^T$ は x のサンプルごとに変化するが行列 $\{F\}$ は不変である.上式の右辺の行列 $\{F\}$ を**因子負荷行列**(factor loading matrix),ベクトル $\{f\}$ を**因子評点**(factor score) という.行列 $\{F\}$ は各因子の基本的なパターンを示すものであり,これを著者は**因子パターン行列**と呼んでいる.式(8.6)を

$$\begin{bmatrix} x_1 \\ x_2 \\ \vdots \\ x_n \end{bmatrix} = f_1 \begin{bmatrix} F_{11} \\ F_{21} \\ \vdots \\ F_{n1} \end{bmatrix} + f_2 \begin{bmatrix} F_{12} \\ F_{22} \\ \vdots \\ F_{n2} \end{bmatrix} + \cdots + f_m \begin{bmatrix} F_{1m} \\ F_{2m} \\ \vdots \\ F_{nm} \end{bmatrix} \tag{8.7}$$

と書き直してみればわかるように,F の第 i 列

$$F_i = [F_{1i}, F_{2i}, \cdots, F_{ni}]^T \tag{8.8}$$

は,それぞれ $x(t)$ を展開する座標軸の成分=直交関数列とみなすことができる.また,因子評点は各座標軸へのベクトル成分,あるいは正規直交関数系の係数 a_n とみなされる.こうした意味から気象学では因子分析法ないしは主成分分析法を**経験的直交関数系展開**(empirical orthonormal functions) と呼んでいる.

さて,式 (8.6), (8.7) を簡単にベクトルと行列で次のように表わそう.

$$x = Ff \tag{8.9}$$

ここで,

$$x = \begin{bmatrix} x_1 \\ x_2 \\ \vdots \\ x_n \end{bmatrix}, \quad f = \begin{bmatrix} f_1 \\ f_2 \\ \vdots \\ f_m \end{bmatrix} \tag{8.10}$$

8.2 因子分析

$$F = \begin{bmatrix} F_{11} & F_{12} & \cdots & F_{1m} \\ F_{21} & F_{22} & \cdots & F_{2m} \\ \vdots & & & \vdots \\ F_{n1} & F_{n2} & \cdots & F_{nm} \end{bmatrix}$$

ベクトル x と因子評点ベクトル f はサンプルごとに異なる確率ベクトルである．いま，式 (8.9) の転置形をつくり，

$$x^T = (Ff)^T = f^T F^T \tag{8.11}$$

これを式 (8.9) の両辺に右から掛け，アンサンブル平均をとる．

$$E[xx^T] = F \cdot E[ff^T] \cdot F^T \tag{8.12}$$

$E[xx^T]$ は相関行列，$E[ff^T]$ は単位行列

$$E[xx^T] = \{\overline{x_i x_j}\} = \{R_{ij}\} = C \qquad E[ff^T] = I \tag{8.13}$$

である．各因子は互いに独立な条件から

$$\sum F_{ki} F_{kj} \begin{cases} = \lambda_i & (i=j) \\ = 0 & (i \neq j) \end{cases} \tag{8.14}$$

すなわち，

$$F^T F = \begin{bmatrix} \lambda_1 & & & 0 \\ & \lambda_2 & & \\ & & \ddots & \\ 0 & & & \lambda_m \end{bmatrix} \tag{8.15}$$

したがって，式 (8.12) は次式となる．

$$CF_i = \lambda_i F_i \tag{8.16}$$

ここに，F_i は式 (8.8) で定義したベクトルである．

上式 (8.16) は行列 C の固有値 λ_i と固有ベクトル F_i を決定する問題に他ならない．ベクトル F_i ($i=1, 2, \cdots, n$) は相関行列 C が与えられると一義的に決定される．これが因子負荷行列(因子パターン行列) F である．

例 1 大気汚染の濃度分布には風向風速に関連したいくつかのパターンがあることは経験的に感じられることである．いま，ある工業市街地域に配置された n 点のモニターリングステーションの時刻 $k\Delta t$ (Δt：濃度観測の時間間隔，2 hr) での環境濃度を $x_n(k)$，その地域の代表風向風速を南北・東西成分 $U \cdot V$ に分け，これを $U(k) = x_{n+1}(k)$，$V(k) = x_{n+2}(k)$ と書く．同一時刻のこれらの観測値をベクトル $x(k)$

$$x(k) = [x_1(k), x_2(k), \cdots, x_n(k), x_{n+1}(k), x_{n+2}(k)]^T$$

8. フーリエ展開の意味

で表わす．いま，ベクトル x が因子分解されて

$$x(k) = Ff(k)$$

と表わせるものと考え，因子分析 (正準因子分析法による) を行ない，これを図示すると濃度分布の基本パターンについて図 8.3 のような結果が得られた．図の横軸は各観測点を番号順に並べ，最後の二つは風の南北成分 U と東西成分 V を示す．図の縦軸は因子負荷行列(因子パターン行列)の列成分 F_i, すなわち第 i 因子の基本パターンを表わす．もし，地図上の各観測点 j に第 i 因子の成分 F_{ij} の数値を記入し，これらをもとに等濃度線を記入すれば，基本濃度分布を一層はっきりと示すことができよう．

第 1 因子はほぼ南よりの風の場合でほぼ全域にわたり濃度の高くなる一番現われやすい基本形；第 2 因子は東ないしは東南東の風で，一部分の地点 (1, 2, 7, 8) では濃度が低くなる形；第 3 因子はほぼ北々西の風の場合のパターンに対応すると解釈される．データ x から逆に $f = [F^T F]^{-1} F^T x$ により因子評点をもとめ，各因子の大きさを計算し，そ

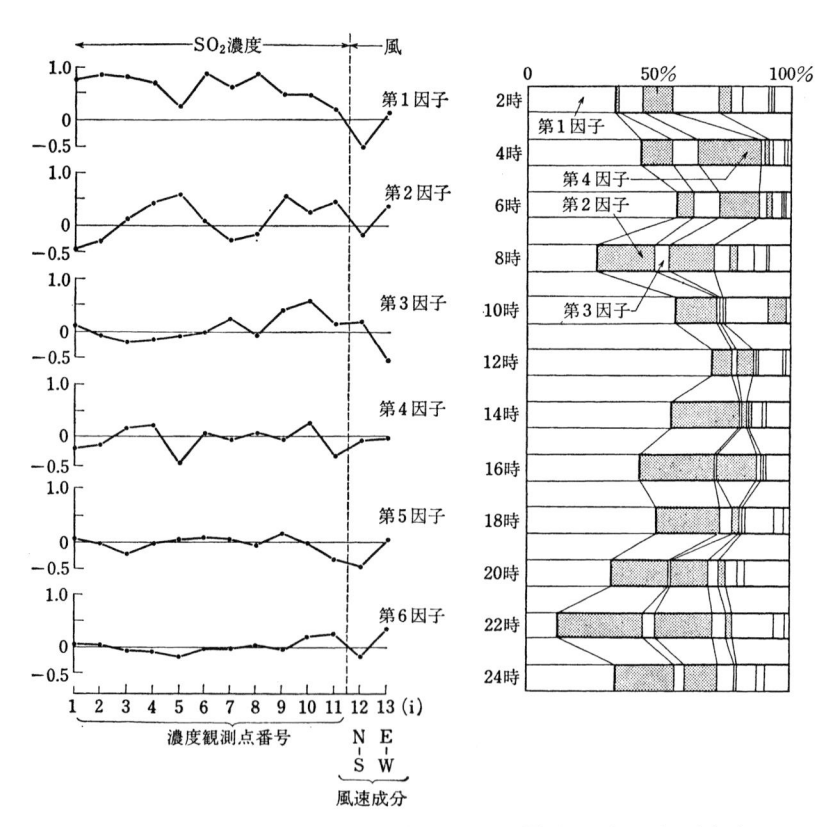

図 8.3 SO₂ 濃度と風速成分の因子分析   図 8.4 各因子の寄与率

の寄与率の2時間ごとの時間変化として表わしたものが，図8.4である．第1因子は各時刻を通じて寄与率は高いが，とくに日中の寄与率が高い．この工業地帯は海陸風のよく発達する瀬戸内海に南面しており，このことは南よりの海風の影響を表わしていると考えられる．

一般に因子分析の結果に具体的な事象解釈を与えることは困難であるといわれているが，本例ではベクトル x の成分に汚染濃度の他に風の成分を加えることで，ある程度物理的解釈が可能になっている．

8.3 Karhunen-Loève 展開

さて，話を再びフーリエ展開にもどそう．確率変数 $x(t)$ のフーリエ展開では $x(t)$ が非周期関数ならば係数 a_n は互いに無相関とならない．

$$E\{a_n a_m^*\} \neq 0 \qquad (n \neq m) \tag{8.17}$$

そこで，フーリエ展開の概念を一般化し，確率関数の展開係数が直交する(互いに無相関になる)ようにしたものが，Karhunen-Loève 展開である．実はこれは，前述の因子分析の確率関数的表現に他ならないことを以下に示そう．

任意の確率関数 $x(t)$ を

$$x(t) = \sum_{n=1}^{\infty} b_n \varphi_n(t) \tag{8.18}$$

と表わす．関数列 $\varphi_n(t)$ は区間 $(-T/2, T/2)$ で直交する完全系であり，

$$\int_{-T/2}^{T/2} \varphi_n(t) \varphi_m^*(t) dt \begin{cases} =1 & (m=n) \\ =0 & (m \neq n) \end{cases} \tag{8.19}$$

かつ，係数 b_n が直交する(すなわち無相関の)とき，

$$E\{b_n b_m^*\} = 0 \qquad (m \neq n) \tag{8.20}$$

式 (8.18) を Karhunen-Loève 展開，直交関数列 $\varphi_n(t)$ を Karhunen-Loève 系と呼ぶ．フーリエ展開では $x(t)$ が非周期的関数ならば係数は厳密に直交せず，$T \to \infty$ のとき "近似的に" 無相関となる．

$x(t)$ の自己相関関数を $C(\tau)$ とすれば，関数 $\varphi_n(t)$ は次の積分方程式の解として与えられる．

$$\int_{-T/2}^{T/2} C(t-\tau) \varphi_n(\tau) d\tau = \lambda_n \varphi_n(t), \quad |t| < \frac{T}{2} \tag{8.21}$$

上式は，因子分析の式 (8.16) と等価である．式 (8.16) と (8.21) とを比較すれば $\varphi_i(t)$ が因子負荷行列の第 i 列 F_i に対応していることが容易に理解

される．

$$\varphi_i(t) \leftrightarrow \pmb{F}_i = [F_{1i}\ F_{2i}\ \cdots\ F_{ni}]^T \tag{8.22}$$

したがって，K・L 系は因子負荷行列と等価である．

$$\{\varphi_1, \varphi_2, \cdots, \varphi_k, \cdots\} \leftrightarrow \pmb{F} \tag{8.23}$$

K・L 系の理論はパターン認識の基礎として応用されている．

もともと，因子分析とフーリエ展開とは，その発生と生長の過程を全く別にしている．K・L 系と因子分析との関係も同様である．しかし，ここに示したように，これらは全く等価な内容をもつ同一の概念であることが理解されたと思う．後に述べる Walsh 関数および Walsh スペクトルもこうした考え方の延長上にあるものである．

このように異なった立場からすすめられた理論が，実は内容的にも同一であるということは，概念の一般化という点から大変興味深いことである．

例 1　自己相関関数が

$$C(\tau) = \frac{\sin \omega_0 \tau}{\pi \tau}$$

である定常確率過程 $x(t)$ を考える．ついでながら，$x(t)$ のスペクトルは $(-\omega_0, \omega_0)$ の区間で一定値となる □ 形の関数である．

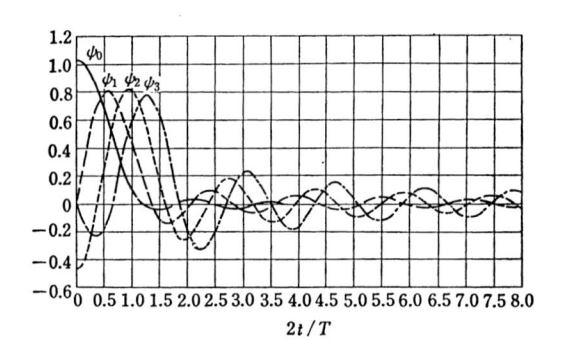

図 8.5　偏球回転楕円体波動関数 $\varPsi_n(t, c)$．$c=4$ の場合

積分方程式，式 (8.21)

$$\int_{-T/2}^{T/2} \frac{\sin \omega_0(t-\tau)}{\pi(t-\tau)} \varphi(\tau) d\tau = \lambda \varphi(t)$$

の解は偏球回転楕円体波動関数(prolate spheroidal wave functions)

$$\varPsi_n(t; \omega_0 T)$$

である(図 8.5)．

9. 確率密度と相関関数[*]

　不規則な変量や確率的事象を取り扱う際の基本的な概念の一つに確率分布がある．これは本書で論じている時間や距離とともに連続的に変化する(動的)現象のみではなく，個別的な(静的)確率事象を取り扱う場合をも含む基本的概念である．本章では確率分布と相関関数の関係，確率分布のフーリエ変換である特性関数，および確率分布の正規分布に対する補正項表示について述べる．

　なお，本書の主題であるスペクトルは確率変数に関する万能の情報ではなく，その二次モーメントに関するものであり，確率変数の統計的性質の一部を表わすに過ぎないことを銘記すべきである．

9.1　確率密度関数と分布のモーメント

9.1.1　確率分布関数

　確率変数(random variable) $x(t)$ がある任意の実数 x より小さい(すなわち区間 $(-\infty, x]$ に属する)確率 $P(x)$ を**確率分布関数**(probability distribution function あるいは cumulative probability distribution function)という．

$$P(x) = \mathrm{Prob}[x(t) \leq x] \qquad (9.1)^{**}$$

---

　[*]　本章の記述は，これまでの各章や以後の章に比べて，やや難しくなっている上，後の記述との直接的関連も強くないので，読みとばしてよい．

　[**]　式 (9.1) の右辺中，確率変数 $x(t)$ と任意の実数 x の意味の混乱をさけるためには x を ξ と記号する方がよい．すなわち，式 (9.1) は

$$P(\xi) = \mathrm{Prob}[x(t) \leq \xi] \qquad (9.1\mathrm{a})$$

と表わされる．さらに確率変数 $x(t)$ の確率分布関数であることを示すために，添字 x をつけて

$$P_x(\xi) = \mathrm{Prob}[x(t) \leq \xi] \qquad (9.1\mathrm{b})$$

と記せば，一層正確である．この表記法は後節で2確率変数の結合確率分布を取り扱う際に用いる．

あきらかに

$$P(x) \geq 0$$
$$P(-\infty)=0 \tag{9.2}$$
$$P(\infty)=1 \tag{9.3}$$

また，確率の単調非減少性から

$$P(x) \leq P(y) \qquad (x<y) \tag{9.4}$$

であり，$P(x)$ は次の性質

$$P(a)=\lim_{\varepsilon \to 0} P(a+\varepsilon) \tag{9.5}$$

すなわち，右連続性をもつが，一般には不連続関数である．

9.1.2 確率密度関数

$P(x)$ がいたるところ連続で微分可能な場合，$x(t)$ は連続であるといわれる．このとき，

$$p(x)=\frac{dP(x)}{dx} \tag{9.6}$$

を x の**確率密度関数**(pdf=probability density function)と呼ぶ．これより

$$P(x)=\int_{-\infty}^{x} p(\xi) d\xi \tag{9.7}$$

また，確率の定義より $p(x)$ は非負の実関数(non-negative real function)で次の性質をもつ．

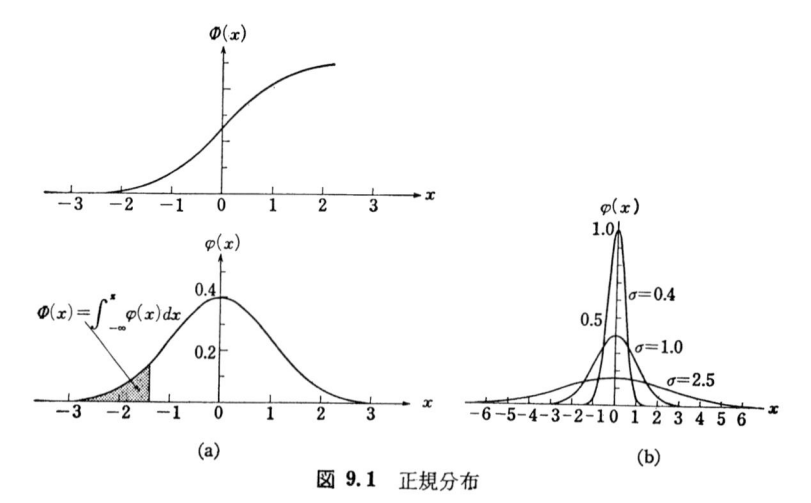

図 9.1 正規分布

9.1 確率密度関数と分布のモーメント

$$\left. \begin{array}{l} p(x) \geq 0 \\ \int_{-\infty}^{\infty} p(\xi)d\xi = P(\infty) = 1 \\ \int_{a}^{b} p(\xi)d\xi = P(b) - P(a) \end{array} \right\} \quad (9.8)$$

確率過程の場合には，$x(t)$ が x と $x+\varDelta x$ との間にある t の区間和 $\sum_{i=1}^{N} \varDelta t_i$ の全区間 T に対する割合，すなわち，確率は

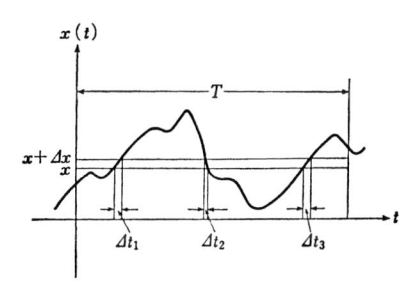

$$\mathrm{Prob}[x<x(t)<x+\varDelta x] = \lim_{T\to\infty}\frac{\sum \varDelta t_i}{T}$$

図 9.2

である(図 9.2)．確率密度関数 $p(x)$ はこれの $\varDelta x \to 0$ の極限である．

$$p(x) = \lim_{\varDelta x\to 0}\frac{\mathrm{Prob}[x<x(t)<x+\varDelta x]}{\varDelta x}$$

$$= \lim_{\varDelta x\to 0}\frac{1}{\varDelta x}\lim_{T\to\infty}\frac{\sum \varDelta t_i}{T}$$

主な確率密度関数を表 9.1 および 9.2 に載せる．

表 9.1 主な確率密度関数(1)，(変数が整数値の場合)

確率分布則	確率密度関数 $p(x)$		特性関数 $\phi(u)$	平均 $E[x]$	分 散 $\mathrm{Var}[x]$
二項分布 $n=1,2,\cdots$ $0\leq p\leq 1$	$\binom{n}{x}p^x q^{n-x}$	$(x=0,1\cdots,n)$ $(q=1-p)$	$(pe^{iu}+q)^n$	np	npq
Poisson 分布 $\lambda>0$	$e^{-\lambda}\dfrac{\lambda^x}{x!}$	$(x=0,1,\cdots)$	$e^{\lambda(e^{iu}-1)}$	λ	λ
幾何確率分布 $0\leq p\leq 1$	pq^{x-1}	$(x=1,2,\cdots)$	$\dfrac{pe^{iu}}{1-qe^{iu}}$	$\dfrac{1}{p}$	$\dfrac{q}{p^2}$

* $\binom{n}{x} = n!/\{x!(n-x)!\}$

表 9.2 主な確率密度関数(2)，(連続変数の場合)

確率分布則	確率密度関数 $p(x)$	特性関数 $\phi(u)$	平均 $E[x]$	分散 $\mathrm{Var}[x]$
区間 (a,b) での一様分布	$\dfrac{1}{b-a}$ $(a<x<b)$; 0 その他	$\dfrac{e^{iub}-e^{iua}}{iu(b-a)}$	$\dfrac{a+b}{2}$	$\dfrac{(b-a)^2}{12}$
正規分布 $N(m,\sigma^2)$ $-\infty<m<\infty$ $\sigma>0$	$\dfrac{1}{\sigma\sqrt{2\pi}}\exp\left[-\dfrac{1}{2}\left(\dfrac{x-m}{\sigma}\right)^2\right]$	$\exp\left(ium-\dfrac{1}{2}u^2\sigma^2\right)$	m	σ^2
指数分布 $\lambda>0$	$\lambda e^{-\lambda x}$ $(x>0)$; 0 $(x\le 0)$	$\left(1-\dfrac{iu}{\lambda}\right)^{-1}$	$\dfrac{1}{\lambda}$	$\dfrac{1}{\lambda^2}$
ガンマ分布 $r>0$ $\lambda>0$	$\dfrac{\lambda}{\Gamma(r)}(\lambda x)^{r-1}e^{-\lambda x}$ $(x>0)$	$\left(1-\dfrac{iu}{\lambda}\right)^{-r}$	$\dfrac{r}{\lambda}$	$\dfrac{r}{\lambda^2}$
χ^2 分布 (自由度 n)	$\dfrac{1}{2^{n/2}\Gamma\left(\dfrac{n}{2}\right)}x^{(n/2)-1}e^{-x/2}$ $(x>0)$; 0 $(x\le 0)$	$(1-2iu)^{-n/2}$	n	$2n$
F 分布 (自由度 m,n)	$\dfrac{\Gamma\left(\dfrac{m+n}{2}\right)}{\Gamma\left(\dfrac{m}{2}\right)\Gamma\left(\dfrac{n}{2}\right)}\left(\dfrac{m}{n}\right)^{m/2}\dfrac{x^{(m/2)-1}}{\left\{1+\dfrac{m}{n}x\right\}^{(m+n)/2}}$ $(x>0)$; 0 $(x\le 0)$		$\dfrac{n}{n-2}$ $(n>2)$	$\dfrac{2n(m+n-2)}{m(n-2)^2(n-4)}$ $(n>4)$

9.1.3 分布のモーメント，平均・分散

確率変数の値の分布特性，拡がりや分布の片寄りを知るためには，確率関数を積分化し圧縮した指標を用いる方が有用なことが多い．

平均値 確率密度関数 $p(x)$ の1次モーメント

$$\mu = \int_{-\infty}^{\infty} x p(x) dx \tag{9.9}$$

は分布の重心，x の平均値(average)すなわち期待値(expectation)を与える．

分散 $p(x)$ の重心まわりの2次モーメント，すなわち分散(variance)

$$\sigma^2 = \int_{-\infty}^{\infty} (x-\mu)^2 p(x) dx \tag{9.10}$$

は重心まわりの分布の拡がりの index である．分散の正の平方根 σ は標準偏差(standard deviation)と呼ばれる．確率変数の分布のゆがみは，さらに高次のモーメントにより特徴づけられる．

9.1 確率密度関数と分布のモーメント

n 次モーメント

$$m_n = E[(x-\mu)^n]$$
$$= \int_{-\infty}^{\infty} (x-\mu)^n p(x)\, dx \tag{9.11a}$$

(n 次の中心モーメント central moment)

$$\mu_n = E[x^n]$$
$$= \int_{-\infty}^{\infty} x^n p(x)\, dx \tag{9.11b}$$

(n 次モーメント)

ゆがみ x の3次の中心モーメントを2次の中心モーメントで正規化した

$$S = \int_{-\infty}^{\infty} x'^3 p(x)\, dx \Big/ \Big[\int_{-\infty}^{\infty} x'^2 p(x)\, dx\Big]^{3/2}$$
$$= E[x'^3] / \{E[x'^2]\}^{3/2}$$
$$= m_3/\sigma^3 \tag{9.12}$$

をゆがみ (skewness) という. ここに, $x' = x - \mu$

偏平度

$$F = \int_{-\infty}^{\infty} x'^4 p(x)\, dx \Big/ \Big[\int_{-\infty}^{\infty} x'^2 p(x)\, dx\Big]^2$$
$$= E[x'^4] / \{E[x'^2]\}^2 \tag{9.13}$$
$$= m_4/\sigma^4$$

を偏平度 (flatness factor) という. x が Gauss 分布ならば $F=3$ であるので,

$$K = \Big\{\int_{-\infty}^{\infty} x'^4 p(x)\, dx \Big/ \Big[\int_{-\infty}^{\infty} x'^2 p(x)\, dx\Big]^2\Big\} - 3 \tag{9.14}$$

を超過 (coefficient of excess), またはとんがり (kurtosis) という.

一般に偶数次のモーメントが分布の拡がりを表わし, 奇数次のモーメントが分布の対称性に関する情報を与える.

例1 Gauss 分布

$$\varphi(x) = \frac{1}{\sigma\sqrt{2\pi}} \int_{-\infty}^{\infty} e^{-(x)^2/2\sigma^2} dx$$

のモーメントは次のようになる.

$$\left.\begin{array}{l} m_1 = 0, \quad m_2 = \sigma^2, \quad m_3 = 0, \\ m_4 = 3\sigma^4, \quad \cdots \quad , \quad m_{2n-1} = 0, \\ m_{2n} = 1 \cdot 3 \cdot 5 \cdot \cdots \cdot (2n-1)\sigma^{2n}, \end{array}\right\}$$

9.1.4 確率変数の変換

x の非確率的関数 $f(x)$ を考える．x は確率変数であるから，$y=f(x)$ も確率変数である．y の期待値($E[y]$ または $\bar{y}$ により表わす)は x の確率を考えて

$$E[y] = \int_{-\infty}^{\infty} f(x) p(x) dx \tag{9.15}$$

により与えられる．

$y=f(x)$ の分布は x の分布と次のように関係づけられる．いま $x=x_0$ に対する $f(x_0)$ を y_0 とする．このとき，x が $x_0 < x < x_0+\Delta x$ にある確率と y が $y_0 < y < y_0+\Delta y$ (ここに，$\Delta y = f(x_0+\Delta x)-f(x_0)$) にある確率は相等しくなければならないから，

$$p(x_0)\Delta x = p(y_0)\Delta y$$

もし，$f^{-1}(y)$ が n 価関数で y に $x_0, x_1, \cdots$ が対応すれば，

$$p(y_0)\Delta y = p(x_0)\frac{\Delta y}{|f_0'|} + p(x_1)\frac{\Delta y}{|f_1'|} + \cdots$$

$|f_0'| = |f_1'| = \cdots$ ならば，$\Delta x \to 0$ の極限をとって，$p(y)$ は次式で与えられる．

$$p(y) = n\left[\frac{p(x)}{|f'(x)|}\right]_{x=f^{-1}(y)} \tag{9.16}$$

ここに，右辺の x は $x=f^{-1}(y)$ により変数 y で表示するものとする．

例2 x を $[-1/2f, 1/2f]$ 区間の一様乱数とする．すなわち，$p(x)$ は

$$p(x)\begin{cases} =f & (-1/2f \leq x \leq 1/2f) \\ =0 & (x<-1/2f,\ 1/2f<x) \end{cases}$$

このとき x を正弦関数

$$y = Y\sin 2\pi f x$$

により変換すれば，$n=2$ および

$$x = \sin^{-1}(y/Y)/2\pi f$$

$$\frac{dy}{dx} = 2\pi f Y \cos 2\pi f x$$

を考慮して，式 (9.16) より

$$p(y) = 2\left[f\bigg/\frac{dy}{dx}\right]$$

$$= f/\{\pi f Y \cos 2\pi f x\}$$

$$= 1/\{\pi Y\sqrt{1-\sin^2 2\pi f x}\}$$

$$= \{\pi\sqrt{Y^2-y^2}\}^{-1} \quad (|y| \leq Y)$$

あるいは，曲線 $y=Y\sin 2\pi f x$ において，y が $y \leq y(t) \leq y+\Delta y$ の区間に挟まれる x

9.2 結合確率密度と相関関数

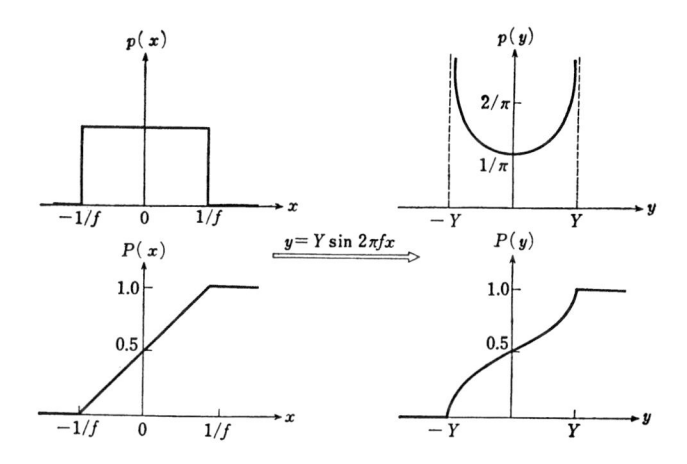

図 9.3

の微小区間は2ケ所あり $2\Delta x \cong \Delta y/(\pi f Y \cos 2\pi f x)$ であるから,

$$p(y)=\lim_{\Delta y \to 0}\frac{\text{Prob}[y\leq y(t) \leq y+\Delta y]}{\Delta y}=\lim_{\Delta y \to 0}\frac{1}{\Delta y}\left[\frac{2\Delta x}{1/f}\right]$$

$$=2f\bigg/\frac{dy}{dx}$$

y の確率分布関数は,上式の積分より次のようになる.

$$P(y)\begin{cases}=0 & (y<-Y) \\ =\int_{-Y}^{y}p(\eta)d\eta=\frac{1}{\pi}\left(\frac{\pi}{2}+\sin^{-1}\frac{y}{Y}\right) & (-Y\leq y\leq Y) \\ =0 & (Y<y)\end{cases}$$

9.2 結合確率密度と相関関数

9.2.1 結合確率密度関数

二つの確率事象 $x(t)$ と $y(t)$ があり,$x(t)$ がある値 ξ をとるとき,同時に $y(t)$ が η である確率を**結合確率分布関数** (joint probability distribution function) あるいは,同時確率分布関数 (simultaneous probability distribution function) という.

$$\text{Prob}[x(t)\leq \xi; y(t)\leq \eta]=P(\xi,\eta) \qquad (9.17)$$

結合確率分布関数が連続な場合には,一変数の場合と同様に,**結合確率密度関数** (joint probability density function) $p(\xi,\eta)$ を定義できる.

$$p(\xi,\eta) = \lim_{\substack{\Delta\xi \to 0 \\ \Delta\eta \to 0}} \left[\frac{\text{Prob}[\xi < x(t) \leq \xi + \Delta\xi \,;\, \eta < y(t) \leq \eta + \Delta\eta]}{\Delta\xi \Delta\eta} \right] \tag{9.18}$$

結合確率密度関数 $p(\xi,\eta)$ は，次の性質をもっている．

$$p(\xi,\eta) \geq 0 \tag{9.19}$$

$$\int_{-\infty}^{\infty} \int_{-\infty}^{\infty} p(\xi,\eta) d\xi d\eta = 1 \tag{9.20}$$

$$P(\xi,\eta) = \int_{-\infty}^{\eta} \int_{-\infty}^{\xi} p(\xi,\eta) d\xi d\eta \tag{9.21}$$

$$\frac{\partial}{\partial \eta}\left[\frac{\partial P(\xi,\eta)}{\partial \xi}\right] = p(\xi,\eta) \tag{9.22}$$

結合確率密度関数が x と y のそれぞれの確率密度関数の積であるとき，

$$p(x,y) = p(x)p(y)$$

確率変数 x, y は確率的に独立であるという．

9.2.2 期待値および自己相関・相互相関

二つの確率変数 $x(t), y(t)$ の非確率的関数 $f(x,y)$ の期待値は，結合確率密度 $p(x,y)$ を用いて式 (9.23)

$$E[f(x,y)] = \int_{-\infty}^{\infty} \int_{-\infty}^{\infty} f(x,y) p(x,y) dx dy \tag{9.23}$$

により表わされる．

確率過程 $x(t)$ の自己相関は

$$R_{xx}(t,\tau) = E[x(t)x(t+\tau)] \tag{9.24}$$

で定義される．$x(t) = x_1$ と $x(t+\tau) = x_2(t)$ の結合確率密度関数を $p(x_1, x_2)$ とすれば，相関は式 (9.23) より次式となる．

$$R_{xx}(t,\tau) = \int_{-\infty}^{\infty} \int_{-\infty}^{\infty} x_1(t) x_2(t) p(x_1, x_2) dx_1 dx_2 \tag{9.25}$$

相関 R_{xx} が t には無関係で，時間差 τ のみに関係するとき，

$$R_{xx}(t,\tau) = R_{xx}(\tau) \tag{9.26}$$

$x(t)$ を**定常確率過程** (stationary random or stochastic process) という．

同様に，（定常確率過程）$x(t)$ と $y(t)$ の**相互相関関数** (cross-correlation function) は，次のように定義される．

$$R_{xy}(\tau) = E[x(t)y(t+\tau)]$$

$$= \int_{-\infty}^{\infty}\int_{-\infty}^{\infty} xy p(x,y)\, dx dy \tag{9.27}$$

もし, x と y が独立であれば,
$$R_{xy}(\tau) = E[x(t)y(t+\tau)]$$
$$= \int_{-\infty}^{\infty} xp(x)\, dx \cdot \int_{-\infty}^{\infty} yp(y)\, dy$$
$$= E[x(t)]E[y(t)]$$

$x(t)$ と $x(t+\tau)$ または $x(t)$ と $y(t+\tau)$ のそれぞれの平均値からの差の相関を**共分散関数**(covariance function)という.

$$C_{xx}(\tau) = E[(x(t)-\mu_x)(x(t+\tau)-\mu_x)]$$
$$= E[x(t)x(t+\tau) - \mu_x(x(t)+x(t+\tau)) + \mu_x^2]$$
$$= E[x(t)x(t+\tau)] - \mu_x\{E[x(t)]+E[x(t+\tau)]\} + \mu_x^2$$

すなわち,
$$C_{xx}(\tau) = R_{xx}(\tau) - \mu_x^2 \tag{9.28}$$
$$C_{xy}(\tau) = \int_{-\infty}^{\infty}\int_{-\infty}^{\infty}(x(t)-\mu_x)(y(t+\tau)-\mu_y)p(x,y)\,dxdy$$
$$= E[(x(t)-\mu_x)(y(t+\tau)-\mu_y)]$$
$$= R_{xy}(\tau) - \mu_x\mu_y \tag{9.29}$$

もし, x と y が独立ならば
$$C_{xy}(\tau) = \int_{-\infty}^{\infty}\int_{-\infty}^{\infty}(x-\mu_x)(y-\mu_y)p(x)p(y)\,dxdy$$
$$= \left[\int_{-\infty}^{\infty}(x-\mu_x)p(x)\,dx\right]\left[\int_{-\infty}^{\infty}(y-\mu_y)p(y)\,dy\right]$$
$$= 0 \tag{9.30}$$

9.2.3 相互相関の不等関係式

定常確率過程 $x(t)$ と $y(t+\tau)$ にそれぞれ実定数 a, b を乗じ, その和の2乗平均を考える.

$$E[\{ax(t)+by(t+\tau)\}^2] \geq 0$$

これを解きほぐし, $b \neq 0$ と仮定して変形すれば

$$\left(\frac{a}{b}\right)^2 R_{xx}(0) + 2\left(\frac{a}{b}\right)R_{xy}(\tau) + R_{yy}(0) \geq 0$$

a/b を X とみなすと, 上式は X の二次式(放物線)が常に正または0であることを意味する. すなわち, 二次方程式の判別式から, 次の不等関係式が得られる.

$$-1 \leq \frac{R_{xy}(\tau)}{\sqrt{R_{xx}(0)R_{yy}(0)}} \leq 1 \tag{9.31}$$

同様に共分散についてもすでに第4章で示したように，次の関係が成立する．

$$-1 \leq \frac{C_{xy}(\tau)}{\sqrt{C_{xx}(0)C_{yy}(0)}} \leq 1 \tag{9.32}$$

9.3 特性関数

9.3.1 特性関数の定義

ここでは，まず特性関数を定義する．この関数は以下に述べるように確率過程に関する様々な情報を圧縮して含む極めて有効な関数である．

先に述べたように確率変数 x の関数 $f(x)$ の平均値 $\bar{f}=E[f(x)]$ は x の確率密度関数 $p(x)$ により

$$E[f(x)] = \int_{-\infty}^{\infty} f(x)p(x)dx$$

で求められる．とくに，$f(x)$ が

$$f(x, u) = e^{iux}$$

のときの $E[f(x)]$ を特性関数(characteristic function) ϕ と呼ぶ．

$$\phi(u) = E[e^{iux}]$$
$$= \int_{-\infty}^{\infty} e^{iux} p(x) dx \tag{9.33}$$

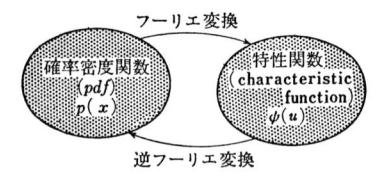

図 9.4　確率密度関数と特性関数

特性関数は確率密度関数のフーリエ変換に他ならない(図9.4)．上式の逆フーリエ変換より，$p(x)$ は次のように表わされる．

$$p(x) = \frac{1}{2\pi} \int_{-\infty}^{\infty} \phi(u) e^{-iux} du \tag{9.34}$$

9.3.2 分布モーメントと特性関数

式 (9.33) の両辺を変数 u に関して n 回微分すれば，

9.3 特性関数

$$\phi^{(n)}(u) = (i)^n \int_{-\infty}^{\infty} x^n p(x) e^{iux} dx \tag{9.35}$$

となる．ここで，u を 0 とおけば

$$\int_{-\infty}^{\infty} x^n p(x) dx = \frac{\phi^{(n)}(0)}{(i)^n} \tag{9.36}$$

すなわち，分布の n 次モーメントは

$$\mu_n = \overline{x^n} = \frac{\phi^{(n)}(0)}{i^n} \tag{9.37}$$

したがって，特性関数がわかれば，確率変数の分布の n 次モーメントは直ちに求められる．

また，これより特性関数 $\phi(u)$ は次のように Taylor 展開できることがわかる．

$$\phi(u) = 1 + \sum_{n=1}^{\infty} \left(\frac{i^n}{n!} \overline{x^n} \right) u^n \tag{9.38}$$

9.3.3 キュムラント

特性関数の対数を Taylor 展開し，次のように表わすとき

$$\ln \phi(u) = \sum_{n=1}^{\infty} K_n \frac{i^n}{n!} u^n \tag{9.39}$$

$$K_n = \left[\frac{(-i)^n d^n \ln \phi(u)}{du^n} \right]_{u=0} \tag{9.40}$$

各項の係数 K_n を**キュムラント**(cumulant)または**半不変量**(semi-invariant)と呼ぶ．式 (9.38) と (9.39) より，モーメン $m_n = \overline{x'^n}$ とキュムラント K_n の関係が求まる．

$$\left. \begin{aligned} K_1 &= \bar{x} \\ K_2 &= \overline{(x-\bar{x})^2} = \overline{x'^2} \\ K_3 &= \overline{x'^3} \\ K_4 &= \overline{x'^4} - 3(\overline{x'^2})^2 \\ K_5 &= \overline{x'^5} - 10 \overline{x'^3} \cdot \overline{x'^2} \end{aligned} \right\} \tag{9.41}$$

一般に，キュムラントは，その次数のモーメントの他に低次のモーメントの冪および積によって表わすことができる．とくに，確率変数が Gauss 分布のとき 3 次以上の高次のキュムラントは 0 である．

例1 確率変数 x が Gauss 分布

$$\varphi(x) = \frac{1}{\sqrt{2\pi}} e^{-x^2/2} \tag{9.42}$$

のとき，特性関数は次のようになる．

$$\phi(u) = \frac{1}{\sqrt{2\pi}} \int_{-\infty}^{\infty} e^{iux} \cdot e^{-x^2/2} dx$$

$e^{-x^2/2}$ が偶関数であることを考慮すれば，

$$\phi(u) = \frac{1}{\sqrt{2\pi}} \int_{-\infty}^{\infty} e^{-x^2/2} \cos ux \, dx$$

$$= e^{-u^2/2} \tag{9.43}$$

特性関数の微分は

$$\phi'(u) = -u e^{-u^2/2}$$
$$\phi''(u) = (u^2 - 1) e^{-u^2/2}$$
$$\phi'''(u) = (-u^3 + 3u) e^{-u^2/2}$$
$$\phi^{(\text{iv})}(u) = (u^4 - 6u^2 + 3) e^{-u^2/2}$$

これより，Gauss 分布のモーメントは次のようになる．

$$\left.\begin{array}{l} \mu_1 = \bar{x} = 0 \\ \mu_2 = \overline{x^2} = 1 = \sigma^2 \\ \mu_3 = \overline{x^3} = 0 \\ \mu_4 = \overline{x^4} = 3 (= 3\sigma^4) \\ \quad\vdots \\ \overline{x^{(2n-1)}} = 0 \\ \overline{x^{2n}} = 1 \cdot 3 \cdot 5 \cdots (2n-1) \sigma^{2n} \end{array}\right\} \tag{9.44}$$

また，キュムラントは式 (9.41) より次のようになる．

$$K_1 \equiv 0$$
$$K_2 = \sigma^2$$
$$K_n \equiv 0 \qquad (n \geq 3)$$

9.3.4 確率変数の和と特性関数，確率密度関数

確率変数の和の特性関係

二つの確率変数 x, y の和を考える．

$$z = x + y$$

z の特性関数は定義により次のようになる．

$$\phi_z(u) = E[e^{iuz}]$$
$$= E[e^{iu(x+y)}]$$
$$= \int_{-\infty}^{\infty}\int_{-\infty}^{\infty} e^{iu(x+y)} p(x, y) dx dy \tag{9.45}$$

もし，x と y が確率的に独立であれば，

9.4 確率密度関数の直交展開

$$p(x, y) = p(x)p(y) \tag{9.46}$$

であるから，$z=x+y$ の特性関数は式 (9.47) のように表わされる．

$$\phi_z(u) = \int_{-\infty}^{\infty}\int_{-\infty}^{\infty} p(x)p(y)e^{iu(x+y)}dxdy$$

$$= \int_{-\infty}^{\infty} p(x)e^{iux}dx \cdot \int_{-\infty}^{\infty} p(y)e^{iuy}dy \tag{9.47}$$

したがって，確率的に独立な二つの変数の和の特性関数は，それぞれの特性関数の積である．

$$\phi_z(u) = \phi_x(u)\phi_y(u) \tag{9.48}$$

このことは，次のように一般化される．n 個の独立な確率変数の和

$$x = x_1 + x_2 + \cdots + x_n \tag{9.49}$$

の特性関数は，それぞれの特性関数の積である．

$$\phi_x(u) = \phi_{x_1}(u)\phi_{x_2}(u)\cdots\phi_{x_n}(u) \tag{9.50}$$

確率変数の和の確率密度関数

式 (9.48) の逆フーリエ変換をとる．

$$\frac{1}{2\pi}\int_{-\infty}^{\infty} \phi_z(u)e^{-iuz}du = \frac{1}{2\pi}\int_{-\infty}^{\infty} \phi_x(u)\phi_y(u)e^{-iuz}du$$

上式の左辺は式 (9.34) により z の確率密度関数 $p_z(z)$ である．上式の右辺の $\phi_x(u)$ を確率密度関数 $p_x(x)$ を用いて書き直すと

$$p_z(z) = \frac{1}{2\pi}\int_{-\infty}^{\infty} \phi_y(u)e^{-iuz}\left\{\int_{-\infty}^{\infty} p_x(\xi)e^{iu\xi}d\xi\right\}du$$

となる．右辺の積分の順序を逆にすれば次のようになる．

$$= \frac{1}{2\pi}\int_{-\infty}^{\infty} p_x(\xi)\left\{\int_{-\infty}^{\infty} \phi_y(u)e^{-iu(z-\xi)}du\right\}d\xi$$

上式の { } の中は式 (9.34) により $p_y(z-\xi)$ であるから，次式の関係を得る．

$$p_z(z) = \frac{1}{2\pi}\int_{-\infty}^{\infty} p_x(\xi)p_y(z-\xi)d\xi \tag{9.51}$$

0.1 確率密度関数の直交展開

われわれが通常取り扱う不規則現象の確率変数の分布は，正規分布からわずかにゆがむ程度の場合が少なくない．このような場合には，したがって，分布関数 $P(x)$ や密度関数 $p(x)$ を正規分布とそれに対する補正項の和として表わすことができる．

$$\left.\begin{array}{l} P(x) = \Phi(x) + R(x) \\ p(x) = \varphi(x) + r(x) \end{array}\right\} \tag{9.52}$$

ここに，$\varphi(x)=\Phi'(x)=(1/\sqrt{2\pi})e^{-x^2/2}$ は正規分布密度関数，$r(x)=R'(x)$ である．

さて，確率変数 ξ は平均 μ と標準偏差 σ により，次のように規準化されているものとする．

$$x=\frac{\xi-\mu}{\sigma} \tag{9.53}$$

いま，$p(x)$ を正規分布密度 φ とその導関数を用いて次の形に展開できるものと仮定する．

$$p(x)=c_0\varphi(x)+\frac{c_1}{1!}\varphi'(x)+\frac{c_2}{2!}\varphi''(x)+\cdots \tag{9.54}$$

ここに，$\varphi^{(n)}(x)$ は Hermite 多項式により，

$$\varphi^{(n)}(x)=(-1)^n H_n(x)\varphi(x) \tag{9.55}$$

と表わされる（図 9.5）．Hermite 多項式は次のような直交性をもつ．

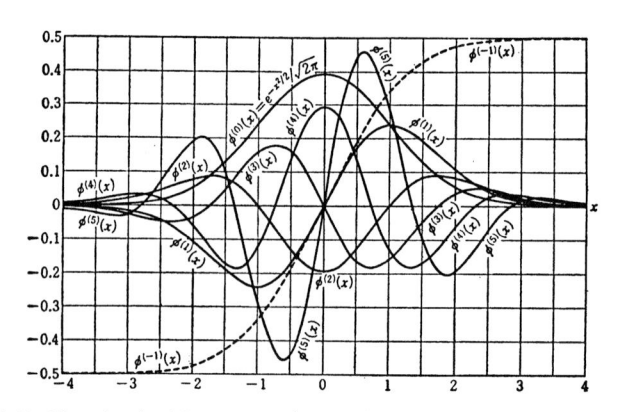

図 9.5 Hermite 多項式のグラフ（森口・宇田川・一松；岩波書店 (1960)）

$$\int_{-\infty}^{\infty} H_m(x)H_n(x)\varphi(x)=\delta_{mn}(x)=\begin{cases} =m! & (m=n) \\ =0 & (m\neq n) \end{cases} \tag{9.56}$$

$$\left.\begin{array}{l} H_0(x)=1,\ H_1(x)=x,\ H_2(x)=x^2-1,\ H_3(x)=x^3-3x, \\ H_4(x)=x^4-6x^2+3,\ H_5(x)=x^5-10x^3+15x, \\ H_6(x)=x^6-15x^4+45x^2-15,\ \cdots \end{array}\right\} \tag{9.57}$$

したがって，式 (9.54) の両辺に $H_n(x)$ を掛けて積分を行なえば，上の二つの関係を用いて係数 c_n は次のように求まる．

9.4 確率密度関数の直交展開

$$c_n = (-1)^n \int_{-\infty}^{\infty} H_n(x) p(x) dx \qquad (9.58)$$

変数 x は規準化されているから，$c_0=1, c_1=c_2=0$ で，したがって補正項は第三項よりはじまる．係数 c_n は式 (9.57), (9.58) により $p(x)$ のモーメントに関して次のように表わされる．

$$\left. \begin{array}{l} c_3 = -m_3/\sigma^3 \\ c_4 = m_4/\sigma^4 - 3 \\ c_5 = -m_5/\sigma^5 + 10 m_3/\sigma^3 \\ c_6 = m_6/\sigma^6 - 15 m_4/\sigma^4 + 30 \end{array} \right\} \qquad (9.59)$$

このような展開を Gram - Charlier 級数という．すでに述べたように，m_3/σ^3 はゆがみ，$m_4/\sigma^4 - 3$ は超過といわれる．

上述の級数が収束するためには，$P(x)$ については

$$\int_{-\infty}^{\infty} e^{x^2/4} P(x) dx$$

が収束すること，$p(x)$ についてはこのほかに $p(x)$ が有界であることが必要である．

例1 波浪の水位および波高の確率分布

海の波は単純な正弦波ではなく，不規則波である．波の大きさを表わすには水位変化と波高の二通りの表現法がある．平均水面からの波面の高さ $\eta(t)$ の確率分布は完全な Gauss 分布ではなくこれからややずれており，図 9.7 に示すように Gram-Charlier 級数でよく近似しうる．この実測例では，ゆがみは 0.168，とんがりは 0.010 である．

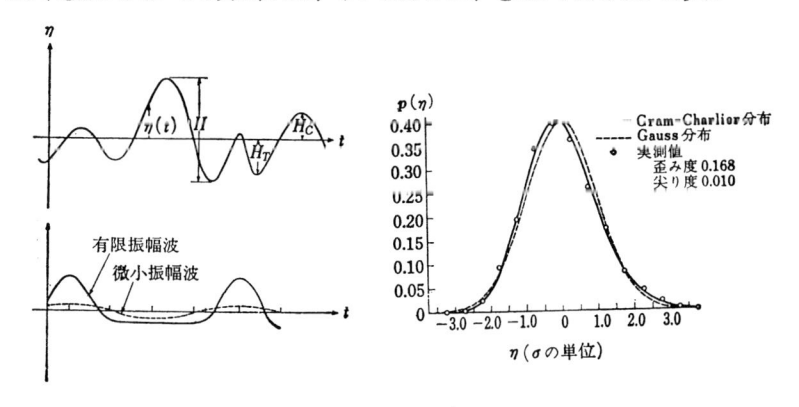

図 9.6

図 9.7 (Kinsman, 1965)

波の大きさは，普通波高で表現される．不規則波では，波の山とこれに隣る谷との垂直距離を波高 H と定義する．したがって，水位変化 $\eta(t)$ は正負のほぼ対称な分布をもつのに対し，波高は常に正の値をとる．一般に負の値をとりえない確率変数の分布は Rayleigh 分布や対数正規(lognormal)分布で表わされることが多いが，波高分布は Rayleigh 分布でよく近似できる例である．

$$p(H) = 2\frac{H}{\sigma^2} e^{-(H/\sigma)^2}$$

(ここに，$\sigma = \sqrt{\overline{H^2}}$)．図 9.8 には波高 H の分布および平均水面から波の山(crest)までの高さ H_C または谷(trough，トラフ)までの高さ H_T の分布を Rayleigh 分布と比較してある．平均水面から波の山までの高さ H_C が波の谷から平均水面までの高さ H_T に比べて大きいのは，波高が大きくなるにつれて波は有限振幅の非線型波となり，鍋底のような平らな谷と尖った山をもつ上下非対称な波形となるからである．

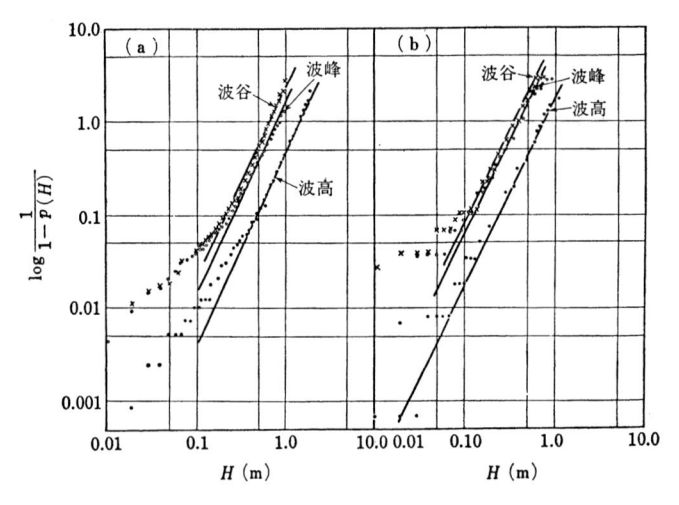

図 9.8 波高分布，Rayleigh 分布との比較(Collins, ASCE 1967)

第Ⅱ部　データ処理の理論と方法

10. 線型システムの簡単な理論

　これまでランダム変動の数学的表現法ないしは統計的処理法について述べてきた．ランダム変動もある一定の処理をすれば，そのでたらめさの内に隠されている種々の情報を読みとることが可能であることが理解されたと思う．

　多くの場合，ランダム変動は降雨と流出，地震動と構造物の振動，風と煙突や塔の振動等々，あるシステムへの入力と出力，原因と結果の関係にある．

　われわれが取り扱うシステムには，重ね合わせの原理の成立する（つまり，入力がn倍になれば出力も形はそのままで大きさがn倍となり，二つの入力の効果は加算的である）線型性をもつものが多い．また，厳密には線型系ではない場合でも，第一近似としてシステムを線型系とみなすことにより，様々な数学手法が応用でき，その結果システムの特性が的確に把握できる．

　システムを数学的に表現するには，線型系であれ非線型系であれ，**積分型**と**微分型**の二つの表示法がある．一つのシステムへの入力と出力の関係を概念的に理解するには積分型の表示（たたみ込み積分）がよい．この表現法によれば，システムの内部機構に立ち入ることなしに，システムの特性を理解しうる．

　一方，機械系や電気系のような man-made system では，一つ一つのシステム構成要素の特性とそれらの組み合わせがわかっているから，これらの機能の数学的表現を集めて微分方程式で入出力の関係が記述できる．もちろん，微分型のシステム表現を積分型のシステム表現に関連づけることは簡単である．

　あるシステムの中身が不明でもそれへの入力と出力の統計的性質を調べることにより，そのシステムの特性を推定することが可能であり，また，システム構成が既知のとき，未知の入力に対するシステムの応答をあらかじめ予測することができる．例えば，ある流域への降雨変動と河川の流量変動の資料から流

(a) 応答出力の推定

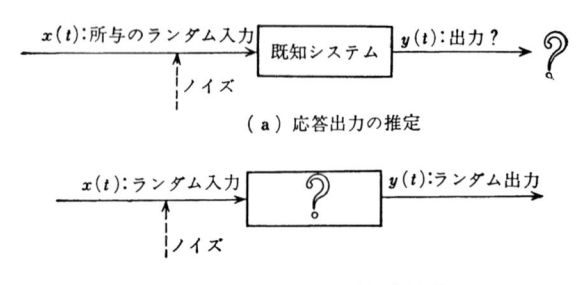

x(t):所与のランダム入力 → 既知システム → y(t):出力?
ノイズ

(b) システム特性の推定(同定問題)

x(t):ランダム入力 → ? → y(t):ランダム出力
ノイズ

図 10.1

域の流出特性を推定することができるし,超高層ビルに既応の地震波が作用するとき,ビル部材に生ずる応力を動力学的に予測することができる.

10.1 応答関数とたたみ込み積分による入出力関係式

ある線型システムを考える.いま,時刻 $t=0$ に単位強さの入力 $f_i(t)=u(t)$ が作用し,そのときのシステムの出力は $f_o(t)=h(t)$ である.

入力　　出力
$u(t) \longrightarrow h(t) =$ 単位インパルス応答

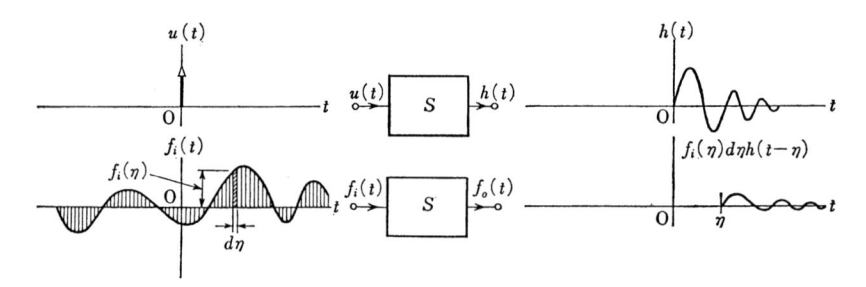

図 10.2 線型システムへの入力と出力,重ね合わせの方法

ここに,単位強さの入力 $u(t)$ とは先に定義したデルタ関数で,ここでは**単位インパルス**(unit impulse)と呼ぶ.また,$h(t)$ は**インパルス応答**(unit impulse response)という.

強さ $f_i(\eta)d\eta$ のインパルスが,$t=\eta$ でシステムに作用すれば,出力はシステムの線型性により

入力　　　　　　出力
$$f_i(\eta)u(t-\eta)d\eta \longrightarrow f_i(\eta)h(t-\eta)d\eta$$

となる．

したがって，連続的入力 $f_i(t)$ に対する応答 $f_o(t)$ は重ね合わせの原理 (principle of superposition) により，

$$f_o(t) = \int_{-\infty}^{t} f_i(\eta)h(t-\eta)d\eta \tag{10.1}$$

となる．$t-\eta<0$ に対する応答は常に零であることを考慮すれば，上式の積分の上限は $t=\infty$ とすることができる．

$$f_o(t) = \int_{-\infty}^{\infty} f_i(\eta)h(t-\eta)d\eta \tag{10.2}$$

変数変換 $(t-\eta) \to t$ により式 (10.2) は次のようにも書ける．

$$f_o(t) = \int_{-\infty}^{\infty} f_i(t-\eta)h(\eta)d\eta \tag{10.3}$$

式 (10.2), (10.3) の右辺のような積分はコンボリューション積分 (convolution integral, 重畳積分, たたみ込み積分あるいは合成) と呼ばれ，しばしば次のように書かれる．

$$f_o(t) = h * f_i \tag{10.4}$$

式 (10.3) の両辺のフーリエ変換より

$$F_o(\omega) = H(\omega)F_i(\omega) \tag{10.5}$$

の関係が導かれる．ここに，$F_i \cdot F_o \cdot H$ はそれぞれ $f_i \cdot f_o \cdot h$ のフーリエ変換である．

10.2　相関関数による入出力関係式

10.2.1　出力の自己相関関数と入力の自己相関関数

あるシステムからの時刻 t および $t+\tau$ における出力 $f_o(t)$ および $f_o(t+\tau)$ を考える．

$$f_o(t) = \int_{-\infty}^{\infty} f_i(t-\eta)h(\eta)d\eta \tag{10.6a}$$

$$f_o(t+\tau) = \int_{-\infty}^{\infty} f_i(t+\tau-\eta)h(\eta)d\eta$$

$$= \int_{-\infty}^{\infty} f_i(t+\tau-\zeta) h(\zeta) d\zeta \qquad (10.6\,\text{b})$$

ここで，式(10.6 b)において右辺の積分変数をηからζに変えたのは，これらは単なる積分パラメーターであり式(10.6 a)の積分変数ηと混乱が生じないように区別するためである．

さて，式(10.6 a), (10.6 b)より出力の自己相関を求める．

$$E[f_o(t)f_o(t+\tau)] = E\left[\int_{-\infty}^{\infty}\int_{-\infty}^{\infty} h(\eta) h(\zeta) f_i(t-\eta) f_i(t+\tau-\zeta) d\eta d\zeta\right]$$

$h(\eta)h(\zeta)$は決定的関数で，統計的平均操作には無関係であるから，上式は

$$= \int_{-\infty}^{\infty}\int_{-\infty}^{\infty} h(\eta) h(\zeta) E[f_i(t-\eta) f_i(t+\tau-\zeta)] d\eta d\zeta$$

と変形できる．右辺のアンサンブル平均は入力の自己相関$C_{ii}(\tau+\eta-\zeta)$に他ならないから，結局，線型システムへのランダム入出力の自己相関による次の関係式を得る．

$$\blacksquare \quad C_{oo}(\tau) = \int_{-\infty}^{\infty}\int_{-\infty}^{\infty} h(\eta) h(\zeta) C_{ii}(\tau+\eta-\zeta) d\eta d\zeta \qquad (10.7)$$

上式の右辺は二重積分でやや複雑であるので，このままの形で用いられることはほとんどない．しかし，この関係式の周波数域でのスペクトルによる表現は最もしばしば用いられる．これについては§10.3に述べる．

10.2.2 入出力の相互相関関数

上と同様に，入力$f_i(t)$とラグτだけずれた時刻の出力$f_o(t+\tau)$との相互相関関数を計算すると，

$$C_{io}(\tau) = E[f_i(t)f_o(t+\tau)]$$

$$= \int_{-\infty}^{\infty} h(\eta) E[f_i(t)f_i(t+\tau-\eta)] d\eta \qquad (10.8)$$

となる．右辺のアンサンブル平均は入力の自己相関関数C_{ii}に他ならないから入出力の相関による関係式は次のようになる．

$$\blacksquare \quad C_{io}(\tau) = \int_{-\infty}^{\infty} h(\eta) C_{ii}(\tau-\eta) d\eta \qquad (10.9)$$

式(10.9)は式(10.7)に比べて，極めてスッキリした形となっており，最もよく用いられる．ちょうど，入出力の関係式(10.3)で生の変動fを相関におきかえた形であり，おぼえやすくもある．

データーを $\Delta t(=1)$ きざみで読み取る場合には $\tau=0, \Delta t, 2\Delta t, \cdots, m\Delta t$ とおいて，式(10.9)の離散表現として次式を得る．ここに，$C_{ii}(-m\Delta t)=C_{ii}(m\Delta t)$ の関係を用いた．

$$\begin{bmatrix} C_{ii}(0) & C_{ii}(1) & \cdots & C_{ii}(m) \\ C_{ii}(1) & C_{ii}(0) & \cdots & C_{ii}(m-1) \\ \vdots & \vdots & \ddots & \vdots \\ C_{ii}(m) & C_{ii}(m-1) & \cdots & C_{ii}(0) \end{bmatrix} \begin{bmatrix} h(0) \\ h(1) \\ \vdots \\ h(m) \end{bmatrix} = \begin{bmatrix} C_{io}(0) \\ C_{io}(1) \\ \vdots \\ C_{io}(m) \end{bmatrix} \quad (10.10)$$

連立一次方程式 (10.10) を解けば，システムのインパルス応答を統計的に求めることができる．応答関数 $h(t)$ を求めるのに生データの関係式 (10.3) を用いてもよい．この場合には，m 個の未知数 h に対して入出力の $n(\geq m)$ 個の観測データがあると最小2乗法により応答関数を求めることができる．しかし，内容的には式 (10.10) と同じ計算である．

$$\begin{bmatrix} f_i(0) & f_i(-1) & f_i(-2) & \cdots & f_i(-m) \\ f_i(1) & f_i(0) & f_i(-1) & \cdots & f_i(-m+1) \\ f_i(2) & f_i(1) & f_i(0) & & f_i(-m+2) \\ \vdots & \vdots & \vdots & \ddots & \vdots \\ f_i(n) & f_i(n-1) & f_i(n-2) & & f_i(-m+n) \end{bmatrix} \begin{bmatrix} h(0) \\ h(1) \\ h(2) \\ \vdots \\ h(m) \end{bmatrix} = \begin{bmatrix} f_o(0) \\ f_o(1) \\ f_o(2) \\ \vdots \\ f_o(n) \end{bmatrix} \quad (10.11)$$

10.3 スペクトルによる入出力の関係

10.3.1 出力スペクトルと入力スペクトル

出力のスペクトル $S_{oo}(\omega)$ は出力の自己相関関数 $C_{oo}(\tau)$ のフーリエ変換であるから，式(10.7)より $S_{oo}(\omega)$ は

$$\begin{aligned} S_{oo}(\omega) &= \frac{1}{2\pi} \int_{-\infty}^{\infty} C_{oo}(\tau) e^{-i\omega\tau} d\tau \\ &= \frac{1}{2\pi} \int_{-\infty}^{\infty} \left\{ \int_{-\infty}^{\infty} \int_{-\infty}^{\infty} h(\eta) h(\zeta) C_{ii}(\tau+\zeta-\eta) \, d\eta d\zeta \right\} e^{-i\omega\tau} d\tau \end{aligned}$$
(10.12)

となる．ここで，

$$\tau+\zeta-\eta=\sigma \quad \text{すなわち} \quad \tau=\sigma+\eta-\zeta$$

とおくと，

表 10.1 入 出 力 関 係 の

	入 出 力 関 係
自己相関およびスペクトル	$f_0(t) = \int_{-\infty}^{\infty} h(\tau) f_i(t-\tau) d\tau$ $= \int_{-\infty}^{\infty} h(t-\tau) f_i(\tau) d\tau$
相互相関およびクロススペクトル	同　　上

$$= \frac{1}{2\pi} \int_{-\infty}^{\infty} \int_{-\infty}^{\infty} \int_{-\infty}^{\infty} [h(\eta) e^{-i\omega\eta}][h(\zeta) e^{i\omega\zeta}][C_{ii}(\sigma) e^{-i\omega\sigma}] d\eta d\zeta d\sigma$$

となる.右辺の最後の積分は入力のスペクトル $S_{ii}(\omega) = (1/2\pi) \int_{-\infty}^{\infty} C_{ii}(\tau) e^{-i\omega\tau} d\tau$ を定義するから,結局次の式が導かれる.

■
$$S_{oo}(\omega) = H(\omega) H^*(\omega) S_{ii}(\omega) \tag{10.13}$$
$$= |H(\omega)|^2 S_{ii}(\omega) \tag{10.13 a}$$

ここに,応答関数 $h(\eta)$ のフーリエ変換

$$H(\omega) = \int_{-\infty}^{\infty} h(\eta) e^{-i\omega\eta} d\eta \tag{10.14}$$

をシステム関数(system function)あるいは周波数応答(frequency response)と呼ぶ.上式の逆フーリエ変換は

$$h(t) = \frac{1}{2\pi} \int_{-\infty}^{\infty} H(\omega) e^{i\omega t} d\omega \tag{10.15}$$

である.上の対の関係式において係数 $1/2\pi$ は,自己相関とスペクトルの場合とは逆に,角周波数 ω に関するフーリエ変換式の方に掛かっていることに注意されたい.

10.3.2 入出力のクロススペクトルによる関係式

全く同様にして,式 (10.9) のフーリエ変換からクロススペクトルによる入力と出力の関係が,次のように導かれる.

$$S_{io}(\omega) = \frac{1}{2\pi} \int_{-\infty}^{\infty} C_{io}(\tau) e^{-i\omega\tau} d\tau$$
$$= \frac{1}{2\pi} \int_{-\infty}^{\infty} \int_{-\infty}^{\infty} h(\eta) C_{ii}(\tau-\eta) e^{-i\omega\tau} d\eta d\tau \tag{10.16}$$

ここで,$\tau-\eta=\sigma$ と変数変換をすれば,

10.3 スペクトルによる入出力の関係

種々な表現式

相関関数	スペクトル
$C_{oo}(\tau) = \int_{-\infty}^{\infty}\int_{-\infty}^{\infty} h(\eta)h(\zeta) \cdot C_{ii}(\tau+\eta-\zeta)d\eta d\zeta$	$S_{oo}(\omega) = H(\omega)H^*(\omega)S_{ii}(\omega)$
$C_{io}(\tau) = \int_{-\infty}^{\infty} h(\eta)C_{ii}(\tau-\eta)d\eta$	$S_{io}(\omega) = H(\omega)S_{ii}(\omega)$

$$= \frac{1}{2\pi}\int_{-\infty}^{\infty}\int_{-\infty}^{\infty} h(\eta)e^{-i\omega\eta}C_{ii}(\sigma)e^{-i\omega\sigma}d\eta d\sigma$$

すなわち,

$$S_{io}(\omega) = H(\omega)S_{ii}(\omega) \tag{10.17}$$

式 (10.17) は,入出力のクロススペクトル $S_{io}(\omega)$ は,システム関数 $H(\omega)$ と入力のスペクトル $S_{ii}(\omega)$ の積に等しいという極めて簡単な関係にあることを示しており,式 (10.13) より一層使いやすい形となっている.

これらの関係式 (10.9),(10.13),(10.17) はシステム特性の解析や予測またはシミュレーションにしばしば用いられるばかりでなく,ランダム変動のデータ処理の基礎やフィルター設計に用いられる.

例1 応答関数 $h(\tau)$ が

$$h(\tau) = \begin{cases} e^{-\lambda\tau} \\ 0 \quad (\tau < 0) \end{cases}$$

である線型系のシステム関数 $H(\omega)$ と,これにノイズを通した場合の出力のスペクトルを求める.

システム関数は次のようになる.

$$H(\omega) = \int_{-\infty}^{\infty} h(t)e^{-i\omega t}dt = \int_{0}^{\infty} e^{-(\lambda+i\omega)t}dt = \frac{1}{\lambda+i\omega}$$

入力が白色雑音で,スペクトルが $S_{nn}(\omega) = 1$ ならば

$$S(\omega) = H(\omega)H^*(\omega) = \frac{1}{\lambda^2+\omega^2}$$

もし,入力が Poisson 分布矩形波ならば,そのスペクトルは

$$S_{nn}(\omega) = \frac{E^2}{\pi} \cdot \frac{2k}{(2k)^2+\omega^2}$$

(ここに,k は平均零交差数,E は矩形波の振幅)であり,出力スペクトルは次式となる.

$$S(\omega) = \frac{E^2}{\pi} \cdot \left(\frac{1}{\lambda^2+\omega^2}\right)\left(\frac{2k}{4k^2+\omega^2}\right)$$

例2 橋梁の地震応答

橋梁などの構造物の振動は，いくつかの基本的振動モード(固有振動特性)に分けられる．振動モードは理論解析や模型実験から決定しうる．

構造物の振動モードと振動数および減衰係数が求められると系への入出力の関係式から任意の不規則入力に対する構造物の最大応力分布を求めることができる．図 10.3 は地震波(エルセントロ (1940.5.18) と八戸地震 (1968.5.16))に対するプレストレスト・コンクリート橋の最大応力分布の一例である．

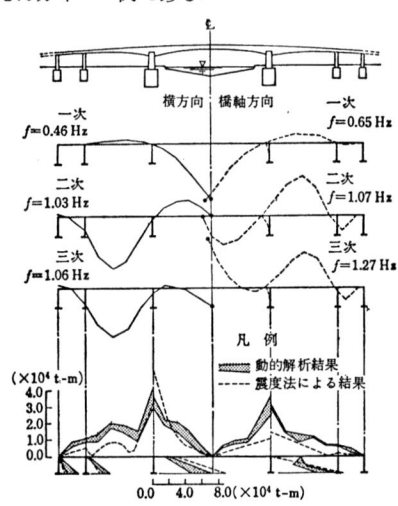

図 10.3 主な固有振動特性 (鈴木・石丸他, 1977)

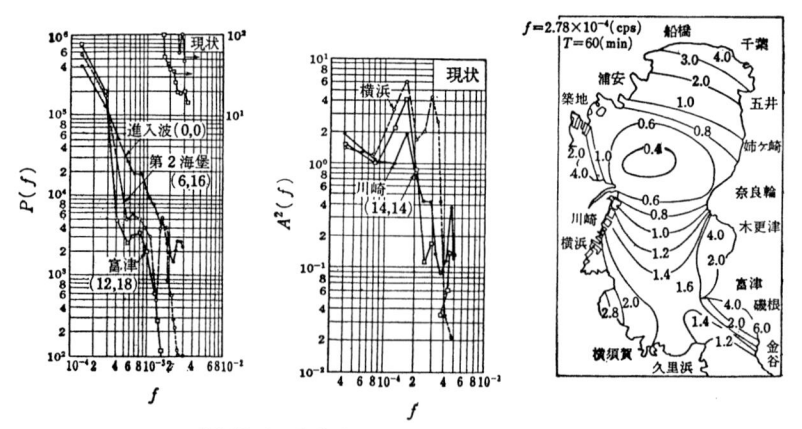

図 10.4 東京湾の振動特性 (日野, 1964)

例3 湖沼や湾の振動特性
湾に侵入する長周期波（津波など）の周期が湾の固有周期と一致した場合や，湾や湖沼の上を吹く風の変動周期がそれらの固有周期に近い場合には，沿岸に高潮などの被害をもたらす．湾や湖沼の形状が複雑で，解析的に振動特性を求めることが難かしい場合には，擾乱に関する通常観測のデータやシミュレーションデータから，入出力のスペクトル関係を用いて湾・湖沼の応答特性を求めることができる(図10.4)．東京湾では，周期が60〜90分(f=1.5〜3.0×10^{-4} Hz)の近傍およびその harmonics の所に共振域があり，実際にこの周期のセイシュが観測されている．

10.4 微分型システム表現の応答関数
10.4.1 常微分方程式によるシステムの表現
例えば，ばね-質点系を考える．図10.5の記号を参照すれば，質点の加速度とばねやダンパーによる力は

$$加速度 = \frac{d^2y}{dt^2}$$

$$ばねの力 = -ky$$

$$ダンパーの抵抗 = -c\frac{dy}{dt}$$

であるから，質点の質量を m，外力を $x(t)$ とすれば，ニュートンの力学第二法則によりばね-質点系の振動方程式が導かれる．

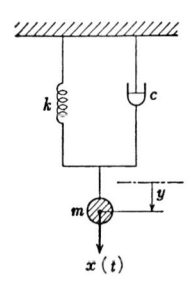

図 10.5

$$m\frac{d^2y}{dt^2} + c\frac{dy}{dt} + ky = x(t) \tag{10.18}$$

入力 x と出力 y との関係は，より一般的には次の高階常微分方程式で記述できる．

$$b_n\frac{d^ny}{dt^n} + b_{n-1}\frac{d^{n-1}y}{dt^{n-1}} + \cdots + b_1\frac{dy}{dt} + b_0 y$$

$$= a_m\frac{d^mx}{dt^m} + a_{m-1}\frac{d^{m-1}x}{dt^{m-1}} + \cdots + a_1\frac{dx}{dt} + a_0 x \tag{10.19}$$

逆に，高階の常微分方程式は多元一階常微分方程式系に変形しうる．マトリックス理論による取り扱いにはむしろこの方がよい．

10.4.2 ラプラス変換と伝達関数
式 (10.19) の微分型で表わされる系のシステム関数を以下に導く．

いま，$x(t)$ および $y(t)$ にラプラス変換をほどこし，これを $X(s), Y(s)$ とする．

$$\left.\begin{aligned} X(s) &= \int_0^\infty x(t)e^{-st}dt \\ Y(s) &= \int_0^\infty y(t)e^{-st}dt \end{aligned}\right\} \tag{10.20}$$

式 (10.19) にラプラス変換をほどこし整理すると

$$Y(s) = \mathcal{H}(s)X(s) + \frac{I_x(s) - I_y(s)}{b_n s^n + b_{n-1}s^{n-1} + \cdots + b_1 s + b_0} \tag{10.21}$$

ここに，$\mathcal{H}(s)$ は

$$\mathcal{H}(s) = \frac{a_m s^m + a_{m-1}s^{m-1} + \cdots + a_1 s + a_0}{b_n s^n + b_{n-1}s^{n-1} + \cdots + b_1 s + b_0} \tag{10.22}$$

と表わされ，伝達関数(transfer function)と呼ばれる．
ここに，$I_x(s)$ および $I_y(s)$ は初期値の項で次のようである．

$$I_x(s) = -\sum_{i=1}^{m} a_i \sum_{j=0}^{i-1} s^{i-j-1} x^{(j)}(0) \tag{10.23 a}$$

$$I_y(s) = -\sum_{i=1}^{n} b_i \sum_{j=0}^{i-1} s^{i-j-1} y^{(j)}(0) \tag{10.23 b}$$

すべての初期値が零のとき，式 (10.21) は

$$Y(s) = \mathcal{H}(s) \cdot X(s) \tag{10.24}$$

となる．

ラプラス変換の積に関する公式 $\mathcal{L}[f_1(t)] \cdot \mathcal{L}[f_2(t)] = \mathcal{L}[\int_0^\infty f_i(\tau)f_2(t-\tau)d\tau]$ を利用すれば，式 (10.24) の逆ラプラス変換により

$$y(t) = \int_0^\infty h(\tau) x(t-\tau) d\tau$$

または，

$$y(t) = \int_{-\infty}^{t} h(t-\tau) x(\tau) d\tau$$

ここに，

$$h(t) = \mathcal{L}^{-1}[\mathcal{H}(s)] = \frac{1}{2\pi i} \lim_{\beta \to \infty} \int_{\sigma-i\beta}^{\sigma+i\beta} \mathcal{H}(s) e^{st} ds \tag{10.25}$$

$$\mathcal{H}(s) = \int_0^\infty h(t) e^{-st} dt \tag{10.26}$$

このことから，伝達関数 $\mathcal{H}(s)$ の逆ラプラス変換 $h(t)$ は応答関数であること

が示された.式 (10.25) の逆ラプラス変換により応答関数 $h(t)$ を求めるには，普通これを部分分数により単純な項の和に分解したのち，ラプラス変換表を引けば容易に求めることができる.

10.4.3 周波数応答

$t<0$ で応答関数は $h(t)=0$ であるから，式 (10.26) の右辺の積分の下限を形式上 $-\infty$ とおきかえる.

$$\mathcal{H}(s) = \int_{-\infty}^{\infty} h(t) e^{-st} dt \qquad (10.26\,\text{a})$$

ここで $s \to i\omega$ とおけば，上式は $h(t)$ のフーリエ変換であるから，$\mathcal{H}(i\omega)$ は周波数応答に他ならない.

$$H(\omega) = \mathcal{H}(i\omega) \qquad (10.27)$$

すなわち，常微分方程式 (10.19) で記述されるシステムの周波数応答 $H(\omega)$ は次のようになる.

$$H(\omega) = \frac{a_m(i\omega)^m + a_{m-1}(i\omega)^{m-1} + \cdots + ia_1\omega + a_0}{b_n(i\omega)^n + b_{n-1}(i\omega)^{n-1} + \cdots + ib_1\omega + b_0} \qquad (10.28)$$

例1 電気回路

図 10.6 のような抵抗とコンデンサーより成る RC 回路の一端の電圧 $v_i(t)$ を変化させるときの出力電圧 $v_o(t)$ を求める.

回路を流れる電流を $i(t)$ とするとき，Kirchhoff の法則から

$$v_i(t) = Ri(t) + v_o(t)$$

の関係がある.また，コンデンサーの両端の電圧変動と電流の関係は，

$$i(t) = C \frac{dv_o}{dt}$$

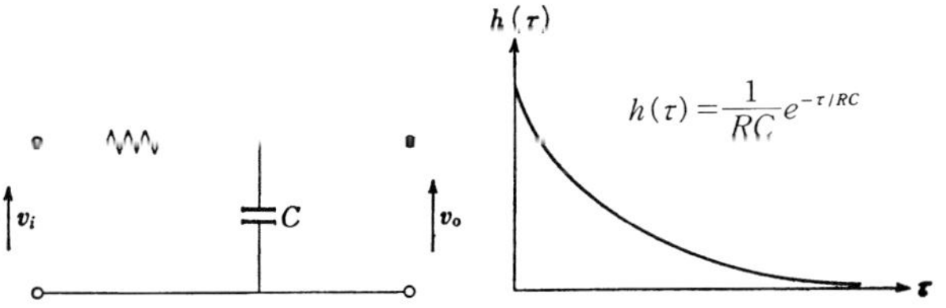

図 10.6

$$h(\tau) = \frac{1}{RC} e^{-\tau/RC}$$

となる.これより，電流 i を消去すると

$$RC \frac{dv_o}{dt} + v_o = v_i$$

となる.したがって，伝達関数 $\mathcal{H}(s)$ と周波数応答関数 $H(\omega)$ は式 (10.25) より

$$\mathcal{H}(s) = \frac{1}{RCs+1}, \quad H(\omega) = \frac{1}{iRC\omega+1}$$

である．上式の逆ラプラス変換により，インパルス応答関数は

$$h(t) = \frac{1}{RC} e^{-t/RC} \qquad (t \geq 0)$$

となる．すなわち，加えられたインパルスに対する応答は対数的減衰を示す．また，出力電圧 $v_0(t)$ は次のように表わされる．

$$v_0(t) = \int_0^\infty h(\tau) v_i(t-\tau) d\tau$$
$$= \int_{-\infty}^t v_i(\tau) h(t-\tau) d\tau$$

例 2　突風応答

同じ大きさの構造物であっても，その構造物の振動の固有特性と外力の変動特性の関係で，実際に生じる振動は極端に異なる．図10.7に示す頭部の大きい二つの塔状構造物——照明塔と給水タンク——を例にとる．この構造物の突風に対する応答を調べるために支持柱または脚部分に作用する風力を無視し，受風面積の大きい頭部のみを考え，一自由度系でおきかえる．

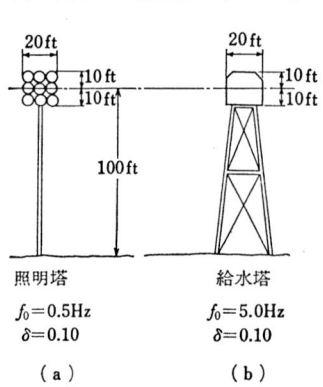

$$m\frac{d^2y}{dt^2} + c\frac{dy}{dt} + ky = x(t) \qquad (10.29)$$

ここに，y：変位，m：系の質量，c：減衰係数，k：ばね定数である．また，風力 $x(t)$ は

$$x(t) = \frac{1}{2} \rho A C_D u|u| + C_m \rho V \frac{du}{dt} \qquad (10.30)$$

照明塔　　　　給水塔
$f_0 = 0.5$Hz　　$f_0 = 5.0$Hz
$\delta = 0.10$　　　$\delta = 0.10$
（a）　　　　　（b）

図 10.7

で与えられる．（u：風速，C_D：抗力係数，C_m：仮想質量係数，ρ：空気の密度，A：受風面積，V：物体の体積）．上式の右辺の第一項はいわゆる抗力，右辺第二項は流体の加速度運動による力——慣性抵抗——である．

風速 $u(t)$ を平均風速 u_0 と変動成分 $u'(t)$ の和で表わし，

$$u(t) = u_0 + u'(t)$$

式(10.30)の右辺を線型化すると x は次のようになる．

$$x = x_0 + \rho A C_D u_0 u' + C_m \rho V \frac{du'}{dt} \qquad (10.31)$$

ここに，$x_0 = (1/2) C_D \rho A u_0^2$（平均抗力）．構造物の変位もこれに応じて平均変位 y_0 と振動成分 $y'(t)$ に分けられる．

$$y(t) = y_0 + y'(t) \qquad (10.32)$$

突風，風力，変位の変動分をフーリエ積分表示により

$$u'(t) = \frac{1}{2\pi} \int_{-\infty}^{\infty} U(\omega) e^{-i\omega t} d\omega \Big]$$

10.4 微分型システム表現の応答関数

$$x'(t) = \frac{1}{2\pi}\int_{-\infty}^{\infty} X(\omega)e^{-i\omega t}d\omega \\ y'(t) = \frac{1}{2\pi}\int_{-\infty}^{\infty} Y(\omega)e^{-i\omega t}d\omega \Bigg\} \quad (10.33)$$

と表わし,式 (10.29), (10.31) に代入すれば次の関係が求まる.

$$\frac{m}{2\pi}\int_{-\infty}^{\infty}\left\{-\omega^2 - i\frac{c}{m}\omega + \frac{k}{m}\right\}Y(\omega)e^{-i\omega t}d\omega$$
$$= \frac{(2x_0/u_0)}{2\pi}\int_{-\infty}^{\infty}\left\{1 - i\left(\frac{C_m}{C_D}\cdot\frac{V}{Au_0}\right)\omega\right\}U(\omega)e^{-i\omega t}d\omega$$

これより,風速変動のスペクトル $S_{uu}(\omega)$ と構造物の振動のスペクトル $S_{yy}(\omega)$ の関係は

$$S_{yy}(\omega) = \left(\frac{2y_0}{u_0}\right)^2 |\chi_m|^2 |\chi_a|^2 S_{uu}(\omega) \quad (10.34)$$

となる.ここに,χ_a: 空力的増幅率(空力的アドミッタンス),χ_m: 機械的増幅率(機械アドミッタンス)と呼ばれ,次式で与えられる[*].

$$\chi_a = \sqrt{1 + \{(C_m/C_D)(V/Au_0)\}^2\omega^2} \quad (10.35\text{ a})$$
$$\chi_m = 1/\sqrt{\{1-(\omega/\omega_0)^2\}^2 + \delta^2(\omega/\omega_0)^2} \quad (10.35\text{ b})$$

なお,

$\omega_0 = \sqrt{k/m}$ (固有角振動数), $\delta = c/m\omega_0$ (対数減衰)
$y_0 = x_0/k$ (平均変位)

図 10.8(a) は突風のスペクトル $S_{uu}(f)$ で横軸に周波数の対数 $(\log f)$ 縦軸に $fS_{uu}(f)$ で示す.この表示法は,パワーの大きい低周波数部が拡大されるだけではなく $fS(f)$ のスペクトルピークが示され,かつスペクトル曲線の積分が変動のパワー $\int_0^{\infty}fS_{uu}(f)d(\ln f)$ $=\int_0^{\infty}S_{uu}df=\overline{u'^2}/2$ となることからしばしば用いられる.(b) は空力増幅率の 2 乗 $|\chi_a|^2$,(c) は風力のスペクトル $S_{xx}(\omega) = |\chi_a|^2 fS_{uu}(f)$ を示す.これらは構造物には無関係に決まる.図 10.8(d) は機械的増幅率の 2 乗 $|\chi_m|^2$ を示す.照明塔はランプ部が比較的重いが柔軟につくられており,したがって固有振動数は低い $(f_0=0.5\text{ Hz})$.一方,剛構造の給水塔は固有振動数は高い $(f_0=5\text{ Hz})$.これらの結果から構造物の振動スペクトルが計算される(図 10.8(e)).この例では,照明塔は突風で激しく揺れるが,給水塔の揺れはそれほどでない.また,図 10.9 には同一の入力(風の変動)に対する固有振動数と減衰率の種々の組合せに対する構造物の応答を生の記録の形で示す.

例3 船舶・自動車・車両の不規則振動

船舶は波浪により,重心の上下運動 (heaving),船軸まわりの横揺 (rolling),船軸の鉛直面内の角振動・縦揺 (pitching),船首揺 (yawing),左右揺 (sway),前後揺 (surge)など複雑な運動をするが,波浪に対するこれらの応答特性をスペクトル解析により容易

---

[*] 風圧については $|\chi_a|^2 S_{uu}(\omega)$ の関係を用いるよりも,直接風圧スペクトル $S_{pp}(\omega)$ を用いる方がよいと考えられる.風速変動の $-5/3$ 乗則に対応する $-7/3$ 乗則(井上栄一)の成立する広い領域が存在する.

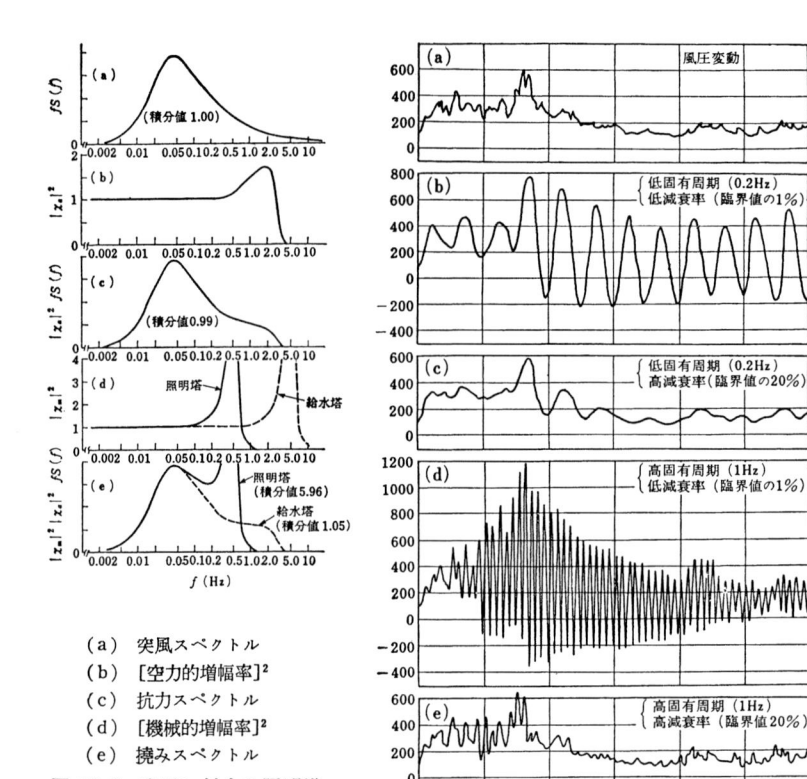

(a) 突風スペクトル
(b) ［空力的増幅率］^{2}
(c) 抗力スペクトル
(d) ［機械的増幅率］^{2}
(e) 撓みスペクトル

図 10.8 突風に対する照明塔と給水塔の応答特性 (Davenport, Proc. ICE, 1961)

図 10.9 板にかかる風圧変動と板の振動特性の違いによる応答の特徴（縦軸は相対スケール）

に推定することができる．図 10.10 はその一例である．コヒーレンシーは $\omega=2\sim5\,\text{s}^{-1}$ の周波数域で 1 に近く，それ以外の周波数ではコヒーレンシーが低く単純な線型系としての取り扱いの信頼性がおちることを示している．

また，路面の凹凸のスペクトル $S_{\eta\eta}(f)$，車体の振動スペクトル $S_{AA}(f)$ あるいは，路面と車体振動のクロススペクトル $S_{\eta A}(f)$ から自動車の周波数応答関数（システム関数）$H(f)$ が計算できる．

同様に，列車のローリング（左右の揺れ）と軌道の水準狂い（左右のレールの高低差）のスペクトルから列車の周波数応答関数 $H(\omega)$ を求めることができる．

10.4 微分型システム表現の応答関数

(a)

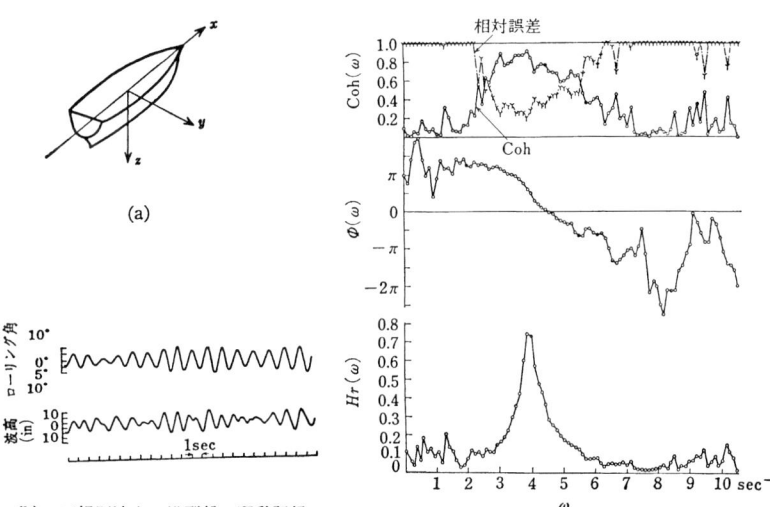

(b) 不規則波中の模型船の運動記録
オシログラムの一例

(c) 横揺角の波高に対する応答

図 10.10 (山内保文, 造船協会論文集, 1961)

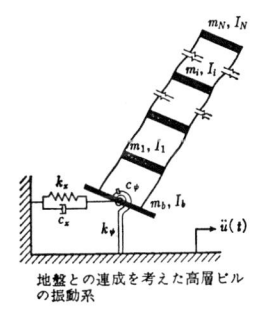

図 10.11 地盤との連成を考えた高層ビルの振動系

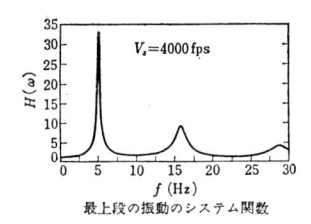

図 10.12

(a) 入力地震加速度
(b) 地盤振動加速度
(c) 最上階の振動加速度

図 10.13 最上段の振動のシステム関数

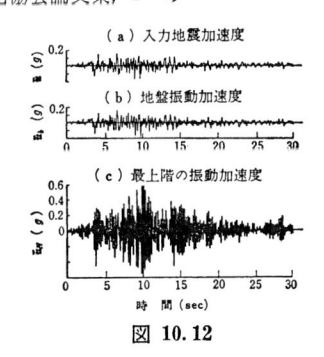

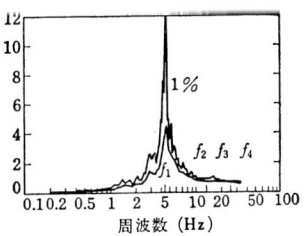

図 10.14 変位加速度のスペクトル. f_i は第 i モードの振動数, ％は減衰率を示す.

例 4　地震動によるビルの振動

地震動による建築物の振動解析に，最近は地盤の弾性的性質も考慮するようになった（図 10.11）．このような系に，図 10.12(a) の地震動が加わった場合の地盤の振動とビル最上階の加速度応答が同図(b),(c) である．この系の周波数応答関数（最上階）は，図 10.13 であり，図 10.12(a) の地震動に対する振動のスペクトルは図 10.14 のようになる．

例 5　月面車の走行恕限度

宇宙飛行士が月面探査をするために月面車が考えられている．ロケットの載荷量上の制約から車は構造的にはそれほどがんじょうではないし，重力の小さい月面上での車の揺れに対する飛行士の心理的制約からも車の走行速度の限界が考慮される．月面車の周波数応答特性は既知であるから，月面の凹凸スペクトルを与えるとその凹凸の rms, 車の恕限加速度をパラメーターとして走行恕限速度が求まる．

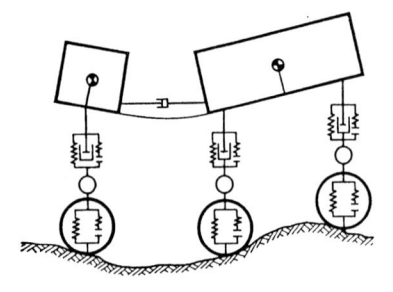

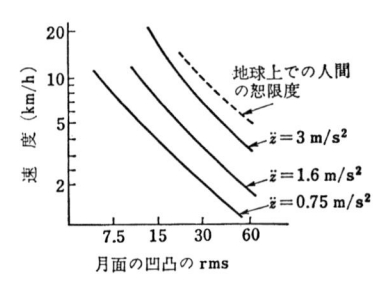

（a）月面車の構造モデル　　（b）月面車の走行限界と月面の凹凸の rms および恕限加速度の関係

図 10.15

例 6　自動車交通による橋梁振動

自動車交通による橋梁の振動は，人体への感覚的影響の他，橋梁部材の疲労や騒音発生の点から問題となる．図 10.16(a) は，橋梁の撓み振動加速度の記録である．この記録から逆に不規則荷重の変動を推定しそのスペクトルを求めたものが図 10.16(c) である．

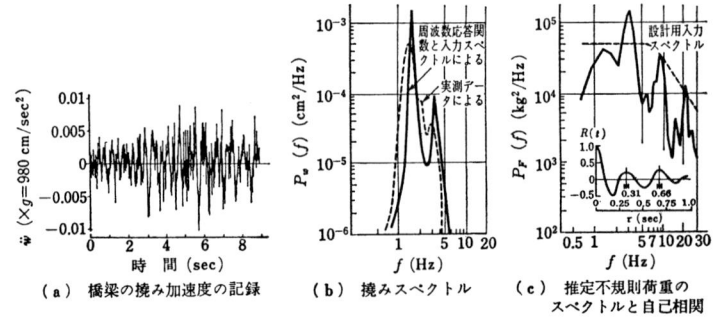

（a）橋梁の撓み加速度の記録　　（b）撓みスペクトル　　（c）推定不規則荷重のスペクトルと自己相関

図 10.16　（小坪清真・鳥野 清, 1974）

10.5 フーリエ変換とラプラス変換

片側フーリエ変換(積分を$(0, \infty)$域に限ったもの)

$$F(\omega) = \int_0^\infty f(t) e^{-i\omega t} dt$$

あるいは，$t<0$ について $f(t)=0$ とするときのフーリエ変換

$$F(\omega) = \int_{-\infty}^\infty f(t) e^{-i\omega t} dt$$

は，常に存在するとは限らない．例えば，単位階段関数 $u(t)$ のフーリエ変換は

$$F(\omega) = \int_{-\infty}^\infty u(t) e^{-i\omega t} dt$$

普通の意味では不定である．これは，すでに述べたように超関数 $\delta(t)$ を定義する．

しかし，もし $|f(t)| \leq M e^{\alpha t}$ を満たすある定数 α, M が存在するとき $f(t)$ に $e^{-\sigma t}(\sigma>0)$ を掛けた関数

$$f_1(t) = \begin{cases} f(t) e^{-\sigma t} & (t>0) \\ 0 & (t \leq 0) \end{cases} \tag{10.36}$$

のフーリエ変換は，$\sigma > \alpha$ である限り存在する．

$$F_1(\omega) = \int_{-\infty}^\infty f_1(t) e^{-i\omega t} dt$$

$$= \int_0^\infty f(t) e^{-(\sigma+i\omega)t} dt \tag{10.37}$$

ここで，複素数 $(\sigma+i\omega)$ を s

$$s = \sigma + i\omega \tag{10.38}$$

とおくとき，上式はラプラス変換 $\mathcal{F}(s) = \mathcal{L}[f(t)]$ を定義する．

したがって，"ラプラス変換はフーリエ変換の $i\omega$ を複素数 s の領域にまで拡げ，変換の積分が収束するようにした形である" と考えることができる．

このとき，逆フーリエ変換は

$$f(t) = \frac{1}{2\pi} \int_{-\infty}^\infty e^{i\omega t} \left\{ \int_{-\infty}^\infty f(\tau) e^{-i\omega \tau} d\tau \right\} d\omega$$

$$= \frac{1}{2\pi i} \int_{\sigma-i\infty}^{\sigma+i\infty} e^{st} \left\{ \int_0^\infty f(\tau) e^{-s\tau} d\tau \right\} ds$$

$$= \frac{1}{2\pi i} \int_{\sigma-i\infty}^{\sigma+i\infty} \mathcal{F}(s) e^{st} ds \tag{10.39}$$

となる．これをラプラス逆変換または，Bromwich 積分と呼ぶ．

10.6 数値フィルター

10.6.1 沪波型フィルター

ランダムデータに，次式のような変換操作――**数値フィルター**――を適用する．この操作はもとのランダム信号を沪波器などの線型応答系に通すことに相当している．

$$\overline{x_n} = a_0 x_n + a_1 x_{n-1} + a_2 x_{n-2} + \cdots + a_k x_{n-k} \qquad (10.40)$$

ここで，$x_n = x(n\Delta t)$, $x_{n-1} = x((n-1)\Delta t)$, … はフーリエ積分により $x(n\Delta t)$
$= \int_{-\infty}^{\infty} X(f) e^{i2\pi f n \Delta t} df$, $x((n-1)\Delta t) = \int_{-\infty}^{\infty} X(f) e^{i2\pi f(n-1)\Delta t} df$, と表わされるからこれを上式に代入すれば，

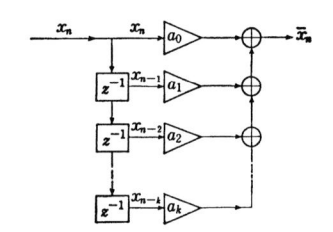

図 10.17 数値フィルター(1)，非再帰型数値フィルター

$$\overline{x_n} = \int X(f) e^{i2\pi f n \Delta t} (a_0 + a_1 e^{-i2\pi f \Delta t} + a_2 e^{-i4\pi f \Delta t} + \cdots + a_k e^{-i2\pi f k \Delta t}) df \qquad (10.41)$$

となる．一方，$\overline{x_n}$ はフーリエ積分により，

$$\overline{x_n} = \int \overline{X}(f) e^{i2\pi f n \Delta t} df \qquad (10.42)$$

と表わされる．式 (10.41) と (10.42) とを比較すれば，

$$\overline{X}(f) = A(f) X(f) \qquad (10.43)$$

である．ここに，

$$A(f) = a_0 + a_1 e^{-i2\pi f \Delta t} + \cdots + a_k e^{-i2\pi f k \Delta t} = \sum a_n e^{-i2\pi f n \Delta t} \qquad (10.44)$$

は $\sum_{n=0}^{k} a_n \delta(t - n\Delta t)$ のフーリエ変換である (p.72 参照)．

また，式 (10.44) の逆変換より

$$a_n = \int A(f) e^{i2\pi n f \Delta t} df \qquad (10.45)$$

一方，x および $\bar{x}$ のスペクトル $P(f), \bar{P}(f)$ は*),

$$P(f) = \lim_{T\to\infty} \frac{\langle X(f) X^*(f) \rangle}{T} \tag{10.46 a}$$

$$\bar{P}(f) = \lim_{T\to\infty} \frac{\langle \bar{X}(f) \bar{X}^*(f) \rangle}{T} \tag{10.46 b}$$

と定義される．したがって，x と $\bar{x}$ のスペクトルの間には次の変換が行なわれたことになる．

$$\frac{\bar{P}(f)}{P(f)} = |a_0 + a_1 e^{-i2\pi f \Delta t} + \cdots + a_k e^{-i2\pi f \Delta t}|^2 \tag{10.47}$$

$$= |A(f)|^2 \tag{10.47 a}$$

例えば，

$$\overline{x_n} = \frac{x_n + x_{n-1}}{2} \tag{10.48}$$

のように，相隣る 2 項の算術平均をとれば $|A(f)|^2$ は

$$|A(f)|^2 = \frac{1 + \cos 2\pi f \Delta t}{2} \tag{10.49}$$

であり，逆に相隣る 2 項の差の平均をとれば

$$|A(f)|^2 = \frac{1 - \cos 2\pi f \Delta t}{2} \tag{10.50}$$

スペクトル計算の際には数値フィルターによるプリホワイトニングその他の前処理を行なう必要がある．これについては第 11 章で述べる．

上の場合とは逆に，フィルターの周波数特性 $A(f)$ を与えて，これに対応する数値フィルター $w(t)$ を設計することもできる．例えば，周波数 f_l より低周波数の波と f_h より高周波数の波を除去する帯域フィルターは，次のようになる．

$$w(t) = \int_{-\infty}^{\infty} A(f) e^{i2\pi f t} df$$

$$= 2 \int_{f_l}^{f_h} 1 \cdot \cos 2\pi f t \, df$$

$$= (\sin 2\pi f_h t - \sin 2\pi f_l t)/\pi t \tag{10.51}$$

ここで，時間間隔を Δt，周波数間隔 Δf を Nyquist 周波数 f_N の $1/m$ として

---

*) $P(f)$ は周波数 f に関する two-sided spectrum (f の正負の領域で定義されたスペクトル) を意味する．

10. 線型システムの簡単な理論

$$t = r\Delta t$$
$$\Delta f = f_N/m = 1/(2m\Delta t)$$
$$f_h = h/(2m\Delta t)$$
$$f_l = l/(2m\Delta t)$$

とおけば，離散形数値フィルター w_r は

$$w(r\Delta t)\Delta t = \frac{1}{\pi r}\left[\sin\left(\frac{\pi h r}{m}\right) - \sin\left(\frac{\pi l r}{m}\right)\right] \tag{10.52}$$

$r=0$ の値は右辺の極限をとり，

$$w(0)\Delta t = \frac{h-l}{m}$$

となる．

したがって，帯域沪波後の出力 $\bar{x}(t)$ は

$$\bar{x}(t) = \int_{-\infty}^{\infty} w(t-\tau)x(\tau)d\tau$$
$$= \int_{-\infty}^{\infty} w(\tau)x(t-\tau)d\tau \tag{10.53}$$

$$\bar{x}(n) = \sum_{r=-R}^{R} w_r x_{n-r} \Delta t \tag{10.54}$$

しかし，一般に上述のような鋭いカット・オフをもつ数値フィルターは，そのままでは期待どおりの特性をそなえていない．というのは不連続的に変化する関数をフーリエ級数展開する場合には不連続点ではいくら項数を増やしても元の関数形に近づかず逆に角がとび出すいわゆる **Gibbs 現象** のためである．これを避けるには部分和打ち切りの最初の項の周期にわたって平滑化する方法——フーリエ展開の各係数に σ 因子 $\sigma(N, k) = \sin(\pi k/N)(\pi k/N)$ を乗じる方法——がある（Lanczos）．

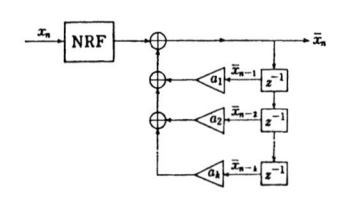

また，一般に式 (10.52) のような非再帰型の数値フィルター (non-recursive filter) は項数を多く必要とする．例えば，上述の例ではフィルターの重さは $1/r$ に比例し収束は遅い．

図 10.18 数値フィルター (2)，再帰型数値フィルター
(NRF：非再帰型フィルター)

$\boxed{z^{-1}}$ 遅延回路 $\triangleright$ 増幅回路 $\oplus$ 加算回路

10.6.2 再帰型数値フィルター

これに反し，再帰型(recursive type)の数値フィルターは効果的である．この型の数値フィルターは次式に示すように一度フィルターを通したデータを数回繰り返してフィルターを通すもので，フィードバックと呼ばれる方法である．

$$\bar{x}_n = a_1 \bar{x}_{n-1} + a_2 \bar{x}_{n-2} + \cdots + a_k \bar{x}_{n-k} + c_0 x_n + c_1 x_{n-1} + \cdots + c_j x_{n-j} \tag{10.55}$$

上式に対応するフーリエ変換は式 (10.56) のように書かれる．

$$\bar{X}(f) = X(f) \sum_{j=0}^{j} c_j e^{-i2\pi f j \Delta t} + \bar{X}(f) \sum_{k=1}^{k} a_k e^{-i2\pi f k \Delta t} \tag{10.56}$$

したがって，

$$\bar{X}(f) = \frac{\sum_{j=0}^{j} c_j e^{-i2\pi f j \Delta t}}{1 - \sum_{k=1}^{k} a_n e^{-i2\pi f k \Delta t}} \cdot X(f) \tag{10.57}$$

上式をスペクトル間の関係式に書き直すと，式 (10.57)，(10.46) から次のようになる．

$$\bar{P}(f) = \left| \frac{\sum_{j=0}^{j} c_j e^{-i2\pi f j \Delta t}}{1 - \sum_{k=1}^{k} a_n e^{-i2\pi f k \Delta t}} \right|^2 P(f) \tag{10.58}$$

式 (10.55) はいわゆる ARMA(autoregressive moving average)式で，ランダム変動の予測やスペクトル推定に用いられる．式 (10.55) のより単純な形

$$\bar{x}_n = a_1 \bar{x}_{n-1} + a_2 \bar{x}_{n-2} + \cdots + a_k \bar{x}_{n-k} + r_n \tag{10.59}$$

は，自己回帰式(AR-autoregression)である．$\bar{x}_n$ のデータから係数 a_k を求めるには，$\bar{x}_n$ の自己相関関数についての Yule–Walker 方程式を解けばよいことは，最大情報エントロピースペクトル法(MEM)に関連して，第7章で述べた．

10.6.3 プリホワイトニング

測定しようとする現象が周期性の強い場合には，そのスペクトルに高いピークが現われる．また，乱流現象のように各波数間のエネルギー移行のカスケードプロセスのために，スペクトルのエネルギーレベルの差が著しい場合がある．このような場合には，相関やスペクトルなどの統計処理を行なう前の段階で，性質の既知なフィルターを人為的に観測値に適用して，そのスペクトルを白色雑音(white noise)に近づけておくことが賢明である．この操作をプリホワイト・白色化または着色(prewhitening, coloring)と呼んでいる．観測値にこの操作をほどこした場合には，統計処理により得られたスペクトルを

元の観測値のスペクトルに直すことが必要であり，その操作を復色(recoloring)といっている．

プリホワイトニングの操作が必要なのは，もしある周波数 f のところで，スペクトル $P(f)$ の変化が急激であれば，スペクトルウインドーによる平滑化の幅を著しく狭めなければならず，他の周波数での平滑化操作が疑わしいものとなったり，推定スペクトルの安定度が低下するからである．つまりプリホワイトニングはスペクトルの平均化をかたよりなく行なうための手段である．

スペクトルのピークがただ一つのときは，自己相関関数 $C(n)$ はこのピークの周波数で振動しながら指数関数的に減少する cosine 波に類似のものとなる．この場合，赤池は次の方法を提案している．

$$a_1 C(0) + a_2 C(1) = -C(1) \\ a_1 C(1) + a_2 C(0) = -C(2)$$

を解いて a_1, a_2 を求め $a_0 = 1$ として

$$\bar{x}_n = a_0 x_n + a_1 x_{n-1} + a_2 x_{n-2}$$

から自己相関 $\bar{C}(n)$ を求めれば，極めて平坦なスペクトルをもつものとなる場合が多い．すでに，自己相関 $C(n)$ が求められている場合には

$$\bar{C}(n) = a_0 a_2 C(n+2) + (a_0 a_1 + a_1 a_2) C(n+1) + (a_0^2 + a_1^2 + a_2^2) C(n) \\ + (a_0 a_1 + a_1 a_2) C(n-1) + a_0 a_2 C(n-2)$$

とすればよい．

相互相関 $C_{xy}(n)$ についても，自己相関と同様な方法で係数 a_0, a_1, a_2 を求め，x, y を変換するか，あるいはすでに $C_{xy}(n)$ が求められている場合には，上式により周期成分を除去した相互相関 $\bar{C}_{xy}(n)$ を得ることができる．

10.7 ランダム波のシミュレーション

複雑な不規則現象を解析する際に，方程式を解くいわゆる決定論的(deterministic)な方法には限界があって，むしろ着目している不規則現象を直接シミュレートする必要にせまられることがある．このような場合にはそのランダム現象の統計的な性質——スペクトルや相関，さらには高次のモーメントやスペクトル——がわかっており，そのような統計的性質をもつ不規則時系列（ランダム波）を模擬することが第一ステップとなる．ここでは，フーリエ展開や線型応答系の理論の応用の一つとしてランダム波のシミュレーションについて述べる．

10.7.1 フーリエ成分波の重ね合わせによる方法

まず，所与のスペクトルから直接ランダム波をつくる方法について説明す

10.7 ランダム波のシミュレーション

る．第1章のスペクトルのところで述べたようにランダム波 $x(t)$ を位相のでたらめな非常に多くの周期波の重ね合わせとみれば，$x(t)$ はその複素フーリエ成分 $X(\omega)$ を用いて式 (10.60) のように表わされる．

$$x(t) = \int_{-\infty}^{\infty} X(\omega) e^{i\omega t} \cdot d\omega$$

$$= \int_{-\infty}^{\infty} |X(\omega)| e^{i(\omega t + \theta(\omega))} d\omega \qquad (10.60)$$

ここで $\theta(\omega)$ は $0 \leq \theta(\omega) < 2\pi$ であるような一様乱数である．

所与のスペクトル $S(\omega)$ (two-sided spectrum) とフーリエ成分 $X(\omega)$ とは，$S(\omega) = 2\pi \langle XX^* \rangle / T$ の関係にあるから，これより

$$|X(\omega)| = \sqrt{T \cdot S(\omega)/2\pi}$$

と書ける．

ここで，ω の正の有義積分区間 $(0, \omega_N)$ に $(N+1)$ 個の点を順にとる．

$$0 = \omega_0 < \omega_1 < \cdots < \omega_N = \frac{2\pi}{2\Delta t} \qquad (10.61)$$

ここに，$\Delta\omega_k$ と $\overline{\omega_k}$ を次のように定義する．

$$\Delta\omega_k = \omega_k - \omega_{k-1}, \quad \overline{\omega_k} = \frac{\omega_k + \omega_{k-1}}{2} \qquad (10.62)$$

それを用いて式 (10.60) の積分を有限区間で離散表示すれば，ランダム波は次式で与えられる．

$$x(t) = 2\sum_{k=1}^{N} \sqrt{S(\overline{\omega_k}) \Delta\omega_k} \cos(\overline{\omega_k} t + \theta_k) \qquad (10.63)$$

角周波数 ω のかわりに周波数 f と one-sided spectrum $E(f)$ を用いれば，上の関係は次のようになる．

$$x(t) = \sum_{k=1}^{N} \sqrt{2E(f_k) \Delta f_k} \cos(2\pi \overline{f_k} t + \theta_k) \qquad (10.64)$$

もし，区間 $(0, \omega_N)$ を等間隔 $\Delta\omega_k = \omega_N/N = 2\pi/T$ に選ぶと，式 (10.63) によりつくられるランダム波は最低周期 T で同じ波形を繰り返す．これを避けるためには，(i) ω_k を $(0, \omega_N)$ 区間の一様乱数により決めるとか，(ii) $S(\omega_k) - S(\omega_{k-1})$ が一定になるよう $\Delta\omega_k$ を順次決めるとよい．

例1 スペクトルが次式で与えられるランダム波のシミュレーションを行なう．

$$S(\omega) = 2AB\left[\frac{1}{B^2+(\omega+\omega_0)^2} + \frac{1}{B^2+(\omega-\omega_0)^2}\right] \qquad (10.65)$$

このスペクトルに対応する自己相関関数は次式である．

$$C(\tau) = A\{\cos(\omega_0\tau)\} e^{-B|\tau|} \qquad (10.66)$$

式 (10.65) は比較的単純かつ一般性をもつスペクトルの式である．

$A=1.0$, $B=0.5$, $\omega_0=0.4\times\pi$, $\varDelta t=0.1$ として，式 (10.63), (10.65) によりシミュレーションしたランダム波 $x(t)$ は図10.19のようになる．念のために，シミュレートしたランダム波をスペクトル解析し，仮定したスペクトル形(式(10.65))と比べたのが後に示す図12.9の一点鎖線の曲線である．

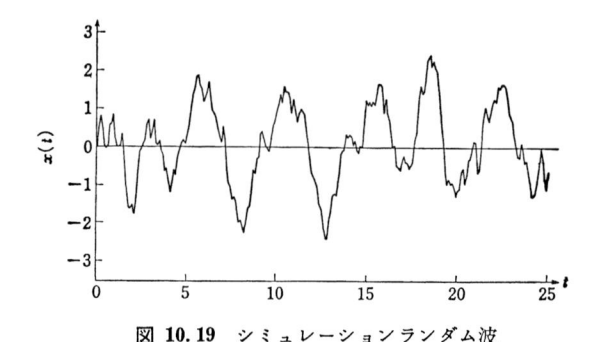

図 10.19 シミュレーションランダム波

10.7.2 線型応答系への入出力とシミュレーション法との関係

前項に導いたスペクトルの原義的説明によるランダム波のシミュレーション法を線型系への入出力関係式から説明する．

いま，ランダム変動 $x(t)$ は，ある線型系を介して白色雑音 $n(t)$ により駆動されているものと考える．すなわち，線型系の応答関数を $h(\tau)$ とすれば，

$$x(t) = \int_{-\infty}^{\infty} h(\tau) n(t-\tau) d\tau \qquad (10.67)$$

である．線型系への入出力関係を角周波数領域で示せば，

$$S(\omega) = |H(\omega)|^2 S_{nn}(\omega) \qquad (10.68)$$

となる．ただし，$S(\omega), S_{nn}(\omega)(=\text{const})$ は $x(t)$ および $n(t)$ のスペクトル，$H(\omega)$ はシステム関数で $h(t)$ のフーリエ変換 $(H(\omega) = \int_{-\infty}^{\infty} h(t) e^{-i\omega t} dt)$ である．

式 (10.68) から

$$H(\omega) = \sqrt{\frac{S(\omega)}{S_{nn}(\omega)}} e^{i\phi(\omega)}$$

$$= \frac{\sqrt{S(\omega)d\omega}}{dN(\omega)}e^{i\theta(\omega)} \tag{10.69}$$

が得られる.ただし,$\phi(\omega)\cdot\theta(\omega)$は各角周波数$\omega$ごとのランダムな偏角である.また,$dN(\omega)$は白色ノイズをフーリエ・スチィルチェス積分で表わしたときのω成分である.

$$n(t) = \int e^{i\omega t}dN(\omega) \tag{10.70}$$

このとき,dNにより白色雑音のスペクトルは次のように表わされる.

$$S_{nn}(\omega)d\omega = dN(\omega)dN^*(\omega) \tag{10.71}$$

式 (10.67) に式 (10.70) を代入し,

$$\delta(\sigma) = \frac{1}{2\pi}\int e^{i\sigma t}dt$$

の関係を利用して積分を行ない,最後に式(10.69)の関係を代入すれば,

$$\begin{aligned}
x(t) &= \int_{-\infty}^{\infty} h(\tau)n(t-\tau)d\tau \\
&= \frac{1}{2\pi}\iiint H(\omega')e^{i\omega'\tau}d\omega' \cdot e^{i\omega(t-\tau)}dN(\omega)d\tau \\
&= \frac{1}{2\pi}\iint H(\omega')e^{i\omega t}dN(\omega)d\omega'\left[\int e^{i(\omega'-\omega)\tau}d\tau\right] \\
&= \iint H(\omega')e^{i\omega t}\delta(\omega'-\omega)dN(\omega)d\omega' \\
&= \int H(\omega)e^{i\omega t}dN(\omega) \\
&= \int e^{i(\omega t+\theta)}\sqrt{S(\omega)d\omega}
\end{aligned}$$

$$x(t) = \int_{-\infty}^{\infty} e^{i(\omega t+\theta(\omega))}\sqrt{S(\omega)d\omega} \tag{10.72}$$

の関係が得られる.これは,前項で示したランダム変動のシミュレーション式(10.63)にほかならない.

式 (10.67) の関係式の応答関数$h(\tau)$を求め,その後次々に乱数nを発生させて,ランダム時系列をつくることもできる.次にこの方法について説明する.

10.7.3 数値フィルターによる方法

この方法は前項の式 (10.67) の関係を直接利用する方法であるが,一応はじめから説明する.

線型応答系に入力 $x(t)$ を通す場合の入出力の関係式は

$$y(t) = \int_{-\infty}^{\infty} h(\tau) x(t-\tau) d\tau \tag{10.73}$$

である．ただし，ここでは応答関数 $h(\tau)$ については，フィルターの設計を容易にするために物理的に実現可能な系の条件 $h(\tau)=0$ ($\tau<0$) はとりはずす．上式を離散化近似形に直すと，次式の数値フィルター ($a_{-N}, a_{-N+1}, a_{-N+2}, \cdots, a_0, \cdots, a_{N-1}, a_N$) である．

$$y_j = \sum_{n=-N}^{N} a_n x_{j-n} \tag{10.74}$$

$$= \int_{-\infty}^{\infty} \left[\sum_{n=-N}^{N} a_n \delta(\tau - n\Delta t) \right] x(t-\tau) d\tau \tag{10.75}$$

$$(t = 0, \Delta t, 2\Delta t, \cdots, j\Delta t)$$

式 (10.73), (10.75) を比較すれば，数値フィルターに対応する応答関数 $h(\tau)$ は

$$h(\tau) = \sum_{n=-N}^{N} a_n \delta(\tau - n\Delta t) \tag{10.76}$$

これをフーリエ変換し，システム関数 $H(f)$ を求めると

$$H(f) = \int_{-\infty}^{\infty} \left[\sum a_n \delta(\tau - n\Delta t) \right] e^{-i 2\pi f \tau} d\tau$$

$$= \sum_{n=-N}^{N} a_n e^{-i 2\pi f n \Delta t}$$

$$= A_0 + 2 \sum_{n=1}^{N} A_n \cos(2n\pi f \Delta t) - i 2 \sum_{n=1}^{N} B_n \sin(2n\pi f \Delta t) \tag{10.77}$$

ここに，

$$A_n = \frac{1}{2}(a_n + a_{-n}) \tag{10.78a}$$

$$B_n = \frac{1}{2}(a_n - a_{-n}) \tag{10.78b}$$

あるいは，式 (10.77) を実数部と虚数部とに分けると

$$\Re[H(f)] = A_0 + 2 \sum_{n=1}^{N} A_n \cos(2\pi n f \Delta t) \tag{10.79a}$$

$$\Im[H(f)] = 2 \sum_{n=1}^{N} B_n \sin(2\pi n f \Delta t) \tag{10.79b}$$

である．上式の逆変換から

$$A_n = \int_0^{1/2\Delta t} \mathcal{R}[H(f)] \cos(2\pi n f \Delta t) df \qquad (10.80\text{ a})$$

$$B_n = \int_0^{1/2\Delta t} \mathcal{I}[H(f)] \sin(2\pi n f \Delta t) df \qquad (10.80\text{ b})$$

さて，入出力関係式

$$P_{yy}(f) = |H(f)|^2 P_{xx}(f)$$

において，入力が白色ノイズ $(P_{xx}(f)=1)$ のとき，出力のスペクトルとシステム関数の関係を前項で任意とした位相角 θ_ω を零とし，次のようにおく．これは，$h(\tau)=0$ $(\tau<0)$ の条件を除いたために可能である．

$$H(f) = \sqrt{P_{yy}(f)} = \sqrt{P(f)} \qquad (10.81)$$

$P(f)$ が実の偶関数であることを考慮して，$H(f)$ の逆フーリエ変換から $h(\tau)$ が直ちに次のように求まる．

$$h(\tau) = \int_{-\infty}^{\infty} H(f) e^{i2\pi f \tau} df$$

$$= 2 \int_0^{\infty} \sqrt{P(f)} \cos 2\pi f \tau df \qquad (10.82)$$

上式より $h(\tau)$ は実の偶関数で τ の負領域にも値をもつことがわかる．

一方，式 (10.81) においてシステム関数の虚数部は常に零とおいた $(\mathcal{I}[H(f)]=(1/2)(a_n - a_{-n})=0)$ から，

$$a_n = a_{-n} \qquad (10.83)$$

したがって，数値フィルターは式 (10.80 a) から次のように決定される．

$$a_n = A_n = 2 \int_0^{1/2\Delta t} \sqrt{P(f)} \cos(2\pi n f \Delta t) df \qquad (10.84)$$

この関係は，§10.6.1 の数値フィルターの式 (10.45) にほかならない ($A(f) = H(f) = \sqrt{P(f)}$)．式 (10.84) より，$h(\tau)$ が実の偶関数であることに対応し，数値フィルター $a_n (=a_{-n})$ は実数であることが示される．

式 (10.82), (10.84) のフーリエ変換には第 12 章に述べる FFT のアルゴリズムなどを用いればよい．スペクトル $P(f)$ をもつランダム波は式 (10.73), (10.82) あるいは式 (10.74), (10.84) によりシミュレートできる．

10.7.4 スペクトル因子分解による方法

前項と同じく，白色雑音を入力とする線型系からの出力がスペクトル $S(\omega)$

をもつランダム波であると考える．ここでは，スペクトル因子分解法を応用して，この仮想の線型系のシステム関数 $H(\omega)$ と応答関数 $h(t)$ を理論的に導く．

スペクトル因子分解

いま，原点の左方では零となり，

$$f(t)=0, \quad t<0 \tag{10.85}$$

かつ，次の条件を満たす実関数を考える．

$$\int_0^\infty |f(t)|\,dt<\infty \tag{10.86}$$

このとき，$f(t)$ のフーリエ変換は

$$F(\omega)=\int_0^\infty f(t)e^{-i\omega t}dt \tag{10.87}$$

で，これはすべての ω の $(-\infty,\infty)$ の範囲で収束する．

そこで，フーリエ変換の変数 ω を複素数域

$$\lambda=\omega+i\sigma \tag{10.88}$$

に拡張し，複素フーリエ変換

$$F(\lambda)=\int_0^\infty f(t)e^{-i\lambda t}dt \tag{10.89}$$

を定義する．$F(\lambda)$ を書き直すと

$$F(\lambda)=\int_0^\infty f(t)e^{-i(\omega+i\sigma)t}dt$$

$$=\int_0^\infty [f(t)e^{\sigma t}]e^{-i\omega t}dt$$

$\int_0^\infty |f(t)e^{\sigma t}|dt<\infty$ $(\sigma\leq 0)$ で，$F(\lambda)$ が $\omega=(-\infty,\infty)$ で収束することから，$F(\lambda)$ は λ 面の下半分 $(\sigma\leq 0)$ には特異点をもたず，$F(\lambda)$ の特異点は（必ず一つ以上ある）すべて λ の上半面 $(\sigma>0)$ に存在する．このとき，$F(\lambda)$ を $F^+(\lambda)$ と書くことにする．

式 (10.89) の逆変換は次式である．

$$f(t)=\frac{1}{2\pi}\int_{-\infty+i\sigma}^{\infty+i\sigma} F(\lambda)e^{i\lambda t}d\lambda \quad (\sigma<0) \tag{10.90}$$

$g(t)$ が $t\geq 0$ で $g(t)=0$ ならば，この複素フーリエ変換 $G(\lambda)$ は，λ の下半面にのみ零点や極をもつ．このような場合に $G(\lambda)$ を $G^-(\lambda)$ と書く．

さて，スペクトル $S(\omega)$ は正値の実偶関数であるから，スペクトル複素関数

$S(\lambda)$ を次のような二つの因子の積で表わすことができる．これを**スペクトル因子分解**(spectrum factorization)という．

$$S(\lambda) = S^+(\lambda) S^-(\lambda) \tag{10.91}$$

ここに，$S^+(\lambda)$：λ の上半面にある $S(\lambda)$ のすべての零点と極を含む．$S^-(\lambda)$：λ の下半面にある $S(\lambda)$ のすべての零点と極を含む．

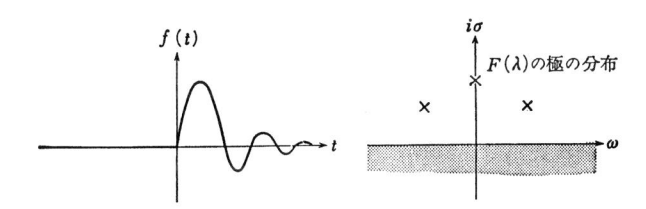

図 10.20 $f(\tau)=0$ $(\tau<0)$ の応答関数とそのシステム関数の極の分布

この場合，S^+ と S^- の間には共役関係 $S^-(\lambda)=[S^+(\lambda)]^*$, $S^+(\lambda)=[S^-(\lambda)]^*$ がある．したがって，

$$S(\lambda) = S^+(\lambda) S^-(\lambda)$$
$$= |S^+(\lambda)|^2 \tag{10.92 a}$$
$$= |S^-(\lambda)|^2 \tag{10.92 b}$$

例えば，

$$S(\omega) = \frac{1}{b^2 \omega^2 + 1} \tag{10.93}$$

ならば，$\omega \to \lambda$ としたのち

$$S(\lambda) = \left(\frac{1}{b\lambda - i}\right)\left(\frac{1}{b\lambda + i}\right) \tag{10.94}$$

すなわち，

$$\left.\begin{array}{l} S^+(\lambda) = \dfrac{1}{b\lambda - i} \\[2mm] S^-(\lambda) = \dfrac{1}{b\lambda + i} \end{array}\right\} \tag{10.95}$$

となる．$S^+(\lambda)$ の極は，λ の上半面

$$\omega = 0, \quad \sigma = \frac{1}{b} \tag{10.96 a}$$

にあり, $S^-(\lambda)$ の極は, λ の下半面

$$\omega=0, \quad \sigma=-\frac{i}{b} \qquad (10.96\text{ b})$$

にある.

ところで, 応答関数 $h(t)$ は物理的に $t<0$ に対して $h(t)=0$ の性質をもっている.

$$h(t)\begin{cases} \not\equiv 0 & (t>0) \\ =0 & (t<0) \end{cases} \qquad (10.97)$$

したがって, そのフーリエ変換であるシステム関数 $H(\lambda)$ は, 複素平面 λ 上の上半面にのみ零点と極を分布させ, 式 (10.68) $(S_{nn}(\omega)=1)$ が成立している. $S^+(\lambda)$ もこの性質をもち, かつ式 (10.92 a) が成立する.

式 (10.68) と (10.92 a) を比較すれば,

$$H(\lambda)=S^+(\lambda) \qquad (10.98)$$

であることは明らかである.

それゆえ, 応答関数 $h(t)$ は $H(\lambda)$ のフーリエ変換((10.15) または (10.90))により次のように求められる.

$$h(t)=\frac{1}{2\pi}\int_{-\infty+i\sigma}^{\infty+i\sigma}H(\lambda)e^{i\lambda t}d\lambda \qquad (\sigma<0) \qquad (10.99)$$

例 2 不規則波浪のシミュレーション

海洋の不規則波のスペクトル形として, いくつかの式が提案されている. ここでは, Neumann スペクトル, 式 (10.100) を採用する (U: 風速).

$$S(\omega)=\frac{\pi C_0}{2}\frac{1}{\omega^6}\exp\left(-\frac{2g^2}{\omega^2 U^2}\right) \qquad (10.100)$$

ここで,

$$\exp(-\omega^{-2})=\left(\frac{n\omega^2}{1+n\omega^2}\right)^n \qquad (10.101)$$

の近似式より, $S(\omega)$ は次のように書き直せる.

$$S(\omega)=\frac{\pi}{2}C_0\frac{1}{\omega^6}\left\{\frac{n\left(\dfrac{U}{\sqrt{2g}}\omega\right)^2}{1+n\left(\dfrac{U}{\sqrt{2g}}\omega\right)^2}\right\}^n \qquad (10.102)$$

したがって, $S(\omega)$ は分解されて

10.7 ランダム波のシミュレーション

$$S^+(\lambda) = \sqrt{\frac{\pi C_0'}{2}} \frac{(i\lambda)^{n-3}}{(1/\sqrt{n}+i\lambda)^n}$$
$$S^-(\lambda) = \sqrt{\frac{\pi C_0'}{2}} \frac{(-i\lambda)^{n-3}}{(1/\sqrt{n}-i\lambda)^n}$$
(10.103)

となる．これらはそれぞれ $\lambda=0$, $\sigma=\pm i/\sqrt{n}$ に極をもつ．したがって，式(10.98)により

$$H(\lambda) = \sqrt{\frac{\pi}{2} \frac{C_0'}{C}} \frac{(i\lambda)^{n-3}}{(1/\sqrt{n}+i\lambda)^n}$$
(10.104)

これをフーリエ変換して

$$h(t) \begin{cases} = \sqrt{\frac{\pi}{2}\frac{C_0}{C}\left(\frac{nU^2}{2g^2}\right)^3} \left\{ \left(-\frac{1}{\sqrt{n}}\right)^{n-3} t^{n-1} + \sum_{\nu=2}^{n-2} \frac{(n-3)(n-4)\cdots(n-\nu-1)}{(n-\nu)!(\nu-1)!} \right. \\ \left. \left(-\frac{1}{\sqrt{n}}\right)^{n-\nu-2} t^{n-\nu} \right\} e^{-t/\sqrt{n}} & (t \geq 0) \\ = 0 & (t < 0) \end{cases}$$
(10.105)

$h(t)$ を図示したのが図10.21である．また，

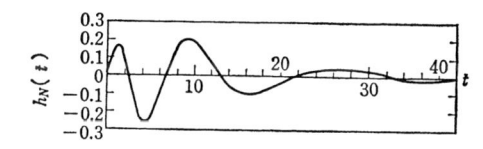

図 10.21 白色雑音より Neumann スペクトルをもつランダム波をつくるための応答関数(日野，1967)

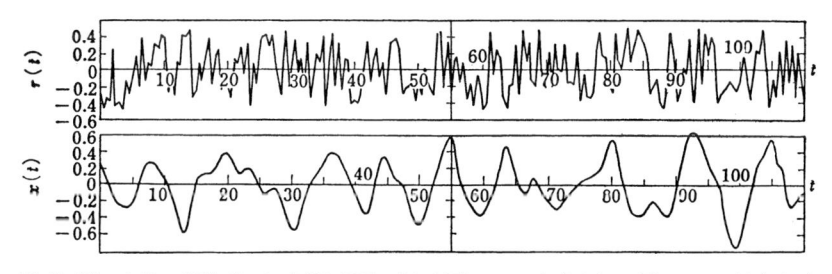

図 10.22 上段の乱数列から式(10.105), (10.107)により合成された Neumann 波(下段)

$$x(t) = \int_0^\infty h(\tau) n(t-\tau) d\tau$$
(10.106)

$$x(i\Delta t) = \sum_{m=0}^\infty h(m\Delta t) n(i-m) \Delta t$$
(10.107)

によりシミュレートした結果が図10.22である．念のためにシミュレートしたランダム波のデータからスペクトルを計算し，Neumann スペクトルと比較したものが図10.23(a)であり，模擬性が十分よいことが確かめられる．なお図10.23(b)に自己相関関数を示す．

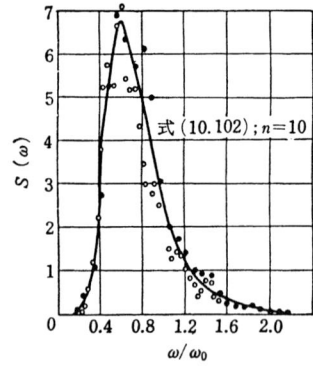

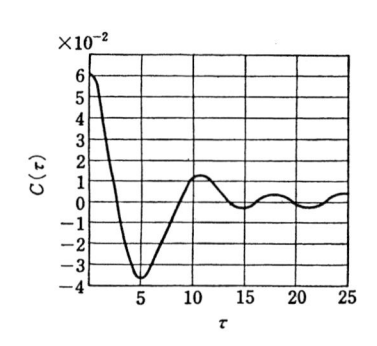

(a) 擬似 Neumann 波スペクトル　　　　　　(b) 擬似 Neumann 波自己相関関数
図 10.23　(日野, 1967)

10.7.5　自己回帰式によるシミュレーション

ランダム変動のスペクトルではなく，ランダム変動の一つのサンプルもしくは自己相関関数が与えられ，それをシミュレートする場合には，これらのデータあるいは自己相関関数からわざわざスペクトルを計算したのち上述の方法でシミュレーションを行なうまでもなく，直接的に自己回帰式を導く方が早道である．

ランダム変動 $x(t)$ は白色雑音 $n(t)$ を入力信号とする線型応答系の出力と考える．

$$x(t)=n(t)+\alpha_1 n(t-\Delta t)+\alpha_2 n(t-2\Delta t)+\cdots+\alpha_k n(t-k\Delta t) \tag{10.108}$$

式 (10.108) は次のように書き直される．これを**自己回帰式** (AR-autoregression) という．このことはすでに p.31 と §10.6.2 で述べた．

$$x(t)=a_1 x(t-\Delta t)+a_2 x(t-2\Delta t)+\cdots+n(t) \tag{10.109}$$

ついでながら，式 (10.108) および (10.109) をフーリエ変換すれば，次式のようになる．

$$X(\omega)=\{1+\alpha_1 e^{-i\omega\Delta t}+\alpha_2 e^{-i2\omega\Delta t}+\cdots+\alpha_k e^{-ik\omega\Delta t}\}ne^{i\theta(\omega)} \tag{10.110}$$

$$\{1-a_1 e^{-i\omega\Delta t}-a_2 e^{-i2\omega\Delta t}-\cdots-a_k e^{-ik\omega\Delta t}\}X(\omega)=ne^{i\phi(\omega)} \tag{10.111}$$

ここに，$\theta(\omega)$ および $\phi(\omega)$ はランダム位相角．したがって，係数列 α_i と a_i の間には

$$|1-a_1 e^{-i\omega\Delta t}-\cdots-a_k e^{-ik\omega\Delta t}|^2=1/|1+\alpha_1 e^{-i\omega\Delta t}+\cdots+\alpha_k e^{-ik\omega\Delta t}|^2 \tag{10.112}$$

の関係がある．

　第7章の MEM と自己回帰式との関係の項で説明したように，式 (10.109) に，$x(t-\tau)$ を掛けて期待値をとれば，$E\{x(t-\tau)n(t)\}=0$ であることを考慮して Yule-Walker 方程式，

$$C(\tau) = a_1 C(\tau - \Delta t) + a_2 C(\tau - 2\Delta t) + \cdots + a_k C(\tau - k\Delta t) \quad (\tau > 0) \quad (10.113)$$

$$\begin{bmatrix} C(0) & C(1) & \cdots C(k-1) \\ C(1) & C(0) & \cdots C(k-2) \\ \vdots & \vdots & \ddots & \vdots \\ C(k-1) & C(k-2) & \cdots C(0) \end{bmatrix} \begin{bmatrix} a_1 \\ a_2 \\ \vdots \\ a_k \end{bmatrix} = \begin{bmatrix} C(1) \\ C(2) \\ \vdots \\ C(k) \end{bmatrix} \quad (10.114)$$

(ここに，$C(k) = C(k\Delta t)$)，

が得られる．

　係数列 $\{a_n\}$ を求めるには，データから $x(t)$ の自己相関関数 $C(\tau)$ $\{\tau = \Delta t, \cdots, k\Delta t\}$ を推定して連立一次方程式 (10.114) を解く Yule-Walker 法と，あらかじめ $C(\tau)$ を設定せずに係数列 $\{a_n\}$ および自己相関関数を計算する最大情報エントロピー法(Burg法)がある．Burg法については，第7および12章 MEM で説明する．

　ひとたび係数 a_k が求まると，式 (10.109) により乱数 n を発生させながら次次にランダム波がシミュレートできる．

　式(10.114)の解として求められる係数 a_k は，(たとえ式 (10.108) の α_j が実数であっても) 一般に複素数であることに注意されたい．§10.7.3の方法による数値フィルターでは，$h(\tau)$ を実偶関数としたため a_k が実数であるのとは異なっている．

11. スペクトル計算の誤差理論
―― スペクトル計算の理論的背景 ――

　前章までに,スペクトルの概念やスペクトルとフーリエ変換との関係,スペクトルと相関関数の関係,線型系への不規則入出力関係のスペクトルや相関関数による表現などについて述べてきた.
　これらの理論を武器として具体的に不規則現象を解析するには,対象とする現象の実測データからスペクトルを計算しなければならない.ところで,われわれの取り扱うデータは,理論の展開で前提とした条件とは異なり有限長であるし,同一条件下で多数のデータが得られるとは限らないし,さらにデータの読み取りがある時間間隔で離散的に行なわれたものであったり,計測器が細かな変動にも十分の応答性をもつとは限らないので,これらの点に対する考慮が必要である.すなわち,様々な制限のある与えられたデータから真のスペクトルをいかに推定するかが重要な問題となる.この点を考えずに不注意なデータ解析を行なっても,得られる結果が奇妙なものであったり,一見もっともらしく見えても真のスペクトルから大きく歪んだものとなることがしばしば起る.
　本章では,次に述べる具体的なスペクトル計算法の理論的背景――つまりスペクトル計算における誤差の推定と除去手法の理論について述べる.とくに,最初の1,2節では記録長が有限であるために生じる推定誤差について述べる.
　このような実験データからのスペクトル計算法は,Tukey (1949) により,一部分はこれと独立に Bartlett (1950) により研究された.その後 Blackman (1950–52) は通信理論の観点から理論の再構成を行なった.この問題はかなり煩雑でわずらわしいので,計算手法のみ知りたい読者は読みとばすか,要点のみ拾い読みして次章へ移られる方がよい.

11.1 ランダム変数の統計量の推定誤差
11.1.1 統計量の分散とバイアス

ある確率変数の統計量の真値を R, その推定値を $\hat{R}$, 推定値のアンサンブル平均を $E[\hat{R}] = \lim_{N\to\infty}(1/N)\sum_{i=1}^{N}\hat{R}_i$ とする. 推定の誤差の程度は, 2乗平均誤差 ε^2

$$\varepsilon^2 = E[(\hat{R}-R)^2] \tag{11.1}$$

で表わされ, $E[\hat{R}-E[\hat{R}]] = E[\hat{R}] - E[\hat{R}] = 0$ を考慮すれば, 2乗平均誤差は統計量推定の分散とバイアスの2乗の和であることが示される.

$$\begin{aligned}2乗平均誤差 &= \mathrm{Var}[\hat{R}] + \mathrm{Bia}^2[\hat{R}] \\ &= \sigma^2[\hat{R}] + \mathrm{Bia}^2[\hat{R}]\end{aligned} \tag{11.2}$$

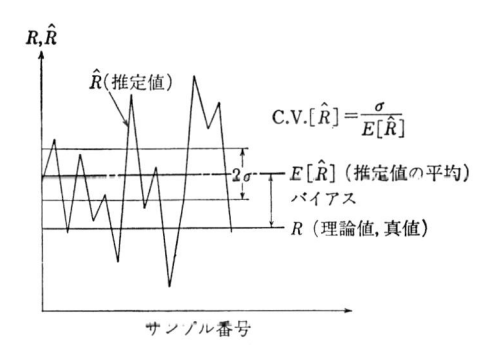

図 11.1 変動量の理論平均値, 推定平均値とバイアス, 標準偏差

ここに, $\mathrm{Var}[\hat{R}]$ は個々の確率量推定値の変動度を表わす分散 (標準偏差 $\sigma[\hat{R}]$ の2乗) である.

$$\mathrm{Var}[\hat{R}] = E[(\hat{R}-E[\hat{R}])^2] \tag{11.3a}$$
$$= E[\hat{R}^2] - E^2[\hat{R}] \tag{11.3b}$$
$$= \sigma^2[\hat{R}]$$

$\mathrm{Bia}[\hat{R}]$ は統計量の推定期待値の真値からの系統的な偏りを表わすバイアス (bias) である.

$$\mathrm{Bia}[\hat{R}] = E[\hat{R}] - R \tag{11.4}$$
$$\mathrm{Bia}^2[\hat{R}] = E^2[\hat{R}] - 2RE[\hat{R}] + R^2$$
$$= E[E^2[\hat{R}] - 2RE[\hat{R}] + R^2]$$

$$= E[(E[\hat{R}]-R)^2] \tag{11.5}$$

式(11.2)より正規化された平均2乗根誤差(normalized rms (root-mean-square) error) ε_r は

$$\varepsilon_r = \frac{\sqrt{\sigma^2[\hat{R}]+\text{Bia}^2[\hat{R}]}}{R} \tag{11.6}$$

となる．

与えられる時系列 $x(t)$ に関して推定すべき統計量 R は，

$$R \begin{cases} \text{平均値} & \bar{x}=\int_{-\infty}^{\infty} xp(x)dx \\ 2\text{乗平均値} & \bar{x}^2=\int_{-\infty}^{\infty} x^2p(x)dx \\ \text{相関関数} & C(\tau)=\overline{x(t)x(t-\tau)} \\ \text{スペクトル} & P(f) \end{cases}$$

などである．以下に，これらの統計量のそれぞれの推定誤差を検討する．

11.1.2 平均値 $\bar{x}$ の推定誤差

バイアス：時系列 $x(t)$ の平均値 $\bar{x}$ の推定値は，

$$\hat{\bar{x}} = \frac{1}{T}\int_0^T x(t)dt \tag{11.7}$$

$\bar{x}$ の推定値の期待値 $E[\hat{\bar{x}}]$ は

$$E[\hat{\bar{x}}] = E\left[\frac{1}{T}\int_0^T x(t)dt\right]$$

$$= \frac{1}{T}\int_0^T E[x]dt = \bar{x} \tag{11.8}$$

となる．したがって，バイアスは0である．

$$\text{Bia}[\bar{x}] = E[\hat{\bar{x}}] - \bar{x} = 0 \tag{11.9}$$

分散：他方，平均値推定の分散 $\text{Var}[\hat{\bar{x}}]$ は

$$\text{Var}[\hat{\bar{x}}] = E[(\hat{\bar{x}}-\bar{x})^2] = E[(\hat{\bar{x}})^2] - \bar{x}^2 \tag{11.10}$$

式(11.7)において，t は積分変数であるから，もう一つの項と混同しないように注意して積分変数の記号を使い分ければ

$$(\hat{\bar{x}})^2 = \frac{1}{T^2}\int_0^T x(t)dt \int_0^T x(\xi)d\xi$$

$$= \frac{1}{T^2}\int_0^T\int_0^T x(t)x(\xi)dtd\xi \tag{11.11}$$

11.1 ランダム変数の統計量の推定誤差

ここで，両辺のアンサンブル平均をとれば，$E[x(t)x(\xi)]$ が相関関数

$$E[x(t)x(\xi)]=C(t-\xi) \tag{11.12}$$

であることから，

$$\mathrm{Var}[\hat{\bar{x}}]=\frac{1}{T^2}\int_0^T\int_0^T C(t-\xi)\,dtd\xi \tag{11.13}$$

となる．式 (11.13) の右辺は次のように変形される（以下，図 11.2 を参照）．

$$\int_0^T\int_0^T C(t-\xi)\,dtd\xi$$
$$=\int_0^T\Bigl[\int_0^t C(t-\xi)\,d\xi+\int_t^T C(t-\xi)\,d\xi\Bigr]dt \tag{11.14}$$

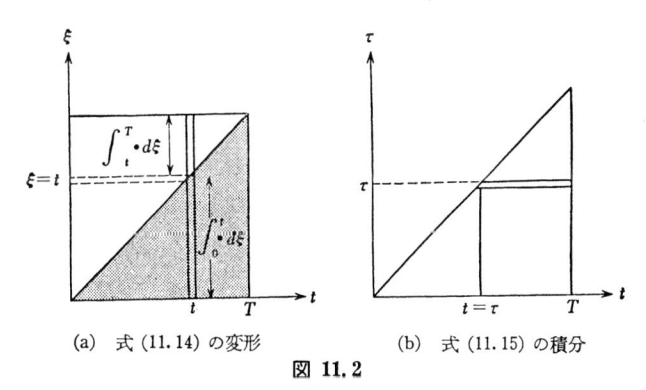

(a) 式 (11.14) の変形 (b) 式 (11.15) の積分

図 11.2

ところで

$$\int_0^T\int_t^T C(t-\xi)\,d\xi dt=\int_0^T\int_0^\xi C(t-\xi)\,dtd\xi=\int_0^T\int_0^t C(\xi-t)\,dtd\xi$$

であるから

$$\mathrm{Var}[\hat{\bar{x}}]=\frac{2}{T^2}\int_0^T\int_0^t C(t-\xi)\,d\xi dt$$

ここで，変数変換 $t-\xi=\tau, d\xi=-d\tau$ を行なえば，

$$=\frac{2}{T^2}\int_0^T\int_0^t C(\tau)\,d\tau dt \tag{11.15}$$

$$=\frac{2}{T^2}\int_0^T C(\tau)\int_\tau^T dt d\tau \tag{11.15 a}$$

$$=\frac{2}{T}\int_0^T\Bigl(1-\frac{\tau}{T}\Bigr)C(\tau)\,d\tau \tag{11.16}$$

もし，$\tau \ll T$ ならば，式(11.16)より推定平均値の分散は次のようになる．

$$\text{Var}[\hat{\bar{x}}] \approx \frac{2}{T}\int_0^\infty C(\tau)d\tau \tag{11.17}$$

したがって，記録長 T が十分長くなれば，平均値の推定の分散は零に近づく．

11.1.3　2 乗平均値 $\overline{x^2}$ の推定誤差

$x(t)$ の 2 乗平均は

$$\widehat{\overline{x^2}} = \frac{1}{T}\int_0^T x^2(t)\,dt \tag{11.18}$$

で計算する．2 乗平均(ms)の期待値は

$$E[\widehat{\overline{x^2}}] = \frac{1}{T}\int_0^T E[x^2]\,dt$$
$$= \overline{x^2}$$

つまり，変動の 2 乗平均値のバイアスは零である．

次に，変動の 2 乗平均推定値の分散は

$$\text{Var}[\widehat{\overline{x^2}}] = E[(\widehat{\overline{x^2}} - \overline{x^2})^2]$$
$$= E[(\widehat{\overline{x^2}})^2 - 2\widehat{\overline{x^2}}\overline{x^2} + (\overline{x^2})^2]$$
$$= E[(\widehat{\overline{x^2}})^2] - (\overline{x^2})^2 \tag{11.19}$$

一方，右辺の第一項 $E[(\widehat{\overline{x^2}})^2]$ は

$$E[(\widehat{\overline{x^2}})^2] = \frac{1}{T^2}E\left[\int_0^T x^2(t)\,dt \cdot \int_0^T x^2(\xi)\,d\xi\right]$$
$$= \frac{1}{T^2}\int_0^T\int_0^T E[x^2(t)x^2(\xi)]\,dtd\xi \tag{11.20}$$

ところで，$x(t)$ が Gauss 分布で，平均が 0 でなければ

$$E[x^2(t)x^2(\xi)] = 2\{C^2(t-\xi) - \bar{x}^4\} + (\overline{x^2})^2$$

となるので，2 乗平均(mean square)の分散は

$$\text{Var}[\widehat{\overline{x^2}}] = \frac{2}{T^2}\int_0^T\int_0^T \{C^2(t-\xi) - \bar{x}^4\}\,dtd\xi$$
$$= \frac{4}{T}\int_0^T\left(1 - \frac{\tau}{T}\right)\{C^2(\tau) - \bar{x}^4\}\,d\tau \tag{11.21}$$

となる．$T \to \infty$ につれて Var$\to 0$ となる．もし，$\bar{x}=0$ ならば，$T \gg \tau$ に対して

$$\text{Var}[(\widehat{\overline{x^2}})] \approx \frac{4}{T}\int_0^T C^2(\tau)\,d\tau$$

$$= \frac{4}{T}\int_0^\infty P^2(f)df \qquad (11.22)$$

11.2 相関法によるスペクトルの推定誤差

ランダム変動 $x(t)$ のスペクトルの計算にあたって，実際に得られる記録の長さは有限である．また，たとえ非常に長いデータを求め得たとしても，これを計算機により解析する場合には，コンピューターメモリーや演算時間の関係から，データ数(したがって，記録長)をある範囲内に押えなければならない．本節では，データの長さが有限であるために避けられないスペクトルの推定誤差とその誤差を減ずるための理論について論じる．

まず，スペクトル推定精度の目安となるカイ2乗分布の自由度から話をすすめよう．

11.2.1 カイ2乗(χ^2)分布と自由度

$z_1, z_2, \cdots, z_k$ を互いに独立で，平均値が0，分散が1の正規分布に従うランダム変動とする．このとき，これらから新たに自由度 k の確率的変動量 χ^2 ("カイ2乗変数", chi-square variable)

$$\chi^2 = z_1^2 + z_2^2 + \cdots + z_k^2 \qquad (11.23)$$

を定義できる．**自由度(degree of freedom)** とは，独立なカイ2乗変数の数をいう．この確率変動量は "χ^2-分布" といわれる次のような確率分布則に従う．

$$\mathrm{Prob}(\chi^2) = \left[2^{k/2}\Gamma\left(\frac{k}{2}\right)\right]^{-1}(\chi^2)^{k/2-1}e^{-\chi^2/2} \qquad (\chi^2 \geq 0) \qquad (11.24)$$

ここに，$\Gamma(k/2)$ はガンマ関数である．上式から，χ^2 の平均値と分散はそれぞれ

$$\left.\begin{array}{l} \mathrm{Avr}[\chi^2] = \mu_{\chi^2} = k \\ \mathrm{Var}[\chi^2] = \sigma^2_{\chi^2} = 2k \end{array}\right\} \qquad (11.25)$$

となる．また，χ^2-分布の自由度・平均値・分散・変異係数(C.V. $=\sigma_{\chi^2}/\mu_{\chi^2}$)などの間には次の関係がある．

$$k = \frac{2\{\mathrm{Avr}[\chi^2]\}^2}{\{\mathrm{Var}[\chi^2]\}} = \frac{2}{\{\mathrm{C.V.}\}^2} \qquad (11.26)$$

$$\mathrm{C.V.}\left(=\frac{\sigma_{\chi^2}}{\mu_{\chi^2}}\right) = \sqrt{\frac{2}{k}} \qquad (11.26\mathrm{a})$$

11.2.2 自己相関関数の推定誤差

$x(t)$ が長さ $T(t=-T/2 \sim T/2)$ にわたって記録されているとき，これを次式のように $x_T(t)$ とする．

$$x_T(t) = \begin{cases} =x(t) & (|t| \leq T/2) \\ =0 & (|t| > T/2) \end{cases} \tag{11.27}$$

バイアス：一つの記録 $x_T(t)$ から自己相関関数の推定値を次式により計算する．

$$\hat{C}(\tau) = \frac{1}{T}\int_{-\infty}^{\infty} x_T(t)x_T(t+\tau)dt$$

$$= \frac{1}{T}\int_{-T/2+|\tau|/2}^{T/2-|\tau|/2} x(t-\frac{\tau}{2})x(t+\frac{\tau}{2})dt \tag{11.28}$$

（一般には，$\hat{C}(\tau) = \frac{1}{T-\tau}\int_{-\infty}^{\infty} x_T(t)x_T(t+\tau)dt$ が用いられる．）

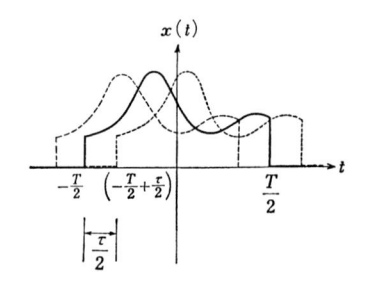

図 11.3

$$E[\hat{C}(\tau)] = \frac{1}{T}\int_{-\infty}^{\infty} E[x_T(t)x_T(t+\tau)]dt$$

$$= \frac{1}{T}\int_{-T/2+|\tau|/2}^{T/2-|\tau|/2} E[x(t-\frac{\tau}{2})x(t+\frac{\tau}{2})]dt$$

$$= \frac{1}{T}\int_{-T/2+|\tau|/2}^{T/2-|\tau|/2} C(\tau)dt$$

$$E[\hat{C}(\tau)] = \frac{T-|\tau|}{T}C(\tau) \tag{11.29}$$

相関関数 $C(\tau)$ を実際に計算するには，無限長さの記録をとることはできないから記録長 T より小さいラグ $|\tau| \leq \tau_m < T$ の範囲で相関関数を求めることになる．$T \gg |\tau|$ ならば，$E[\hat{C}(\tau)] \approx C(\tau)$ であり，バイアスのない自己相関数

11.2 相関法によるスペクトルの推定誤差

の推定値 (unbiased estimate) が得られる. $\hat{C}(\tau)$ は真値 $C(\tau)$ のまわりに統計的に変動する[*].

分散：相関関数推定値の分散は

$$\mathrm{Var}[\hat{C}(\tau)] = E[(\hat{C}(\tau)-C(\tau))^2]$$

$$= \frac{1}{T^2}\iint E[x(t)x(t+\tau)x(\eta)x(\eta+\tau)]dtd\eta - C^2(\tau) \quad (11.30)$$

$x(t)$ が平均値が 0 の Gauss 分布をもつならば，上式右辺のアンサンブル平均の項は

$$C^2(\tau) + C^2(t-\eta) + C(t-\eta+\tau)C(t-\eta-\tau)$$

と書き直され，

$$\mathrm{Var}[\hat{C}(\tau)] = \frac{1}{T}\int_{-T}^{T}\left(1-\frac{|\xi|}{T}\right)(C^2(\xi)+C(\xi+\tau)C(\xi-\tau))d\xi \quad (11.31)$$

となる.

τ が増大すれば $C(\tau)$ は一般に 0 に近づくから，T が十分大きければ次の関係が成立する.

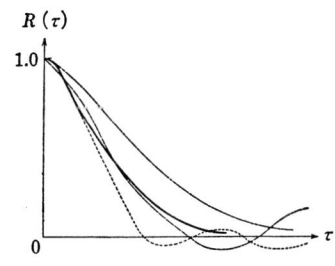

図 11.4 自己相関係数の推定誤差：ラグの大きい所は相対誤差が大きい.

- $$\mathrm{Var}[\hat{C}(\tau)] \approx \frac{1}{T}\int_{-\infty}^{\infty}C^2(\xi)d\xi \quad (11.32)$$

逆に，$\tau=0$ ならば

- $$\mathrm{Var}[\hat{C}(0)] \approx \frac{2}{T}\int_{-\infty}^{\infty}C^2(\xi)d\xi \quad (11.33)$$

変異係数：相関関数推定の安定度をみるために，変異係数(すなわち，正規

---

[*] 得られる信号は任意の基準値からの変動である. T が短かければ基準値（一般には変動平均値）は正確に推定し得ず，したがって相関関数やスペクトルにも歪が生じる. それは low frequency cutoff 効果で，これについては §11.5 で別に論じる.

化された標準偏差, coefficient of variation) を調べる.

$$\text{C. V.} = \frac{\sqrt{\text{Var}[\hat{C}(\tau)]}}{\hat{C}(\tau)} \tag{11.34}$$

式(11.32), (11.33)に示されるように分散は $\tau=0$ と τ が十分大きな場合とでも高々2倍程度の違いであるが, $C(\tau)$ は一般に τ の増大とともに急速に0に近づく. したがって, 相関関数推定値の安定度はラグ τ の増加とともに急激に低下すると考えられる. 事実, 自己相関係数 $\hat{R}(\tau) = \hat{C}(\tau)/\hat{C}(0)$ を求めると, 図11.4にみるように τ の大きな所ではサンプルごとの差異が大きい.

11.2.3 Blackman-Tukey 法におけるスペクトル推定誤差

スペクトルの計算には, 第1章の定義式(1.33)による直接的方法と, 第3章に述べた Wiener-Khintchine の関係式よりいったん自己相関関数を求め, これをフーリエ変換する方法がある. 以前は後者の方法とくに通信理論の立場からスペクトルの標本誤差を少なくする Blackman-Tukey 法が唯一の実用法であったが, 1965年 Cooley and Tukey が有限フーリエ変換を効果的に行なう FFT(高速フーリエ変換)のアルゴリズムを発表して以来, 前者の方法が圧倒的に用いられるようになった. この場合に, 相関関数は Wiener-Khintchine の関係を逆に使ってスペクトルのフーリエ変換として求められる. Blackman-Tukey 法では相関関数を計算するのに厖大な演算時間を要するが, FFT ではデータ数が多くなるほど効果が発揮される. 一方最近, 以上二つの方法とは全く違った原理に基づく Burg による MEM(最大エントロピー法)およびそれとほぼ同様な赤池による自己回帰式による方法が提案され反響を巻き起している.

現在は FFT や MEM が一般に用いられているが, スペクトル推定誤差の生じる理由や除去法を理解するために, 本節ではまず古い Blackman-Tukey 法について述べる.

平滑化: Wiener-Khintchine の関係を用いて自己相関関数のフーリエ変換

$$P(f) = \int_{-\infty}^{\infty} C(\tau) e^{-i2\pi f \tau} d\tau \tag{11.35}$$

からスペクトルを推定するには, 自己相関関数の推定値 $\hat{C}(\tau)$ の変異係数の小さい τ の範囲だけを用いないと, スペクトル推定値の統計的変動が大きくなる. ここに, $P(f)$ は周波数 f を変数とする two-sided spectrum を表わし,

11.2 相関法によるスペクトルの推定誤差

$$\frac{\overline{x^2}}{2} = \int_0^\infty P(f)df$$

である.

すでに述べたように，相関関数の変異係数 C.V. は，$|\tau|$ が大きくなるにつれて増大するから，τ が大きくなるにつれて減衰する適当な重み $W(\tau)$（ラグウインドー, lag window) を相関関数の推定値に掛けて平滑化し ($W(\tau)\hat{C}(\tau)$)，これのフーリエ変換を行なえば標本誤差の少ないスペクトルの推定値を求めることができる. すなわち，スペクトルの推定値は

$$\hat{P}(f) = \int_{-\infty}^{\infty} W(\tau)\hat{C}(\tau)e^{-i2\pi f\tau}d\tau \tag{11.36}$$

により求められる. もっとも変形された相関関数の方は真の相関関数とは異なるものとなる. このとき推定値のアンサンブル平均は，式(11.29)より $E[\hat{C}(\tau)]=C(\tau)$ とみなして，

$$E[\hat{P}(f)] = \int_{-\infty}^{\infty} W(\tau)C(\tau)e^{-i2\pi f\tau}d\tau \tag{11.37}$$

となる. ここで，$W(\tau)$ のフーリエ変換 $Q(f)$ を導入する. $Q(f)$ をスペクトルウインドー (spectral window) と呼ぶ.

$$\begin{cases} W(\tau) = \int_{-\infty}^{\infty} Q(f')e^{i2\pi\tau f'}df' \\ Q(f) = \int_{-\infty}^{\infty} W(\tau)e^{-i2\pi f\tau}d\tau \end{cases} \tag{11.38}$$

(周波数を表わす変数として f の代りに記号 f' を用いたのは，いつものように積分変数どうしの混同を避けるためである.)

スペクトルウインドー $Q(f)$ とラグウインドー $W(\tau)$ は互いにフーリエ変換の関係にあるから，**Parseval の公式**によりそれぞれの絶対値の2乗の積分は相等しい.

$$\int_{-\infty}^{\infty} Q^2(f)df = \int_{-\infty}^{\infty} W^2(\tau)d\tau \tag{11.39}$$

このとき，$E[\hat{P}(f)]$ および $\hat{P}(f)$ は次のように表わされる.

$$E[\hat{P}(f)] = \int_{-\infty}^{\infty}\int_{-\infty}^{\infty} Q(f')C(\tau)e^{-i2\pi(f-f')\tau}d\tau df'$$

$$= \int_{-\infty}^{\infty} Q(f')\left\{\int_{-\infty}^{\infty} C(\tau)e^{-i2\pi(f-f')\tau}d\tau\right\}df'$$

({ } の中は, 式 (11.35) から $P(f-f')$ となるから)

$$E[\hat{P}(f)] = \int_{-\infty}^{\infty} Q(f') P(f-f') df' \qquad (11.40)$$

$$= \int_{-\infty}^{\infty} P(f') Q(f-f') df'$$

$$\hat{P}(f) = \int_{-\infty}^{\infty} Q(f') \tilde{P}(f-f') df' \qquad (11.41)$$

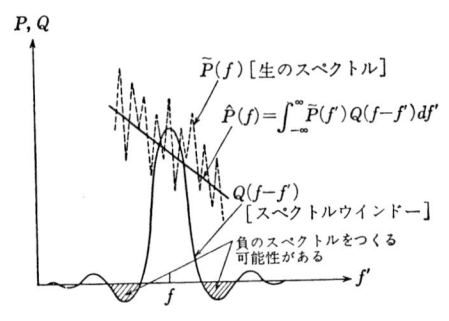

図 11.5 スペクトルウインドー

ここに, $\tilde{P}(f)$ は $\hat{C}(\tau)$ の生のフーリエ変換である.

$$\tilde{P}(f) = \int_{-\infty}^{\infty} \hat{C}(\tau) e^{-i2\pi f\tau} d\tau$$

スペクトルウインドー Q は, 周波数 f を中心とした生のスペクトル $\tilde{P}(f)$ の平滑化の重さを表わしている. すなわち, $Q(f)$ は平滑化フィルターである. もし, $Q(f')$ が $f'=0$ の近傍 $(-\delta f' < f' < \delta f')$ のみで顕著で, かつ $P(f)$ が $f \pm \delta f$ の範囲であまり変化しなければ, 式 (11.40) は

$$E[\hat{P}(f)] = P(f) \cdot \int_{-\infty}^{\infty} Q(f') df' \qquad (11.42)$$

となる. したがって, (式 (11.38), (11.42) より)

$$\int_{-\infty}^{\infty} Q(f') df' = W(0) = 1 \qquad (11.43)$$

となるように, ウインドーを設計しておけば,

$$E[\hat{P}(f)] = P(f) \qquad (11.44)$$

とみなせる.

しかし, $P(f-f') \not\approx P(f)$ の場合には, 式 (11.41) から明らかなように, $\hat{P}(f)$ は真のスペクトル $P(f)$ から歪みバイアスが生じる. とくに, スペクト

11.2 相関法によるスペクトルの推定誤差

ルピークは低くなる.

分散：推定スペクトル $\hat{P}(f)$ が満足しなければならない条件は，単に推定値にバイアスがないだけではなく分散が少ないことが必要である．すなわち，$\{\hat{P}(f) - E[\hat{P}(f)]\}^2$ が小さいことである．さて，式 (11.36), (11.37) より

$$\hat{P}(f) - E[\hat{P}(f)] = \int_{-\infty}^{\infty} W(\tau)[\hat{C}(\tau) - C(\tau)]e^{-i2\pi f \tau}d\tau$$

したがって，積分変数を τ, η により区別して

$$\mathrm{Var}[\hat{P}(f)] = E[\{\hat{P}(f) - E[\hat{P}]\}^2]$$

$$= E\left[\int_{-\infty}^{\infty}\int_{-\infty}^{\infty} W(\tau)W(\eta)[\hat{C}(\tau)-C(\tau)][\hat{C}(\eta)-C(\eta)]e^{-i2\pi f(\tau+\eta)}d\tau d\eta\right]$$

$$= \int_{-\infty}^{\infty}\int_{-\infty}^{\infty} W(\tau)W(\eta)F_e(\tau,\eta)e^{-i2\pi f(\tau+\eta)}d\tau d\eta \qquad (11.45)$$

ここに，

$$F_e(\tau,\eta) = E[(\hat{C}(\tau)-C(\tau))(\hat{C}(\eta)-C(\eta))] \qquad (11.46)$$

は変動誤差分 (random portion of error) の共分散で，前出のように近似的に次のように表わされる．

$$F_e(\tau,\eta) = \frac{1}{T}\int_{-\infty}^{\infty}[C(\tau+t)C(\eta+t)+C(\tau+t)C(-\eta+t)]dt \qquad (11.47)$$

したがって，スペクトル推定の分散はこれを式 (11.45) に代入して

$$\mathrm{Var}[\hat{P}(f)] = \frac{1}{T}\int_{-\infty}^{\infty}\Big[\int_{-\infty}^{\infty}W(\tau)C(\tau+t)e^{-i2\pi f\tau}d\tau \cdot \int_{-\infty}^{\infty}W(\eta)C(\eta+t)e^{-i2\pi f\eta}d\eta$$

$$+ \int_{-\infty}^{\infty}W(\tau)C(\tau+t)e^{-i2\pi f\tau}d\tau \cdot \int_{-\infty}^{\infty}W(\eta)C(-\eta+t)e^{-i2\pi f\eta}d\eta\Big]dt$$

$$= \frac{1}{T}\int_{-\infty}^{\infty}[Q^2(f-f')+Q(f-f')Q(f+f')]P^2(f')df' \qquad (11.48)$$

（上式に至る変形を行なうには，$C(\tau+t) = \int_{-\infty}^{\infty}P(f')e^{i2\pi f'(\tau+t)}df'$ 等の関係を代入し，次に積分順序を変更し，t に関する積分を行ない，$\int_{-\infty}^{\infty}e^{i2\pi t(f+f')}dt = \delta(f+f')$ の関係を用いれば，$\int_{-\infty}^{\infty}P(f)\delta(f+f')df = P(-f') = P(f')$ となり

$$\int_{-\infty}^{\infty}P^2(f')\Big[\iint W(\tau)e^{i2\pi \tau(f-f')}W(\eta)e^{i2\pi \eta(f+f')}d\tau d\eta\Big]df'$$

$$= \int_{-\infty}^{\infty}P^2(f')Q(f-f')Q(f+f')df'$$

などの関係が導かれる．）ここで，$f-f'=f''$ とおけば，$(-f+f'=-f''$, $f+$

$f'=2f-f''$) ゆえ，式 (11.48) は次のようになる．

$$\mathrm{Var}[\hat{P}(f)] = \frac{1}{T}\int_{-\infty}^{\infty}[Q^2(f'') + Q(f'')Q(2f-f'')]P^2(f-f'')df'' \quad (11.49)$$

いま，f の近傍において $P(f)$ の変化がゆるやかで，$P(f-f'')\cong P(f)$ とみなすことができ，かつスペクトルウインドー $Q(f'')$ が $f''=0$ を中心とし，その幅 B_e が極めて狭いならば，$|f|\gg B_e$ について

- $$\mathrm{Var}[\hat{P}(f)] = \frac{1}{T}P^2(f)\int_{-\infty}^{\infty}Q^2(f'')df'' \qquad (|f|\gg B_e) \quad (11.50)$$

となる．また，$f=0$ の場合には，$Q(f'')=Q(-f'')$ より

$$\mathrm{Var}[P(0)] = \frac{2}{T}P^2(0)\int_{-\infty}^{\infty}Q^2(f'')df'' \qquad (f=0) \quad (11.51)$$

変異係数：したがって，スペクトル推定値の変異係数は

- $$\mathrm{C.V.}[\hat{P}(f)] = \frac{\{\mathrm{Var}[\hat{P}(f)]\}^{1/2}}{P(f)} = \sqrt{\frac{1}{T}\int_{-\infty}^{\infty}Q^2(f)df}$$

$$= \sqrt{\frac{1}{B_e T}} \quad (11.52)$$

ここに，B_e は**ウインドーの等価幅**(equivalent bandwith)である．

- $$B_e = \frac{1}{\int_{-\infty}^{\infty}Q^2(f)df} \quad (11.53)$$

これは，式(11.43)より $\int_{-\infty}^{\infty}Q(f)df=1$ であるから，$\int_{-\infty}^{\infty}Q^2(f)df$ が小さい(大きい)ほどウインドーは拡がって(狭くなって)いることに対応する．

ラグと分解能と安定度：以上のことから次のことが結論される．

表 11.1 ウインドー特性とスペクトル歪みと安定度

	ラグウインドー $W(\tau)$	スペクトルウインドー $Q(f)$	歪 み	安 定 度
歪み減少	$W(\tau)$ の幅が拡がるにつれて，	スペクトルウインドー $Q(f)$ の周波数幅は狭くなり ($B_e\to$narrow)	信号は忠実に伝えられるが，	推定スペクトルの分散は増大する．
安定度増加	$W(\tau)$ の幅をせばめるにつれて，	$Q(f)$ の周波数幅は広くなり ($B_e\to$wide)	信号の高周波成分が失われるが，	推定スペクトルの分散は減少し，安定度は改善される．

11.2.4 ウインドーについて

(i) **箱型ウインドー** 有限長さのデータからの相関関数の計算は $|\tau|\leq\tau_m$ $<T$ の範囲までで, $\tau>\tau_m$ に対して打ち切られる. それゆえ, これからスペクトルを計算しようとすれば自然と

$$W_0(\tau)=\begin{cases} 1 & (|\tau|<\tau_m) \\ 1/2 & (|\tau|=\tau_m) \\ 0 & (|\tau|>\tau_m) \end{cases} \quad (11.54)$$

のような(boxcar function 型の)ラグウインドーを通してスペクトルを求めることになる. つまり変形されないスペクトルを求めることは実際にはできない.

式(11.54) $W_0(\tau)$ のフーリエ変換から, スペクトルウインドー $Q_0(f)$ は

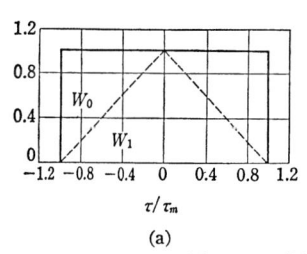

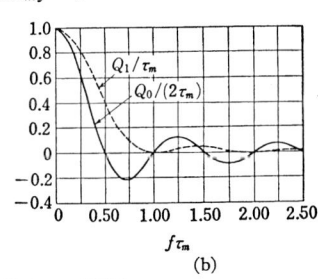

$$Q_0(f)=2\tau_m\left(\frac{\sin 2\pi\tau_m f}{2\pi\tau_m f}\right) \quad (11.55)$$

図 11.6 (Blackman-Tukey, 1958)

Wiener-Khintchine の関係式をそのまま用いた場合や Blackman-Tukey 法によるスペクトルの計算で, しばしば負のスペクトル値が得られることがあるが, これはスペクトルウインドー $Q(f)$ の裾が拡がり過ぎて, その値が負になる部分の $P(f)$ が強くきくためである. 一般に, Q を中心に集中させようとすれば, W は箱型的(flat, blocky)にする必要がある. しかし, Q の裾部の高さを低く押えようとすれば, W を滑らかにしなければならない. この 2 つの矛盾する条件をできるだけ満足するよう種々のウインドーが提案されている.

(ii) **ハニングとハミング** オーストリアの気象学者 Julius von Hann にちなんで名づけられたウインドーがハニング(hanning)で次式で示される.

$$W_2(\tau)=\begin{cases} \frac{1}{2}\left(1+\cos\frac{\pi\tau}{\tau_m}\right) & (|\tau|<\tau_m) \\ 0 & (|\tau|>\tau_m) \end{cases} \quad (11.56)$$

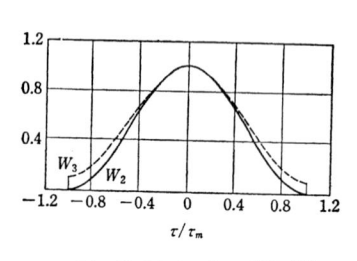

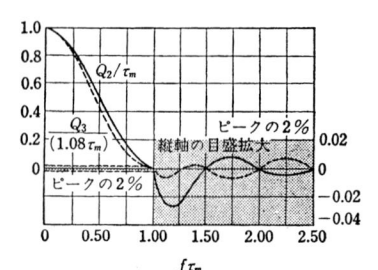

(a) ラグウインドー (W_2, W_3)　　(b) スペクトルウインドー (Q_2, Q_3)

図 11.7　ハニングとハミング　(Blackman-Tukey, 1958)

$$Q_2(f) = \frac{1}{2}Q_0(f) + \frac{1}{4}\left[Q_0\left(f + \frac{1}{2\tau_m}\right) + Q_0\left(f - \frac{1}{2\tau_m}\right)\right] \quad (11.57)$$

ここに，Q_0 は式 (11.55) のボックスカー型ウインドー．

また，R. W. Hamming の提案になるハミングは，次のようになる．

$$W_3(\tau) \begin{cases} = 0.54 + 0.46 \cos \dfrac{\pi\tau}{\tau_m} & (|\tau| < \tau_m) \\ = 0 & (|\tau| > \tau_m) \end{cases} \quad (11.58)$$

$$Q_3(f) = 0.54\, Q_0(f) + 0.23\left[Q_0\left(f + \frac{1}{2\tau_m}\right) + Q_0\left(f - \frac{1}{2\tau_m}\right)\right] \quad (11.59)$$

(iii)　**有限級数型ウインドー**　　ラグウインドー $W(\tau)$ を次式のように有限級数(基本周期 $2\tau_m$ とそのハーモニックスの周期関数の和)で表現できる．

$$W(\tau) = \begin{cases} \sum_{n=-k}^{k} a_n e^{i2\pi\left(\frac{n}{2\tau_m}\right)\tau} & (|\tau| < \tau_m) \\ \dfrac{1}{2}\sum_{n=-k}^{k} a_n e^{i2\pi\left(\frac{n}{2\tau_m}\right)\tau} & (|\tau| = \tau_m) \\ 0 & (|\tau| > \tau_m) \end{cases} \quad (11.60)$$

$$a_n = a_{-n}$$

ここに，式 (11.43) から，係数 a_n の和は 1 でなければならない．

$$W(0) = \sum_{n=-k}^{k} a_n = 1 \quad (11.61)$$

ハニングやハミングを上式のように表わした場合の係数 a_n を表 11.2 に示す．
このとき，$\hat{P}(f)$ は次のようになる．

11.2 相関法によるスペクトルの推定誤差

表 11.2 ハニングとハミングの係数

	ハニング	ハミング
a_0	0.50	0.54
$a_1 = a_{-1}$	0.25	0.23
$a_2 = a_{-2}$	*	*
$\sqrt{2\sum_{-k}^{k} a_n^2}$	0.87	0.89

$$\hat{P}(f) = \int_{-\infty}^{\infty} W(\tau)\hat{C}(\tau)e^{i2\pi f\tau}d\tau$$

$$= \sum_{n=-k}^{k} a_n P_*\left(f - \frac{n}{2\tau_m}\right) \tag{11.62}$$

ただし,

$$P_*(f) = \int_{-\tau_m}^{\tau_m} \hat{C}(\tau)\cos(2\pi f\tau)d\tau \tag{11.63}$$

したがって, まずウインドーに関係のない $P_*(f)$ を求めておけば, 種々のウインドー $\{a_n\}$ についてスペクトルを容易に計算できる. Parseval の関係より

$$\int_{-\infty}^{\infty} Q^2(f)df = \int_{-\tau_m}^{\tau_m} W^2(\tau)d\tau$$

であるから, ウインドーの等価幅 B_e は $|W(\tau)|^2 = \sum_{n=-k}^{k} |a_n|^2$ を考慮すれば

$$\frac{1}{B_e} = \int_{-\tau_m}^{\tau_m} W^2(\tau)d\tau = \tau_m \int_{-1}^{1} W^2\left(\frac{\tau}{\tau_m}\right)d\left(\frac{\tau}{\tau_m}\right)$$

$$= 2\tau_m \left\{\sum_{n=-k}^{k} |a_n|^2\right\} \tag{11.64}$$

普通に用いられるウインドーでは $2\sum_{n=-k}^{k} a_n^2$ の値は1に近いから,

$$B_e = \frac{1}{\tau_m \left\{2\sum_{n=-k}^{k} a_n^2\right\}} \approx \frac{1}{\tau_m} \tag{11.65}$$

$$\text{C. V.}^2\{\hat{P}(f)\} = \frac{1}{TB_e} \approx \frac{\tau_m}{T} \tag{11.66}$$

の関係が得られる (式 (11.52), (11.53) 参照). したがって, スペクトル推定値の安定度を増す (C. V. を小さくする) には, ラグ τ_m を少なくすればよいが, これは逆にスペクトルの分解能を下げることになる.

(iv) 赤池のウインドー 式 (11.65) あるいは式 (11.66) の関係は

$$P(f-f'') \cong P(f)$$

の関係の成り立つことを条件にしているから，$Q(f)$ としては $\int_{-\infty}^{\infty} Q(f) df = 1$ でかつ $\int_{-\infty}^{\infty} Q^2(f) df$ ができる限り小さいものであることのほかに，$f=0$ の付近に Q^2 の値の大きいものがあることが必要である．さらに平均化による平均値のかたよりは

$$\left\{\frac{dW}{d\tau}\right\}_{\tau=0} = 0 \qquad \left\{\frac{d^2W}{d\tau^2}\right\}_{\tau=0} = 0$$

のとき最小である．このうち前者の条件は普通のウインドーでは常に満たされるから，平均値のかたよりをできるだけ少なくするためには

$$\frac{d^2W(0)}{d\tau^2} = -\left(\frac{2\pi}{2\tau_m}\right)^2 \sum_{n=-k}^{k} n^2 a_n \qquad (11.67)$$

が 0 に近い値となるようにすることが必要である．

以上のような諸条件，つまり推定値のかたよりも小さく分散も小となり，分解幅もなるべく狭くなるという点を満たし，実際の使用に際してよい結果を与えるものとして，赤池は表 11.3 のようなウインドーを提案している．

表 11.3 赤池のウインドー

	$W^{(1)}$	$W^{(2)}$	$W^{(3)}$
a_1	0.5132	0.6398	0.7029
a_2	0.2434	0.2401	0.2228
a_3	*	-0.0600	-0.0891
a_4	*	*	0.0149
$\sqrt{2 \sum_{n=-k}^{k} a_n^2}$	1.01	1.13	1.19
$B / \frac{1}{m}\left(\frac{1}{2\varDelta\tau}\right)$	1.13	1.06	1.07
		$P(f)$ の二次曲線的な局所的変化まで考慮してある	$P(f)$ の四次曲線的な変化まで考慮してある

（v）**重複ウインドーの効果** 有限フーリエ変換による生のスペクトル $\tilde{P}(f')$ は，真のスペクトル $P(f)$ とカットオフウインドー Q_0 と convolution で表わされる．

11.2 相関法によるスペクトルの推定誤差

$$\tilde{P}(f)=\int_{-\tau_m}^{\tau_m}C(\tau)e^{-i2\pi f\tau}d\tau=\int_{-\infty}^{\infty}P(f'')Q_0(f'-f'')df''$$

ここに, Q_0 は箱型ラグウインドー W_0 に対応するスペクトルウインドー (図 11.6) である.

$$Q_0(f)=2\tau_m\left(\frac{\sin 2\pi f\tau_m}{2\pi f\tau_m}\right)$$

また, 推定スペクトル $\hat{P}(f)$ は $\tilde{P}$ とスペクトルウインドー Q との convolution である.

$$\hat{P}(f)=\int_{-\infty}^{\infty}\tilde{P}(f')Q(f-f')df'$$
$$=\int_{-\infty}^{\infty}\int_{-\infty}^{\infty}P(f'')Q(f-f')Q_0(f'-f'')df'df''$$
$$=\int_{-\infty}^{\infty}P(f-\nu)Q_*(\nu)d\nu$$

ここに, $f''=f-\nu$, $f-f'=\sigma$

$$Q_*(\nu)=\int_{-\infty}^{\infty}Q_0(\nu-\sigma)Q(\sigma)d\sigma$$

すなわち, 箱型ラグウインドーに対応するスペクトルウインドー Q_0 をフィルター $Q(f)$ で平滑化した新たなスペクトルウインドー $Q_*(f)$ を真のスペクトルに作用させることに相当する. 一般に, ラグウインドーの重複操作はスペクトルウインドーの convolution に対応する.

$$W_i\cdot W_j\longleftrightarrow Q_i*Q_j$$

ラグウインドー W_j が $\cos\left(\frac{j\pi\tau}{\tau_m}\right)$ ($|\tau|<\tau_m$) の項 (の和) で表わされるときは,

$$W_0\cdot W_j=W_j\longleftrightarrow Q_0*Q_j=\frac{1}{2}\left[Q_0\left(f+\frac{j}{2\tau_m}\right)+Q_0\left(f-\frac{j}{2\tau_m}\right)\right]$$

例えば, ハニングは前項より $W_j=\sum a_j\cos\left(\frac{j\pi\tau}{\tau_m}\right)$ であるから

$$Q_*=\frac{1}{4}Q_0\left(f-\frac{1}{2\tau_m}\right)+\frac{1}{2}Q_0(f)+\frac{1}{4}Q_0\left(f+\frac{1}{2\tau_m}\right)$$

11.2.5 スペクトルの等価自由度

生データの有限フーリエ変換から, 定義に従って求められる推定スペクトルは, §11.3.1 で指摘するように自由度が $k=2$ の χ^2-分布に従い, その相対誤差 (C.V.) は 100% である.

$$\text{C. V.}=\sqrt{2/k}\to 1 \tag{11.68}$$

相関関数からスペクトルを推定するのに適当なウインドー操作を行なうと，スペクトル推定の変異係数式 (11.52), (11.66) を減少させ得る．これは自由度 k が増加したことに相当する．したがって式(11.26a)と(11.52) の比較から，平滑化されたスペクトルの等価自由度 k を次のように定義できる．

■
$$k = 2TB_e \approx \frac{2T}{\tau_m} \tag{11.69}$$

$$= \frac{B_e}{\Delta f} \tag{11.70}$$

ここに，Δf は基本周波数幅(elementary frequency bands)で有効記録長を T とするとき

$$\Delta f = \frac{1}{2T} \tag{11.71}$$

である．つまり，式 (11.69), (11.70) の表現は平滑化の等価周波数幅 B_e に含まれる基本周波数 Δf の数としての自由度を意味している．あるいは，平滑化の周波数幅が B_e であることは，基本時間幅(fundamental time increment) が $1/2B_e$ であることであるから，時間 0 から T までの間に含まれる基本時間幅の数が等価自由度 k であると考えてもよい．

■ 等価自由度 $(k) = \dfrac{\text{等価平滑化周波数幅}(B_e)}{\text{基本周波数}(\Delta f)}$ (11.72)

$$= \frac{\text{記録長}(T)}{\text{基本時間幅}(1/2B_e)} \tag{11.73}$$

11.2.6 クロススペクトルの推定誤差

上に述べたとほぼ同様な議論がクロススペクトルについても展開できる．相互相関は $\tau = 0$ に最大値がないのが普通であるから，ラグウインドーも $W(\tau - \tau_0)$ のようにずらして用いる必要がある．

11.3 直接法・FFT によるスペクトルの推定誤差

11.3.1 自由度，変異係数

第6章に述べたように，定常エルゴードな時系列 $x(t)$ のスペクトルは次式により求められる．

$$P(f) = \lim_{T \to \infty} \frac{1}{T} E[|X(f)|^2] \tag{11.74}$$

11.3 直接法・FFTによるスペクトルの推定誤差

ここに, $X(f)$ は高速フーリエ変換 (FFT) 等による $x(t)$ の直接フーリエ変換である.

$$X(f) = \int_0^T x(t) e^{i2\pi ft} dt$$
$$= \int_0^T x(t) \cos 2\pi ft dt + i \int_0^T x(t) \sin 2\pi ft dt$$
$$= X_R(f) + i X_I(f)$$
$$|X(f)|^2 = X_R^2(f) + X_I^2(f)$$

もし, $x(t)$ が正規分布ならば, フーリエ変換は線型変換であるから $X_R(f) \cdot X_I(f)$ は, 互いに独立で平均値が0でかつ相等しい分散をもつ正規分布変数となる. したがって, 推定スペクトル $\hat{P}(f)$ は平均値が0のGauss分布に従う互いに独立な二つの変数の2乗和 $(X_R^2(f)/T + X_I^2(f)/T)$ である. これは§11.2.1の議論から自由度2の χ^2-分布に従う. 式 (11.26) から, 推定スペクトルの変異係数 (C.V.), すなわち正規化された標準偏差は

$$\text{C. V.} = \frac{\sigma[\hat{P}(f)]}{\mu[\hat{P}(f)]} = \sqrt{\frac{2}{k}} = 1 \qquad (11.75)$$

である. つまり, FFTなど直接フーリエ変換による推定スペクトルの相対誤差は記録長 T に無関係に100%に及ぶ. このため, いくら T を増加しても単純に式 (11.76)

$$\tilde{P}(f) = \frac{1}{T} |X(f)|^2 \qquad (11.76)$$

でスペクトルを計算しても安定なものとはならない. T の増加は(スペクトルの最小周波数, 周波数幅 Δf を小さくし), 単に周波数成分の数を増すに過ぎない.

11.3.2 アンサンブル平均による平滑化

いま全データ長 T を長さ T_m の m 個区間に分割 $(T=mT_m)$ すれば, 各区間で求められる周波数 f の実部および虚部 $X_{Rj}(f), X_{Ij}(f)$ $(j=1,2,\cdots,m)$ は互いに独立で平均値が0の ($x(t)$ がGauss分布ならばこれも) Gauss分布に従うランダム変数である. したがって, これらの2乗和

$$\sum_{j=1}^{m} \{X_{Rj}^2(f) + X_{Ij}^2(f)\} = \sum_{j=1}^{m} |X_j(f)|^2$$

は，自由度

$$k = 2m \tag{11.77}$$

の χ^2-分布となる．したがって，各区間の生スペクトル $\tilde{P}_j(f)$ の平均値 $\hat{P}(f)$

$$\begin{aligned}\hat{P}(f) &= \sum_{j=1}^{m} \tilde{P}_j(f)/m \\ &= \sum_{j=1}^{m} |X_j(f)|^2/mT_m \\ &= \sum_{j=1}^{m} |X_j(f)|^2/T\end{aligned}$$

の変異係数は

$$\text{C. V.}\,[\hat{P}(f)] = \sqrt{\frac{1}{m}} \tag{11.78}$$

である．

式 (11.77) と等価自由度と等価バンド幅の関係(式(11.69))

$$k = 2TB_e, \quad T = mT_m$$

から，統計平均による平滑化の B_e は

$$B_e = \frac{1}{T_m} \tag{11.79}$$

となる．

11.3.3 ウインドーによる平滑化

一方，生のスペクトル推定値 $\tilde{P}(f)$ にスペクトルウインドー(平滑化ウインドー)を作用させて，平滑化を行なってもよい．

$$\hat{P}(f) = \int_{-\infty}^{\infty} \tilde{P}(f-f')Q(f')df' \tag{11.80}$$

長さ T の記録から求められる最小周波数 $f_{\min}$ は $1/T$ であり，スペクトルを求める周波数の間隔 Δf を $f_{\min}$ と等しくとるから

$$\Delta f = f_{\min} = \frac{1}{T} \tag{11.81}$$

したがって，式 (11.80) は式 (11.82) となる．

$$\hat{P}(f) = \sum_{i=-n}^{n} Q_i \tilde{P}(f + i\Delta f) \tag{11.82}$$

平滑化の周波数幅 B_e は Δf の $2n$ 倍

$$B_e = (2n)\Delta f = \frac{2n}{T} \qquad (11.83)$$

である.式 (11.68) より等価自由度および変異係数は

$$k = 2TB_e$$

$$= \frac{2B_e}{\Delta f} = 2(2n)$$

■ $\quad$ C. V. $[\hat{P}(f)] = \sqrt{\dfrac{2}{k}} = \sqrt{\dfrac{1}{TB_e}}$

ある周波数 f でのスペクトルの推定に周波数幅 B_e の内にある Δf 間隔の $2\cdot(B_e/\Delta f)$ 個のデータを用いるのであるから,自由度は当然 $2B_e/\Delta f$ である.

以上の議論から明らかなように,区間を m 個に分けてそれぞれの区間の生スペクトルの統計平均からスペクトルを推定する方法も,全区間のデータから生スペクトルを求め,これにウインドーを作用させるのも同等の統計処理となっている.

11.4 離散化にともなう誤差

いま,確率変量 $x(t)$ が Δt 間隔で読み取られているとしよう.この時には相関関数 $C(\tau)$ は $\tau = n\Delta t$ (n:整数) でしか求められないから,スペクトル $\tilde{P}(f)$ は

$$\tilde{P}(f) = \Delta \tau \sum_{n=-\infty}^{\infty} e^{-i2\pi f n \Delta \tau} C(n\Delta \tau) \qquad (11.84)$$

である.また,上式のフーリエ変換により $C(n\Delta\tau)$ は

$$C(n\Delta\tau) = \int_{-\frac{1}{2\Delta\tau}}^{\frac{1}{2\Delta\tau}} e^{i2\pi f n \Delta \tau} \tilde{P}(f) df \qquad (11.85)$$

である.他方,真のスペクトル $P(f)$ と $C(\tau)$ との関係は

$$C(n\Delta\tau) = \int_{-\infty}^{\infty} e^{i2\pi f n \Delta \tau} P(f) df$$

$$= \left(\cdots + \int_{-\frac{3}{2\Delta\tau}}^{-\frac{1}{2\Delta\tau}} + \int_{-\frac{1}{2\Delta\tau}}^{\frac{1}{2\Delta\tau}} + \int_{\frac{1}{2\Delta\tau}}^{\frac{3}{2\Delta\tau}} + \cdots \right) e^{i2\pi f n \Delta \tau} P(f) df$$

$$= \int_{-\frac{1}{2\Delta\tau}}^{\frac{1}{2\Delta\tau}} \left[\sum_{k=-\infty}^{\infty} e^{i2\pi (k/\Delta\tau + f) n \Delta \tau} P\left(\frac{k}{\Delta\tau} + f\right) \right] df$$

$$= \int_{-\frac{1}{2\Delta\tau}}^{\frac{1}{2\Delta\tau}} e^{i2\pi f n \Delta \tau} \left[\sum_{k=-\infty}^{\infty} P\left(\frac{k}{\Delta\tau} + f\right) \right] df \qquad (11.86)$$

である.

式 (11.85) と (11.86) とを比較すれば, データを $\Delta\tau$ 間隔で離散的に読み取って求められるスペクトル $\tilde{P}(f)$ と真のスペクトル $P(f)$ との関係は

$$\tilde{P}(f) = \sum_{k=-\infty}^{\infty} P\left(\frac{k}{\Delta\tau}+f\right)$$
$$= P(f) + P(2f_N - f) + P(2f_N + f) + P(4f_N - f)$$
$$+ P(4f_N + f) + \cdots \qquad (11.87)$$

となる. ここに,

$$f_N = \frac{1}{2\Delta\tau} \qquad (11.88)$$

上式はデータが $\Delta\tau$ 間隔で読み取られる場合とか, あるいは, 計算の都合で $C(\tau)$ が $\Delta\tau$ 間隔でしか与えられない場合には真のスペクトルではなく $\tilde{P}(f)$ が求められ, 真のスペクトルと $2f_N = 1/\Delta\tau$ の整数倍だけ異なった周波数が同一視されることを示している. 簡単な一例を示すと, 図 11.8 のように周期 1/4 sec の正弦波を $\Delta t = 0.2$ sec で読み取ると周期 1 sec の波に見えることになる. ちょうど, ストロボスコープの光で速い回転体を照らすと回転が遅くなったり, 止まったりして見えるのと同じである. この現象を**別名あるいはエイリアシン**

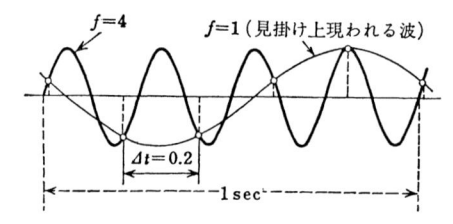

図 11.8 正弦波のサンプリングにともなうエイリアシング

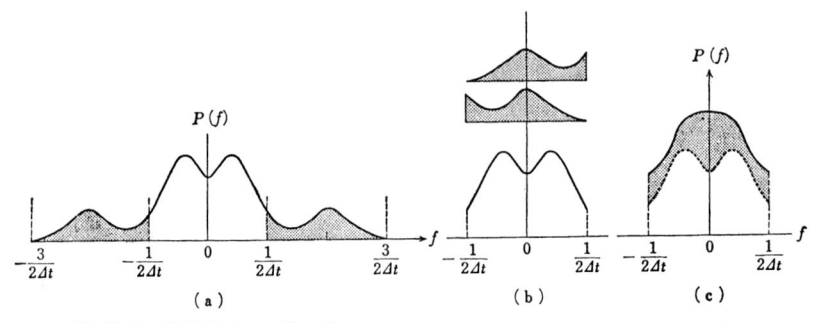

図 11.9 離散的データ読み取りによるエイリアシングと Nyquist 周波数 ($f_N = 1/(2\Delta t)$) (赤池による)

グ(aliasing)と呼んでいる．

また，周波数 $f_N=1/2\varDelta\tau$ を折り重ね周波数(folding frequency)あるいは **Nyquist frequency** と呼んでいる．これは，$\tilde{P}(f)$ が $P(f)$ に f の $1/2\varDelta\tau$ 間隔ごとに縦の折り目を入れて折り重ねたものとして与えられることを示している(図11.9)．データの読み取り間隔の選定には，考察の対象となる f の範囲内にこの折り重ねの影響が著しく現われない程度に $\varDelta\tau$ を小さく取ることが必要である．

なお，FFT 法の場合の離散化誤差については力石・光易(1973)に触れられている．

11.5 サンプリング効果

ランダム変動の測定を行なうさいに，われわれは測定上の制約にともなう二つの誤差から逃れることはできない．それらは

・測定器の感度による誤差

・測定時間の長さによる誤差

である．

測定器が慣性のために微細な変動に追随できずに生じる誤差については多言を要しないであろう．そこで，最初に測定時間(記録時間・サンプリング時間)の長さによる誤差について考察し，次に平滑化誤差について考える．

これまで述べてきたスペクトルの計算では，変動の平均値は一応わかっていて，それからの変動値の時系列データが与えられたときに，それからスペクトルを推定することであった．

しかし，変動の中心軸がいつも明確に与えられているとは限らない．例えば，図 11.10 に模式的に示す変動記録について考えよう．いま，観測がたまたま区間 a–b で行なわれたとすれば変動成分はこの区間の平均からの振れで比較的小さい．同じ長さの別の区間 (a′–b′, a″–b″) を選んでも事情は同じである．より長い区間 A–B をとると，変動の中心軸はずれて変動幅は短い区間のそれよりも一般に大きくなる．これとても，もっと長い区間の一部でしかない．一般に，区間の長さが長くなれば区間平均値からの変動幅は大きくなる．これは

図 11.10

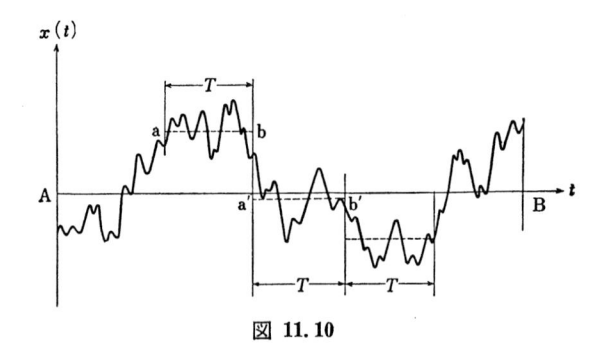

記録長を長くすれば，より大きなスケールの変動が観測されるからと説明される．対象としているランダム変動のスケールに比べて十分長い区間をとってはじめてこうした誤差はなくなる．

普通の工学上の問題では，観測時間の長さが十分ではなくそのためにスペクトル推定に歪みを生じるということは少ないであろう．というのは，例えば管路や水路の流れをとると，流体の運動は壁と壁との間に制限されるから長さのスケールは高々このオーダーで比較的小さく，したがって変動の時間的スケール（～［長さのスケール］／［速度のスケール］）も比較的短い．また，ダムやビルのような構造物では，時間のスケールの目安である固有振動周期は高々"分"とか"秒"のオーダーでやはり短いからである．

しかしながら，われわれの日常生活に関連深い気象現象では，秒以下の微細な周期変動から1年を周期とする変動，さらにもっと長周期の変動というように様々な時間スケールの変動が含まれている．しかも，すべての周期の変動が連続的に分布しているのではなく，いくつかの特徴的な周波数にスペクトルピークをもっている．図11.11 は Van der Hoven (1957) や光田 (1975) による長周期域も含む風速変動のスペクトルの測定の例である．これによれば，風速変動には，いわゆる風の息にあたる数十秒から1, 2分の周期，地球の日周運動による1日程度の周期，高気圧や低気圧の通過に対応する4〜5日の周期のところにスペクトルピークが存在している．

こうした計測にともなうスペクトル推定の歪みの問題について, Kahn (1957) は連続記録の有限間隔ごとの平均化の影響を論じ，小倉 (1958) はサンプリング

11.5 サンプリング効果

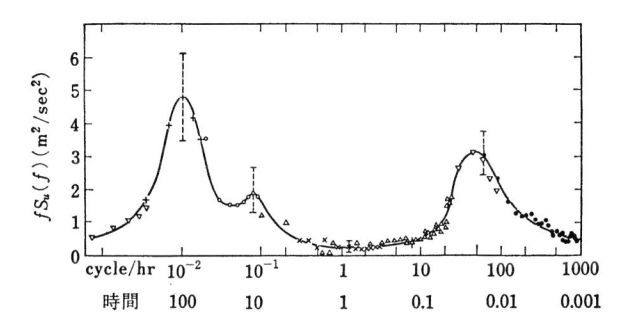

(a) 地表付近の風速変動スペクトル (Van der Hoven, 1957)

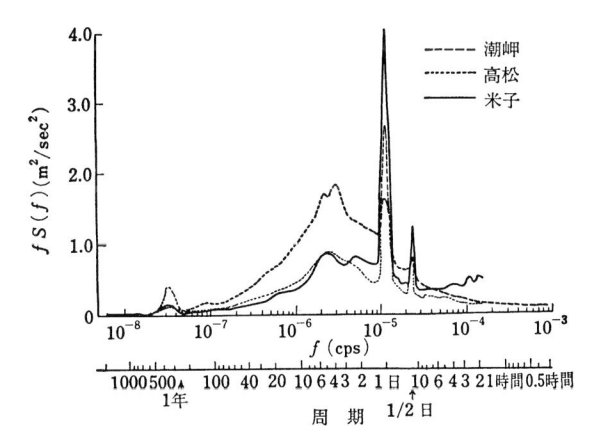

(b) 風速変動の長周期成分 (光田 寧, 森 征洋, 1975)

図 11.11

長さの効果について示し, Smith (1962) はより一般的にこれらの関係を表わす式を導いた.

有限記録長さによる誤差: まず, 最初にサンプリング長さの影響について考える. サンプリングを長さTで打ち切ると, 平均値は

$$\{v(t)\}_T = \frac{1}{T}\int_{-T/2}^{T/2} v(t+\xi)\,d\xi \tag{11.89}$$

と表わされる. ここにtは任意に選ばれた検査時間あるいは距離である. したがって, 平均値からの変動分$v_{T'}$は

$$v_{T'}(t+\xi) = v(t+\xi) - \frac{1}{T}\int_{-T/2}^{T/2} v(t+\eta)\,d\eta \tag{11.90}$$

である．時刻 t を中心とする長さ T の区間の自己相関関数は，ラグ τ のほか t にも関係する．

$$C(\tau, t) = \frac{1}{T} \int_{-T/2}^{T/2} v_T'(t+\xi) v_T'(t+\xi+\tau) d\xi \qquad (11.91)$$

時刻 t は任意であるから，$C(\tau, t)$ を t について平均すると，自己相関関数（サンプリング長さ T についての多数の自己相関関数の平均）は，

$$\overline{C_T(\tau)} = \lim_{A \to \infty} \frac{1}{A} \int_{-A/2}^{A/2} C(\tau, t) dt \qquad (11.92)$$

である．一方，無限長さの記録についての相関関数 $C_\infty(\tau)$ は

$$C_\infty(\tau) = \lim_{A \to \infty} \frac{1}{A} \int_{-A/2}^{A/2} v'(t) v'(t+\tau) dt \qquad (11.93)$$

$$v'(t) = v(t) - \bar{v}$$

である．これらの関係から

$$\overline{C_T(\tau)} = C_\infty(\tau) - \frac{1}{T^2} \int_0^T (T-\xi) \{C_\infty(\xi+\tau) + C_\infty(\xi-\tau)\} d\xi \qquad (11.94)$$

と書ける．一方，自己相関とスペクトルの関係は，

$$C_\infty(\tau) = \int_0^\infty E_\infty(f) \cos(2\pi f \tau) df \qquad (11.95)$$

$$\overline{C_T(\tau)} = \int_0^\infty E_\infty(f) \left[1 - \frac{\sin^2 \pi f T}{(\pi f T)^2}\right] \cos(2\pi f \tau) df \qquad (11.96)$$

式 (11.95) と (11.96) とを比較すれば，有限のサンプリング長さの影響は，もとのスペクトルに低周波数カットオフフィルター

$$[1 - (\sin^2 \pi f T)/(\pi f T)^2] \qquad (11.97)$$

を掛けることに相当し，ほぼ周波数 $1/2T$ より低い周波数の変動が除去されることを意味する．

平均化誤差：同様にして，不規則変動を長さ s の区間ごとに平均して読み取ることは，もとのスペクトルに高周波数カットオフフィルター（ほぼ周波数 $1/2s$ より高い成分が除去される）

$$\frac{\sin^2 \pi f s}{(\pi f s)^2} \qquad (11.98)$$

を掛けることに相当することが導かれる．

以上の二つの操作を同時に行なえば，測定される変動の 2 乗平均 $\sigma_{T, s}^2$ は，

11.5 サンプリング効果

次のように表わされる (Smith (1962)).

$$\sigma_{T,s}^2 = \lim_{A\to\infty}\frac{1}{A}\int_{-A/2}^{A/2}\frac{1}{T}\int_{\tau-\frac{T}{2}}^{\tau+\frac{T}{2}}\Big[\frac{1}{s}\int_{t-\frac{s}{2}}^{t+\frac{s}{2}}v(\xi)d\xi - \frac{1}{T}\int_{t-\frac{T}{2}}^{t+\frac{T}{2}}\frac{1}{s}\int_{\tau-\frac{s}{2}}^{\tau+\frac{s}{2}}v(\zeta)d\zeta dr\Big]^2 dt d\tau \quad (11.99)$$

上式に二,三の変数変換を行ない,相関とスペクトルの関係を用いて整理すると,

$$\sigma_{T,s}^2 = \int_0^\infty E_\infty(f)\Big[1-\frac{\sin^2\pi fT}{(\pi fT)^2}\Big]\frac{\sin^2\pi fs}{(\pi fs)^2}df \quad (11.100)$$

を得る.したがって,間隔 s ごとの平均としてデータを読み取り,サンプリング長さを T に区切ることはもとの変動に帯域フィルター

$$G(f;T,s) = \Big[1-\frac{\sin^2\pi fT}{(\pi fT)^2}\Big]\frac{\sin^2\pi fs}{(\pi fs)^2} \quad (11.101)$$

を掛けることに相当する(図 11.12).つまり,高周波数側は長さ s ごとの平滑化による $1/2s$ 以上の周波数の高周波カットオフフィルターとして作用し,低周波数側は測定記録長の不足による $1/2T$ 以下の周波数の低周波カットオフフィルターとして働く.

なお,互いに重複しない区間 s について平滑化を行う場合には

(a) サンプリング効果 ($T=100$ s)

(b)

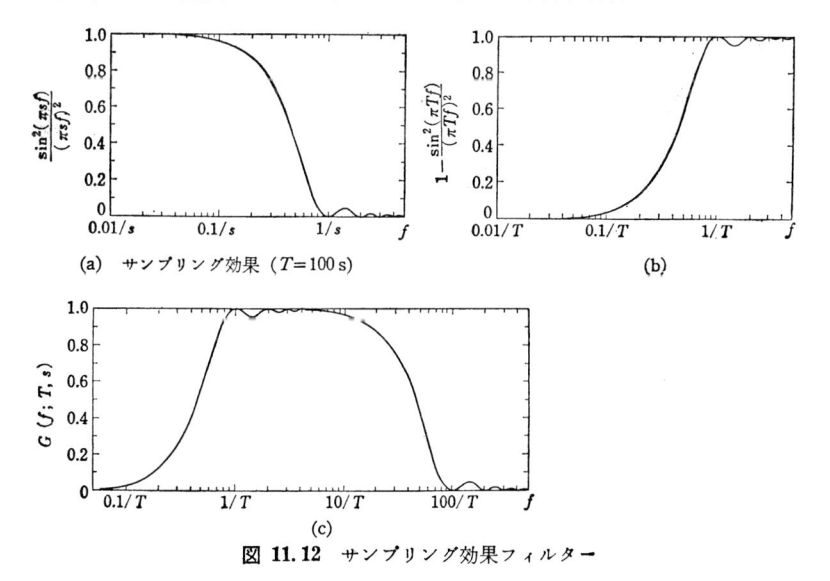

(c)

図 11.12 サンプリング効果フィルター

$$\sigma_{T,s}{}^2 = \int_0^\infty E_\infty(f) \left(\frac{\sin^2 \pi fs}{(\pi fs)^2} - \frac{\sin^2 \pi fT}{(\pi fT)^2} \right) df$$

となる．上式は $T \gg s$ のとき式 (11.100) のように近似できる．

　実際に観測時間の長さが問題となるのは，時間スケールの大きな変動現象である．風の乱れの強さ $\overline{u'^2}$ や煙の拡がり幅 $\sqrt{\overline{Y^2}}$ は，それぞれサンプリング時間 T の 2/3 乗および 1/2 乗に比例して増大することはよく知られている．

12. データ処理の手法

　ランダム現象のデータが与えられたとき，第I部で述べたスペクトルに関する諸理論式を単純にこれらのデータにあてはめただけでは正しいスペクトルは得られない．それどころか，むしろ奇妙な結果を得ることがしばしばある．正しいスペクトル推定値を得るためには，誤差論や情報理論に基づく計算手法に従ってデータ処理を行なわなければならない．これまでに提案されているスペクトルの推定法として Blackman-Tukey 法，FFT 法，最大エントロピー法 (MEM) あるいは自己回帰式法がある．

　これらについて順次その歴史的背景と具体的な計算手順，プログラム，計算例について述べるが，これに先立って著者が学生らのプログラム作成指導を通して得た"プログラム三原則"について記する．

12.1　プログラム三原則

　プログラム作成を職業としない一般の方々に対するプログラミングの方針を述べよう．それは次のように3点に要約できる．
  (1) 主プログラムは計算の骨格がわかる程度のごく簡単なもの——サブルーチンの呼び出しのみ——とせよ．
  (2) 一つのサブルーチンの長さは，プログラムリスト1頁以内にとどめよ．
  (3) プログラムは巧妙さをさけ，平易さを尊べ．

　この三原則は，人間の頭脳が一度に把握し追跡しうる対象容量に限度があり，また，コンピューターよりも人間頭脳の方が高価であるという認識に立てば了解が得られよう．コンピューターの machine time やカード枚数をけちるよりも，プログラミングの思考時間を削るよう方針を立てるべきである．

12.2 Blackman-Tukey 法

現実の様々な現象のスペクトル解析に際して,誤差論に基づいた合理的なスペクトル計算法として最初に (1950年代後半に) 提案されたのが通信理論に基づく Blackman-Tukey 法である.この頃には IBM 650 や TAC 等初歩的ながらプログラム内蔵式の高速コンピューターが実用化され,それまでは思いもよらなかった厖大な統計処理による相関やスペクトルの計算が可能になりつつあった.同時に電子計測器なども一般的な計測器として普及しはじめていたし,ランダムデータの統計処理による乱流運動の研究,なかんずく米・ソ・日・豪における大気乱流の実験的研究が盛期を迎えはじめていた.

しかしながら,Wiener-Khintchine の関係式による単純なスペクトル演算が思わぬ奇妙な結果(スペクトルの変動が激しい, 負のスペクトルが現われる等)を与え研究者達を悩ませていた.こうした時機に発表され,とくに気象関係の研究者を介してわが国に紹介された Blackman-Tukey 法は安定した合理的な結果を導く解析法として注目され,各分野に普及して行った.

Blackman-Tukey 法は,次に述べる FFT や MEM が開発された今日ではいささか古い方法となってしまったが,計算の原理が明確でプログラム上もとくに困難な点がない上,分解能がやや低くなり勝ちではあるが安定したスペクトル推定が可能であるので,現在なお利用されている.

B-T 法によるスペクトル解析では,第11章のデータ処理の理論 (§11.2)にもとづいて,まずデータの読み取り間隔やデータ長の決定が必要であり,次にトレンドの除去とプリホワイトニングの前処理を行ない,その後,本計算に入る.

12.2.1 Blackman-Tukey 法によるデータ処理の設計[*]

(i) **読み取り間隔の決定**　解析すべき現象の中に含まれる各成分のうちの最大周波数を f_{max} (最小周期を $1/f_{max}$) とすれば,データの読み取り間隔 $\varDelta t$ はエイリアシングの影響を避けるよう――つまり Nyquist 周波数

---

[*] 本章では記述の混乱をさけるためにスペクトルはすべて,周波数 f に関する two-sided spectrum として定義し,記号 $P(f)$ で表わす.すなわち,正の周波数域でのスペクトルの積分値は変動量の2乗平均の 1/2 である $\left[\int_0^\infty P(f)df = \overline{x^2}/2 = C(0)/2\right]$.

12.2 Blackman-Tukey 法

$$f_N = \frac{1}{2\varDelta t}$$

が $f_{\max}$ より大きくなるように次のように選ぶ必要がある．

$$\varDelta t \leq \frac{1}{2f_{\max}} \quad (12.1)$$

理論的には 1 サイクルに 2 点の割でとればよいのであるが，よりよい結果を得るためには $\varDelta t$ をさらに細かくすることが望ましい．

(ii) **ラグの決定** スペクトルの分解幅として B_e を選ぶならば，相関関数を求める最大のずらしの数(maximum number of correlation lag) $m = \tau_m / \varDelta t$ を式 (11.65) より

$$m = \frac{1}{B_e \varDelta t} \quad (12.2)$$

とする．

(iii) **データ数の決定** スペクトル推定値の正規化された標準偏差(C.V.)を ε に選定すれば，読み取りデータの全個数 N は $[\text{C.V.}]^2 = \text{Var}/\text{Ava} \approx \tau_m / T$ の関係(式(11.66))から

$$N = \frac{m}{\varepsilon^2} \quad (12.3)$$

したがって，最小記録長 T は次のようになる．

$$T = N\varDelta t = \frac{m}{\varepsilon^2} \varDelta t \quad (12.4)$$

(iv) **分解能と安定度** スペクトル計算の標準偏差 ε と自由度 k は，それぞれ次のようになる．

$$\varepsilon = \sqrt{\frac{m}{N}} = \sqrt{\frac{1}{B_e T}} \quad (12.5)$$

$$k = 2B_e T = \frac{2N}{m} \quad (12.6)$$

したがって，B_e を小さくとって分解能をよくすると推定精度すなわち安定度が悪化し，スペクトル推定の自由度は低下する．かといってラグの値 m を極端に小さくして安定度を上げると，分解能 B_e が低下しスペクトルの平滑化によるかたよりが強くなってしまう．このような場合には全データ数 N を十分大きくとることが必要である．

おおよその目安として，全データ数 N はラグ m の 10 倍かそれ以上(m は N の 10% 程度かそれ以下)にするとよい．

$$N \geq 10\,m \tag{12.7}$$

N がそれ以下のときは，スペクトル推定値の安定度は低下する．

12.2.2 Blackman-Tukey 法によるスペクトルの計算

かたよりのあるデータについては，必要に応じて (i), (ii) の前処理を行なったのちスペクトルの本計算を行なう．

(i) **トレンドの除去**　観測しようとする現象の周波数よりもはるかに低周波数の変動成分をトレンドまたはドリフト (trend, drift) という．トレンドがある場合には，フィルターによって，低周波成分を除去しておかなければならない．

リニヤトレンド：　観測している現象の記録がリニヤトレンドを含み

$$u(t) = \bar{u} + \bar{\alpha}_u\left(t - \frac{T}{2}\right) + x(t) \tag{12.8}$$

であれば，平均勾配 $\bar{\alpha}_u$ を次式より決定し，変動分 $x(t)$ を計算する．

$$\left.\begin{aligned}\bar{\alpha}_u &= \frac{1}{\Delta t \nu (N-\nu)}\left[\sum_{k=N-\nu}^{N} u_k - \sum_{k=1}^{\nu} u_k\right] \\ &= \frac{1}{\Delta t (N-\nu)}[\bar{u}_- - \bar{u}_+] \\ \nu &= \frac{N}{3}\end{aligned}\right\} \tag{12.9}$$

ここに，$\bar{u}_+, \bar{u}_-$ はそれぞれ u の前あるいは後の 1/3 の平均値である．

多項式トレンド：　トレンド u_n を多項式

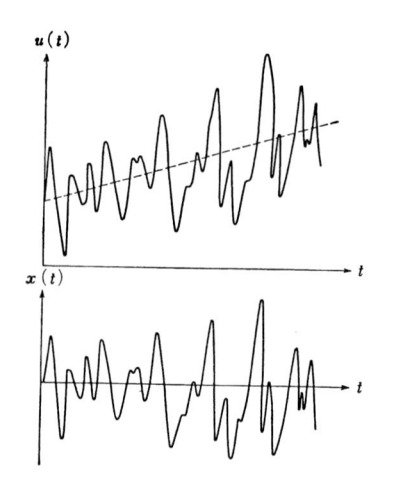

図 12.1　トレンドの除去

$$\hat{u}_n = \sum_{p=0}^{P} \beta_p (n\Delta t)^p \qquad (p = 0, 1, \cdots, P) \tag{12.10}$$

で内挿するときには，係数 β_p は，最小 2 乗原理 $Q(\beta) = \sum \{u_n - \hat{u}_n\}^2 \to \min$ より決定する．このとき β_p は $\partial Q/\partial \beta_p = 0$ より次の $P+1$ 個の方程式で求まる．

12.2 Blackman-Tukey 法

$$\sum_{p=0}^{P} \beta_p \sum_{n=1}^{N} (n\Delta t)^{p+l} = \sum_{n=1}^{N} u_n(n\Delta t) \qquad (l=0,1,\cdots,P) \qquad (12.11)$$

(ii) **プリホワイトニング** 解析しようとする現象に強い周期性があるとか，対象とする周波数範囲のエネルギーレベルの変化が大きい場合には，§10.6.3 で述べた方法にしたがって数値化されたデータにプリホワイトニング (prewhitening, 白色化)の操作をほどこして，あらかじめスペクトルを平坦化するようにする．例えば，スペクトルが $f=0$ から $f=f_N=1/(2\Delta t)$ までに実質的に減衰するようなデータの解析の際には

$$\tilde{x}_n = x_n - 0.6 x_{n-1} \qquad (12.12)$$

程度のフィルター操作を行なう．これは，生のスペクトル $\tilde{P}(f)$ に

$$|A(f)|^2 = 1.36 - 1.20 \cos 2\pi f \Delta t \qquad (12.13)$$

を掛けプリホワイトニングしたことに相当する．

(iii) **相関関数の計算** 次式によりスペクトル計算のための相関関数を計算する．生の相関関数を計算することが目的である場合に，前段階のトレンドの除去およびプリホワイトニングの操作は不要である．

$$\tilde{C}_r = \tilde{C}(r\Delta t) = \frac{1}{N-r} \sum_{k=1}^{N-r} \tilde{x}_k \tilde{x}_{k+r} - \left(\frac{1}{N}\sum_{k=1}^{N} \tilde{x}_k\right)^2 \qquad (12.14)$$

$$(r=0,1,2,\cdots,m)$$

(iv) **フーリエ変換** フーリエの有限離散 cosine 変換を次式により行なう．

$$\tilde{V}_r = \tilde{V}\left(\frac{rf_N}{m}\right) = \left[\tilde{C}_0 + 2\sum_{q=1}^{m-1} \tilde{C}_q \cos\left(\frac{qr\pi}{m}\right) + \tilde{C}_m \cos r\pi\right]\Delta t \qquad (12.15)$$

(v) **スペクトルウインドーによる平滑化** ハニングあるいはハミングなどスペクトルウインドーによりスペクトルの平滑化を行ない，スペクトル推定誤差を少なくする．例えば，ハニングでは，

$$\left.\begin{aligned}\bar{P}_0 &= 0.5\tilde{V}_0 + 0.5\tilde{V}_1 \\ \bar{P}_r &= P\left(\frac{rf_N}{m}\right) = 0.25\tilde{V}_{r-1} + 0.5\tilde{V}_r + 0.25\tilde{V}_{r+1} \\ &\qquad (1\leq r \leq m-1) \\ \bar{P}_m &= 0.5\tilde{V}_{m-1} + 0.5\tilde{V}_m\end{aligned}\right\} \qquad (12.16)$$

このウインドーを掛ける操作は，ここで行なう代りに (iii) の段階でラグウ

インドーを用いて行なってもよい．

$$\bar{P}_r = \left[\tilde{C}_0 + 2\sum_{q=1}^{m-1} D_q \tilde{C}_q \cos\left(\frac{\pi rq}{m}\right) \right] \Delta t \qquad (12.16\text{ a})$$

(vi) 復色（プリホワイトニングの修正）　(ii) の段階でプリホワイトニングの操作を行なったならば，元のデータのスペクトルを得るための修正すなわち復色 (recolour) を行なう必要がある．

復色のやり方はプリホワイトニングに対応して決まる．(ii) で例示したプリホワイトニングに対しては，

$$\left. \begin{aligned} \hat{P}_0 &= \frac{N}{N-m} \frac{1}{1.36 - 1.20 \cos(2\pi/6m)} \bar{P}_0 \\ \hat{P}_r &= \frac{1}{1.36 - 1.20 \cos(2r\pi/2m)} \bar{P}_r \qquad (1 \le r \le m-1) \\ \hat{P}_m &= \frac{1}{1.36 - 1.20 \cos(1-1/6m)2\pi} \bar{P}_m \end{aligned} \right\} \qquad (12.17)$$

スペクトルは周波数

$$f = r\Delta f, \qquad \Delta f = \frac{1}{2(m\Delta t)} \qquad (12.18)$$

の点で求まる．

12.2.3　自己相関関数の推定法

有限な離散的なデータから直接的に自己相関関数を推定するのに次の四つの方法がある．最も広く用いられているのは，式 (12.14) のようにラグ τ ($=r\Delta t$) だけ離した場合の互いに重複する区間を利用するものである．

$$\tilde{C}(r\Delta t) = \frac{1}{N-r} \sum_{i=1}^{N-r} x(i) x(i+r) \qquad (12.19)$$

いま一つは，データのない重複区間は $x_i = 0$ として積和区間の間隔はすべて $N\Delta t = T$ とする方法である．

$$\tilde{C}(r\Delta t) = \frac{1}{N} \sum_{i=1}^{N} x(i) x(i+r) \qquad (12.20)$$

ただし，

$$x(i) = 0 \qquad (i > N) \qquad (12.21)$$

この定義は赤池などが用いており，また次々節に述べる MEM の Yule-Walker アルゴリズムでスペクトルの推定誤差の少ない相関推定法であるといわれる．

ほかの一つは，データをサイクリックに用いるものである．

$$\tilde{C}(r\Delta t) = \frac{1}{N}\sum_{i=1}^{N} x(i)x(i+r) \tag{12.22}$$

ただし，

$$x(i) = x(N+i) \tag{12.23}$$

最後に，Burg による MEM では，このように測定範囲外のデータに仮定を用いることを止め，情報エントロピーを最大にする条件から相関関数を推定している．

12.2.4 相互相関とクロススペクトルの計算

（i）**相互相関の計算** 自己相関およびスペクトルの計算の場合と同様に，希望する分解能 $B_e=1/m\Delta t$ および自由度の数 $2N/m$ から最大ラグ数 m を定める．

変量 x_n, y_n の平均値が 0 で，リニアトレンドを含まなければ，相互相関関数 $C_{xy}(\tau)$ $(\tau = r\Delta t)$ は次式で求められる．

$$\left.\begin{aligned} C_{xy}(r\Delta t) &= \frac{1}{N-r}\sum_{n=1}^{N-r} x_n y_{n+r} \\ C_{yx}(r\Delta t) &= \frac{1}{N-r}\sum_{n=1}^{N-r} y_n x_{n+r} \end{aligned}\right\} \tag{12.24}$$

もし，変量 $u(t) \cdot v(t)$ がリニアトレンドを残しておれば，x, y を次式で計算すればよい．

$$\left.\begin{aligned} u(t) &= \bar{u} + \bar{\alpha}_u\left(t - \frac{T}{2}\right) + x(t) \\ v(t) &= \bar{v} + \bar{\alpha}_v\left(t - \frac{T}{2}\right) + y(t) \quad (0 \leq t \leq T) \end{aligned}\right\} \tag{12.25}$$

($\bar{\alpha}_u, \bar{\alpha}_v$ は式 (12.9) で与えられる．)

（ii）**クロススペクトルの計算** クロススペクトル密度関数 $\varGamma_{xy}(f)$ は上に求めた相互相関関数のフーリエ変換として計算される．ただ，この際注意しなくてはならないのは，相互相関関数は自己相関関数と異なり，一般には $\tau=0$ に関して対称ではない点である．そのためラグウインドーの中心を相互相関の最大の位置に移す操作が必要となる．

相互相関が最大となる τ の値を τ_0 として，$A_{xy}(r\Delta t) \cdot B_{xy}(r\Delta t)$ を次式で求める．

$$A_{xy}(r\varDelta t) = \frac{1}{2}[C_{xy}(r\varDelta t+\tau_0)+C_{yx}(r\varDelta t-\tau_0)] \\ B_{xy}(r\varDelta t) = \frac{1}{2}[C_{xy}(r\varDelta t+\tau_0)-C_{yx}(r\varDelta t-\tau_0)]\} \quad (12.26)$$

コスペクトル$\widetilde{K}$およびクオドラチャスペクトル$\widetilde{Q}_k$の粗い推定は，$f=kf_N/m$ ($k=0, 1, 2, \cdots, m$)の周波数に対してそれぞれ次式で与えられる．

$$\widetilde{K}_k = \widetilde{K}_{xy}\left(\frac{kf_N}{m}\right) = \varDelta t\left[A_0 + 2\sum_{r=1}^{m-1}A_r\cos\left(\frac{\pi rk}{m}\right)+(-1)^k A_m\right] \\ \widetilde{Q}_k = \widetilde{Q}_{xy}\left(\frac{kf_N}{m}\right) = 2\varDelta t\sum_{r=1}^{m-1}B_r\sin\left(\frac{\pi rk}{m}\right)\} \quad (12.27)$$

ハニング法により$\widetilde{K}_{xy}, \widetilde{Q}_{xy}$を平滑化すれば，

$$\bar{K}_0 = 0.5\widetilde{K}_0 + 0.5\widetilde{K}_1 \\ \bar{K}_k = 0.25\widetilde{K}_{k-1} + 0.5\widetilde{K}_k + 0.25\widetilde{K}_{k+1} \quad (k=1, 2, \cdots, m-1) \\ \bar{K}_m = 0.5\widetilde{K}_{m-1} + 0.5\widetilde{K}_m \quad\} \quad (12.28)$$

$$\bar{Q}_0 = 0.5\widetilde{Q}_0 + 0.5\widetilde{Q}_1 \\ \bar{Q}_k = 0.25\widetilde{Q}_{k-1} + 0.5\widetilde{Q}_k + 0.25\widetilde{Q}_{k+1} \quad (k=1, 2, \cdots, m-1) \\ \bar{Q}_m = 0.5\widetilde{Q}_{m-1} + 0.5\widetilde{Q}_m \quad\} \quad (12.29)$$

最後に，移動によるひずみを直して，コスペクトルおよびクオドラチャスペクトルは

$$\hat{K}_k = \bar{K}_k\cos\left(\frac{2\pi kf_N\tau_0}{m}\right) - \bar{Q}_k\sin\left(\frac{2\pi kf_N\tau_0}{m}\right) \\ \hat{Q}_k = \bar{K}_k\sin\left(\frac{2\pi kf_N\tau_0}{m}\right) + \bar{Q}_k\cos\left(\frac{2\pi kf_N\tau_0}{m}\right)\} \quad (12.30)$$

となる．

(iii) **コヒーレンスの計算**　コヒーレンスやフェイズを求める際のウインドーには，HanningやHammingよりは，ParzenフィルターD_Pが好ましい結果を与える．

$$D_P(k) = \begin{cases} 1-6\left(\frac{k}{m}\right)^2 + 6\left(\frac{k}{m}\right)^3 & \left(k=0, 1, 2, \cdots, \frac{m}{2}\right) \\ 2\left(1-\frac{k}{m}\right)^3 & \left(k=\frac{m}{2}+1, \cdots, m\right) \\ 0 & (k>m) \end{cases} \quad (12.31)$$

このとき，$\bar{K}_k, \bar{Q}_k, \hat{P}_k$ ($\hat{P}_{x,k}$ および $\hat{P}_{y,k}$) は次式により計算する．

$$\begin{aligned}
\bar{K}_k &= \bar{K}_{xy}\left(\frac{kf_N}{m}\right) = \Delta t\left[A_0 + 2\sum_{r=1}^{m-1} D_{P,r} A_r \cos\left(\frac{\pi rk}{m}\right)\right] \\
\bar{Q}_k &= \bar{Q}_{xy}\left(\frac{kf_N}{m}\right) = 2\Delta t\sum_{r=1}^{m-1} D_{P,r} B_r \sin\left(\frac{\pi rk}{m}\right) \\
\hat{P}_k &= 2\Delta t\left[C_0 + \sum_{r=1}^{m-1} D_{P,r} C_r \cos\left(\frac{\pi rk}{m}\right)\right]
\end{aligned} \quad (12.32)$$

Parzen ウインドーでは，コヒーレンスが理論上の要請どおりに±1の範囲におさえられるが Hanning ウインドーでは変動幅はこれより大きくなる．

コヒーレンスとフェイズはそれぞれ次式により計算される．

$$\mathrm{Coh}_{xy,k}^2 = \frac{\hat{K}_k^2 + \hat{Q}_k^2}{\hat{P}_{x,k}\hat{P}_{y,k}} \quad (12.33)$$

$$\theta_{xy,k} = \tan^{-1}\left(\frac{\hat{Q}_k}{\hat{K}_k}\right) \quad (12.34)$$

12.2.5 B-T法によるスペクトル計算プログラム

B-T 法によるスペクトル計算の手順を示したフローチャートが 図12.2である．§ 12.1 で注意したプログラム二原則に従って作成した B-T 法スペクトルの計算プログラムを章末に載せる．用いられている主な記号は以下のとおりである．

表 12.1 Blackman-Tukey 法の記号

X (I)	入力データ
C (I)	自己相関関数
FR (I)	周波数
NMAX	データ総数
LAG	最大ラグ数
DT	データ間隔
FC	エイリアシングの影響を避けられる最小周波数
BE	スペクトルの分解幅
EP	スペクトル推定値の正規化された標準偏差
XX (I)	プリホワイトニングしたデータ
X (I)	平均値を除去したデータ
C (J)	自己相関関数
C (I)	リニアトレンドを除去した自己相関関数
V (J)	C (I) のフーリエ変換
P (J)	V (J) の Hanning による平滑化
V (J)	復色したスペクトル (two-sided スペクトル)
E (J)	one-sided スペクトル

12. データ処理の手法

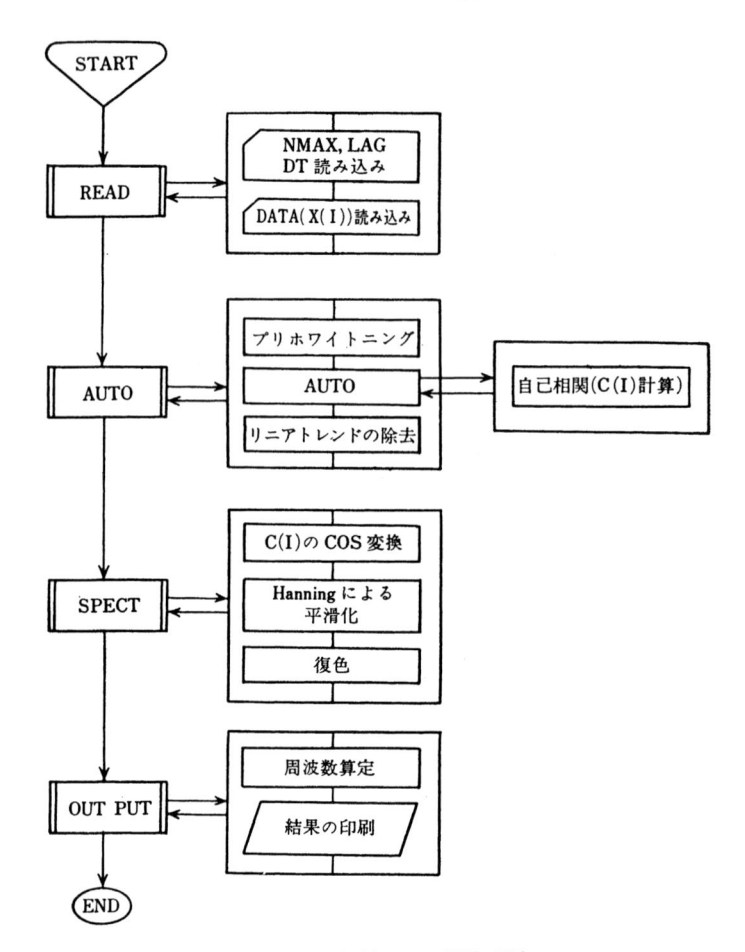

```
START
  ↓
READ ←→ ┌ NMAX, LAG DT 読み込み
        └ DATA(X(I))読み込み
  ↓
AUTO ←→ ┌ プリホワイトニング
        │ AUTO ←→ 自己相関(C(I)計算)
        └ リニアトレンドの除去
  ↓
SPECT ←→ ┌ C(I)のCOS変換
         │ Hanningによる平滑化
         └ 復色
  ↓
OUT PUT ←→ ┌ 周波数算定
           └ 結果の印刷
  ↓
END
```

図 12.2 B-T 法による計算手順

使用例 第10章でつくったランダム変動のシミュレーションデータのスペクトルをB-T法プログラムで計算する。シミュレーションデータを用いるのは，あらかじめスペクトル形を与えてつくったデータであるので，計算結果の妥当性が容易に検討できるからである。

与えられるデータ数 N と読み取り間隔 Δt は

$$N = 512$$

$$\Delta t = 0.1 \text{ (sec)}$$

である。したがって，Nyquist 周波数 f_N と基本周波数幅 Δf は，それぞれ

$$f_N = 1/(2\Delta t) = 5 \text{ (Hz)}$$

$$\Delta f = 1/T = 1/(512 \times 0.1) = 0.0195$$

ラグ m を 64, 128 に選ぶとき，変異係数 ε, 自由度 k, 等価分解幅 B_e, 生のスペクトルを平滑化する個数 $B_e/\Delta f$ はそれぞれ次のようになる．

[$m=64$]

$$\varepsilon = \sqrt{m/N} = \sqrt{64/512} = 1/2\sqrt{2}$$

$$k = \frac{2N}{m} = \frac{2 \times 512}{64} = 16$$

$$B_e = \frac{1}{m\Delta t} = \frac{1}{64 \times 0.1} = 0.15625$$

$$\frac{B_e}{\Delta f} = \frac{N\Delta t}{m\Delta t} = 8$$

[$m=128$]

$$\varepsilon = \sqrt{128/512} = 0.5$$

$$k = \frac{2 \times 512}{128} = 8$$

$$B_e = \frac{1}{128 \times 0.1} = 0.078125$$

$$\frac{B_e}{\Delta f} = 4$$

図 12.3 に計算結果を示す．図中 W-K 法とは Wiener-Khintchine の関係式により直接計算したものである．

最大ラグ数を増すとスペクトル分解能はよくなるが，推定の精度・安定性が低下することがわかる．とくに最大ラグ数の大きい W-K 法では安定度の低下が顕著である．最大ラグ数を小さくとると分解能が落ちスペクトルのピークなども現われなくなって不適当となる．W-K 法では計算過程で自己相関も得られており，結果は図 12.10 のようになる．

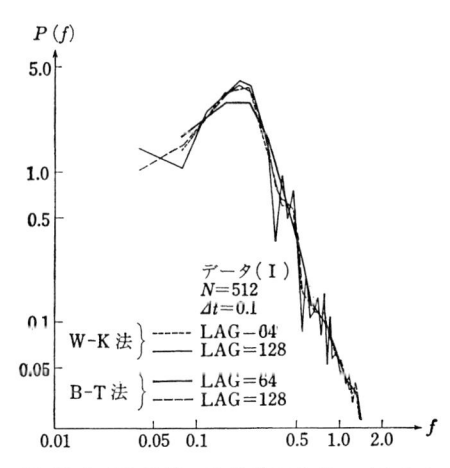

図 12.3 W-K 法・B-T 法によるスペクトル

12.3 FFT 法

前述のように Blackman-Tukey 法によりランダムデータの合理的処理が可能になり，種々の不規則現象の解析がすすんだ．しかし，高速大容量の電子

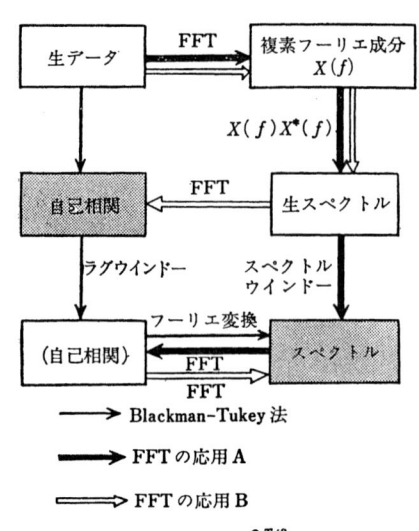

計算機といえどもデータ数が千のオーダーになると統計計算の演算時間は急激に増大し，長時間計算機を稼かすことが必要になる．一方，エレクトロニックスの進歩により1960年代以後大量の良質のデータを収集することが容易になり，そのため処理時間の短いスペクトル計算法が求められるようになった．ちょうどこうした時期にCooley と Tukey (1965年) により，計算時間を驚異的に短縮する計算法が発表され，大きな反響を巻き起こした．この方法は**高速フーリエ変換**(fast Fourier transform) 略して **FFT** と呼ばれる．

$$\begin{cases} ① \text{複素フーリエ成分}: X(f) = \int_{-T/2}^{T/2} x(t) e^{-i2\pi f t} dt \\ ② \text{パワースペクトル}: P(f) = X(f) \cdot X^*(f)/T \\ ③ \text{自己相関}: C_{xx}(\tau) = \int_{-\infty}^{\infty} P(f) e^{-i2\pi f t} dt \end{cases}$$

図 12.4 FFT の応用によるスペクトルおよび相関の計算

FFT はまず電気技術者の間に広まり，またたく間に B–T 法にとって代るようになった．

FFT は本来有限離散データのフーリエ成分を迅速に求めるアルゴリズムで，スペクトル推定法そのものではない．FFT を応用してスペクトルを求めるには相関関数を経ることなしに，定義に従い直接スペクトルが計算される．自己相関はやはり Wiener-Khintchine の関係を利用するが B–T 法とは逆にスペクトルの FFT として求められる．

12.3.1　FFT のアルゴリズム

長さ N の時系列 $x_0, x_1, \cdots, x_{N-1}$ の有限余弦フーリエ変換および有限正弦フーリエ変換は次のように表わされる．

$$A_k = \frac{2}{N} \sum_{j=0}^{N-1} x_j \cos \frac{2\pi}{N} kj \quad (k=0, 1, \cdots, N/2) \tag{12.35}$$

$$B_k = \frac{2}{N} \sum_{j=0}^{N-1} x_j \sin \frac{2\pi}{N} kj \quad (k=1, 2, \cdots, N/2-1) \tag{12.36}$$

12.3 FFT法

ここで，A_k, B_k の複素結合として新たに C_k を次のように定義する．

$$C_0 = A_0/2, \quad C_{N/2} = A_{N/2} \tag{12.37a}$$

$$\left.\begin{array}{l} C_k = (A_k - iB_k)/2 \\ C_{N-k} = (A_k + iB_k)/2 \end{array}\right\} \quad \left(0 < k < \frac{N}{2}\right) \tag{12.37b}$$

式 (12.37 a, b) をまとめて

$$C_k = \frac{1}{N} \sum_{j=0}^{N-1} x_j e^{-i(2\pi/N)kj} \quad (k = 0, 1, \cdots, N-1) \tag{12.38}$$

と書くことができる．C_k は有限複素フーリエ変換である．

上式の逆変換は

$$x_j = \sum_{k=0}^{N-1} C_k e^{i(2\pi/N)jk} \quad (j = 0, 1, \cdots, N-1) \tag{12.39}$$

である．

$N=8$ の場合について，有限複素フーリエ変換を考察してみる．式 (12.38) と (12.39) とは互いにフーリエ変換の関係にあるから，いまここでは式 (12.39) について取り扱う．

$$W = e^{i(2\pi/8)} = \cos\frac{\pi}{4} + i\sin\frac{\pi}{4}$$

とおく．

W は1の8乗根である．$W^2 = i$，$W^4 = -1$，$W^5 = -W$，$W^6 = -i$，$W^7 = -W^3$ に注意すれば，式 (12.39) は次のように書ける．

$$\begin{bmatrix} x_0 \\ x_1 \\ x_2 \\ x_3 \\ x_4 \\ x_5 \\ x_6 \\ x_7 \end{bmatrix} = \begin{bmatrix} 1 & 1 & 1 & 1 & 1 & 1 & 1 & 1 \\ 1 & W & W^2 & W^3 & W^4 & W^5 & W^6 & W^7 \\ 1 & W^2 & W^4 & W^6 & W^8 & W^{10} & W^{12} & W^{14} \\ 1 & W^3 & W^6 & W^9 & W^{12} & W^{15} & W^{18} & W^{21} \\ 1 & W^4 & W^8 & W^{12} & W^{16} & W^{20} & W^{24} & W^{28} \\ 1 & W^5 & W^{10} & W^{15} & W^{20} & W^{25} & W^{30} & W^{35} \\ 1 & W^6 & W^{12} & W^{18} & W^{24} & W^{30} & W^{36} & W^{42} \\ 1 & W^7 & W^{14} & W^{21} & W^{28} & W^{35} & W^{42} & W^{49} \end{bmatrix} \begin{bmatrix} C_0 \\ C_1 \\ C_2 \\ C_3 \\ C_4 \\ C_5 \\ C_6 \\ C_7 \end{bmatrix}$$

$$= \begin{bmatrix} 1 & 1 & 1 & 1 & 1 & 1 & 1 & 1 \\ 1 & W & i & W^3 & -1 & -W & -i & -W^3 \\ 1 & i & -1 & -i & 1 & i & -1 & -i \\ 1 & W^3 & -i & W & -1 & -W^3 & i & -W \\ 1 & -1 & 1 & -1 & 1 & -1 & 1 & -1 \\ 1 & -W & i & -W^3 & -1 & W & -i & W^3 \\ 1 & -i & -1 & i & 1 & -i & -1 & i \\ 1 & -W^3 & -i & -W & -1 & W^3 & i & W \end{bmatrix} \begin{bmatrix} C_0 \\ C_1 \\ C_2 \\ C_3 \\ C_4 \\ C_5 \\ C_6 \\ C_7 \end{bmatrix} \quad (12.40)$$

この行列の列を入れかえて，$0, 2, 4, 6$ と $1, 3, 5, 7$ に対応するものに分解し，$W^3 = iW$ に注意すれば，

$$\begin{bmatrix} x_0 \\ x_1 \\ x_2 \\ x_3 \\ x_4 \\ x_5 \\ x_6 \\ x_7 \end{bmatrix} = \begin{bmatrix} D_0 + D_4 \\ D_1 + W D_5 \\ D_2 + i D_6 \\ D_3 + W^3 D_7 \\ D_0 - D_4 \\ D_1 - W D_5 \\ D_2 - i D_6 \\ D_3 - W^3 D_7 \end{bmatrix} \quad (12.41)$$

$$\begin{bmatrix} D_0 \\ D_1 \\ D_2 \\ D_3 \end{bmatrix} = T \begin{bmatrix} C_0 \\ C_2 \\ C_4 \\ C_6 \end{bmatrix}, \quad \begin{bmatrix} D_4 \\ D_5 \\ D_6 \\ D_7 \end{bmatrix} = T \begin{bmatrix} C_1 \\ C_3 \\ C_5 \\ C_7 \end{bmatrix} \quad (12.42)$$

$$T = \begin{bmatrix} 1 & 1 & 1 & 1 \\ 1 & i & -1 & -i \\ 1 & -1 & 1 & -1 \\ 1 & -i & -1 & i \end{bmatrix}$$

となる．式 (12.42) の計算は虚数単位を掛けるだけであるから，結局，加算と減算だけである．つまり，式 (12.39) の計算を単純な 2 段の計算——式 (12.41)，(12.42) に分解したことになり演算が容易になった．式 (12.38) の計算も同様

12.3 FFT法

にして簡単な計算に分解しうる.

以上の計算方法を一般化すれば，標本数 N を二つの正整数の積の形に

$$N = P \cdot Q \tag{12.43}$$

分解できるものとし，整数 j と k を

$$j = \hat{q}P + \hat{p}, \quad k = pQ + q \tag{12.44}$$

のような形に書く．ここに，$\hat{p}, \hat{q}, p, q$ は整数で次の値のいずれかとなる．

$$p, \hat{p} = 0, 1, 2, \cdots, P-1; \quad q, \hat{q} = 0, 1, 2, \cdots, Q-1$$

したがって，$C_k = C(pQ+q)$ と書ける．式 (12.39) は，

$$\begin{aligned}
x(\hat{q}P+\hat{p}) &= \sum_{q=0}^{Q-1}\sum_{p=0}^{P-1} C(pQ+q)\exp\left[i2\pi\left\{\frac{(\hat{q}P+\hat{p})(pQ+q)}{PQ}\right\}\right] \\
&= \sum_{q=0}^{Q-1}\sum_{p=0}^{P-1} C(pQ+q)\exp\left[i2\pi\left\{\hat{q}p+\frac{\hat{p}p}{P}+\frac{\hat{q}q}{Q}+\frac{\hat{p}q}{PQ}\right\}\right]^{*)} \\
&= \sum_{q=0}^{Q-1}\sum_{p=0}^{P-1} C(pQ+q)\exp\left[i2\pi\left\{\frac{\hat{p}p}{P}+\frac{q\hat{q}}{Q}+\frac{\hat{p}q}{PQ}\right\}\right] \\
&= \sum_{q=0}^{Q-1}\exp\left[i2\pi\left\{\frac{\hat{q}q}{Q}+\frac{\hat{p}q}{PQ}\right\}\right]\sum_{p=0}^{P-1} C(pQ+q)\exp\left[\frac{i2\pi\hat{p}p}{P}\right]
\end{aligned}$$
$$\tag{12.45}$$

と変形できる．この式は，まず $C(pQ+q)$ について

$$D_{\hat{p}}(q) = \sum_{p=0}^{P-1} C(pQ+q)\exp\left[\frac{i2\pi\hat{p}p}{P}\right] \tag{12.46}$$

$$(\hat{p} = 0, 1, \cdots, P-1; q = 0, 1, \cdots, Q-1)$$

の変換を行ない，次に

$$x(\hat{q}P+\hat{p}) = \sum_{q=0}^{Q-1} D_{\hat{p}}(q)\exp\left[i2\pi\left\{\frac{\hat{q}q}{Q}+\frac{\hat{p}q}{PQ}\right\}\right] \tag{12.47}$$

$$(q = 0, 1, \cdots, Q-1; \hat{p} = 0, 1, \cdots, P-1)$$

の変換を行なうことを意味している．このような分解により演算回数は，第 1 段が $P \cdot Q \cdot P = NP$，第 2 段が $P \cdot Q \cdot Q = NQ$ で合計 $N' = N(P+Q)$ 回となる．これに対しもとの式 (12.39) で直接計算すれば N^2 回であって，N が大きいほど FFT の計算速度は相対的に速くなる．さらに上のような演算法を繰り返して用いれば，例えば $N = P^l$ と分解できれば，$N' = N(P+P+\cdots) = NlP$，l

---

*) $\exp(i2\pi \cdot I) = 1$, $I = \hat{q}p$: 整数

$=\log_P N$ であるから演算回数の比は

$$\frac{N'}{N^2} = \frac{PN\log_P N}{N^2} = \frac{P}{\log_2 P} \cdot \frac{\log_2 N}{N} \qquad (12.48)$$

となる．この値は $P=3$ のとき最小で，N が十分大きければ $P/\log_2 P=1.89$ であるが，実際計算手順では，$P=4(P/\log_2 P=2.0)$ のときが最も有利である．実数関数の FFT については，複素フーリエ係数が共役性をもつことから計算時間を半分にすることができる (Bergland, 1968).

以上の説明は，生のデータの直接的フーリエ変換法について述べたが，スペクトルは本書の最初 (§1.4) に記したスペクトルの定義から明らかなように，フーリエの正弦変換と余弦変換のそれぞれの係数の2乗和に相当し，また，§11.3 に述べたような統計処理上の注意も必要である．

なお，FFTのプログラムは多くの計算センターのサブルーチンライブラリーにはいっているので，それを利用してもよい．

注意 $x_i (i=1, 2, \cdots, N)$ の FFT の結果メモリーには $i=1, 2, \cdots, [N/2]$ までは $x(i)$ のフーリエ変換 $X(i)$ が入っているが，残り $i=N/2+1, \cdots, N$ には FFT アルゴリズムの関係から $X(N-i+1)$ が書き込まれていることに注意しなければならない．もし，この部分のフーリエ変換が必要ならば，$x_{N+1}, x_{N+2}, \cdots,$ x_{2N} にすべて 0 を入れてデータ数を $2N$ としたのち FFT をほどこせばよい．この結果，基本周波数は $\Delta f = 1/2T$ と半分になり，フーリエ変換は細かな f の間隔で求められるだけで，結果には変りはない．

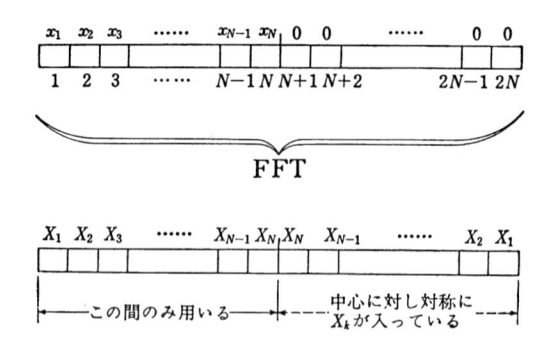

図 12.5 ゼロデータを補って総データ数を2倍にした場合の FFT

12.3.2 FFT によるスペクトルと相関関数

スペクトル　ランダム変数 $x(t)$ のフーリエ変換を $X(f)$ とする.

$$X(f)=\int_0^\infty x(t)e^{-i2\pi ft}dt \tag{12.49}$$

$N(=2^p;p:$ 正の整数$)$ 個のデータ $x(j)$ $(j=0,1,2,\cdots,N-1)$ が与えられたとき, この有限離散化フーリエ変換を $X(k)$ とする.

$$\begin{aligned}X(k)&=\sum_{j=0}^{N-1}x(j)\exp\left[-i2\pi\cdot\frac{k}{T}\cdot\frac{jT}{N}\right]\cdot\frac{T}{N}\\&=\sum_{j=0}^{N-1}x(j)\exp\left[-i2\pi\frac{jk}{N}\right]\cdot\frac{T}{N}\end{aligned} \tag{12.50}$$

$$(k=0,1,2,\cdots,N/2)$$

ここに,

$\Delta t=T/N$

$\Delta f=1/T$

$t=j\Delta t=j(T/N)$

$f=k\Delta f=k/T=k/(N\Delta t)$

$f_N=N/(2T)=1/(2\Delta t)$　　　(Nyquist 周波数)

なお, 周波数範囲 f が Nyquist 周波数 f_N より小さいという条件から, k の範囲は次のように決まる.

$$|k|\leq\frac{N}{2} \tag{12.51}$$

すなわち, FFT により求められるフーリエ成分の個数は, 総データ数の半分となる.

通常 FFT のプログラムでは $\Delta t\,(=T/N)$ を省略した演算

$$A_k+iB_k=\sum_{j=0}^{N-1}x(j)\left[\cos\left(2\pi j\frac{k}{N}\right)+i\sin\left(2\pi j\frac{k}{N}\right)\right] \tag{12.52}$$

が実行される. したがって, $X(k)=X_r(f)+iX_i(f)$ の実数部と虚数部はそれぞれ A_k と B_k に T/N あるいは $(-T/N)$ を乗じたものである.

$$X_r(k)=\frac{T}{N}A_k$$

$$X_i(k)=-\frac{T}{N}B_k$$

定義(式(1.32))によりスペクトルは$x(t)$のフーリエ変換から次式で与えられる.

$$\tilde{P}\left(\frac{k}{T}\right)=\frac{1}{T}E[X(k)X^*(k)]$$

$$=\frac{1}{T}E[|X(k)|^2]$$

あるいは,

$$\tilde{P}\left(\frac{k}{T}\right)=\frac{T}{N^2}E[A_k{}^2+B_k{}^2]$$

$$=\frac{\varDelta t}{N}E[A_k{}^2+B_k{}^2]$$

ここに,Eはアンサンブル平均を意味する.

スペクトル計算の手順　FFT法によるスペクトルの推定は次の手順で行なわれる.

（1）データ数の決定：データ数Nを2のベキ乗に選ぶ.

$$N=2^p \quad (p:整数) \tag{12.53}$$

FFT演算は任意の数のデータに対して可能であるが,普通のプログラムライブラリーに用意されているサブルーチンは$N=2^p$ (p:整数)の場合である.もし,データがこの数と一致しなければ,データの一部を削るかあるいはデータの後部に0のデータを加えておく.0データを加えてデータ長をT'とするとスペクトルが求められる周波数間隔は$\varDelta f'=1/T'$と細かくなるが,非零区間の長さは変らないから$x(f)$について前と同じフーリエ変換が行なわれる.

（2）滑らかなデータウインドー：フーリエ変換の積分が$[0, T]$（または,$[-T/2, T/2]$）の有限区間で行なわれることは,無限に長いデータ$x(t)$に箱型のデータウインドー

$$W_u(t)=\begin{cases}0 & (t<0 \text{ または } t<-T/2) \\ 1 & (0\leq t\leq T \text{ または } -T/2<t<T/2) \\ 0 & (T<t \text{ または } T/2<t)\end{cases}$$

を掛けることであり,その結果真のフーリエ変換を大きな負の裾部をもつスペクトルウインドー

$$Q_u(f)=\int_{-\infty}^{\infty}W_u(t)e^{-i2\pi ft}dt$$

12.3 FFT法

$$= T\left(\frac{\sin \pi fT}{\pi fT}\right)$$

で歪ませることに相当する.

$$\tilde{X}(f) = \int_{-\infty}^{\infty} x(t) W_u(t) e^{-i2\pi ft} dt$$

$$= \int_{-\infty}^{\infty} X(f') Q_u(f-f') df'$$

より望ましいデータウインドーとして Bingham, Godfrey and Tukey は, データの初めと終り 1/10 ずつの部分に cosine 型の滑らかなデータウインドー $W_c(t)$ を掛けてから FFT を行なうことを提案している.

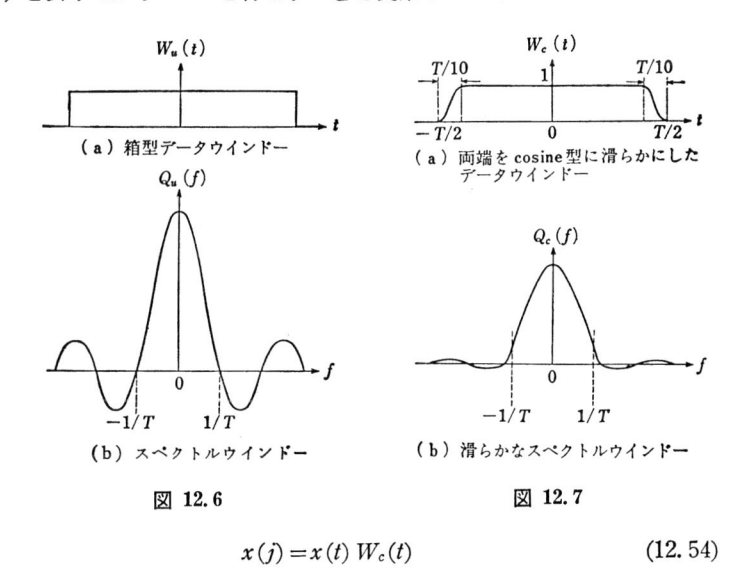

図 12.6

（a）箱型データウインドー
（b）スペクトルウインドー

図 12.7

（a）両端を cosine 型に滑らかにしたデータウインドー
（b）滑らかなスペクトルウインドー

$$x(j) = x(t) W_c(t) \tag{12.54}$$

この結果, スペクトルウインドーの大きな負の裾はほぼ消えてしまう. ただし, その結果として元のデータ $x(j)$ の変動強さ $\overline{x^2}$ は 0.875 倍に押えられるので, 次項で求められるスペクトル $\tilde{P}$ を

$$\mu = \left[\frac{1}{T}\int_{-T/2}^{T/2} W_c^2(t) dt\right]^{-1} = \frac{1}{0.875}$$

倍しなければならない.

(3) FFTによる生のスペクトル：$x(j)$ の FFT より求まる実数部 A_k と虚数部 B_k から生のスペクトル $\tilde{P}$ を計算する.

$$\tilde{P}\left(\frac{k}{T}\right)=\frac{\Delta t}{N}[A_k{}^2+B_k{}^2] \qquad (12.55)$$

もし，データウインドーを用いたならば，結果を修正する．

$$\mu\tilde{P}\left(\frac{k}{T}\right)\to\tilde{P}\left(\frac{k}{T}\right)$$

(4) 生スペクトルの平滑化：こうして得られた生の FFT スペクトルは等価周波数バンド幅が $B_e=1/T$ であるので $B_e\approx1/\tau_{max}$ の B-T 法の場合に比べて推定誤差が大きく，一般に激しい振動を示す．これは高周波数のところでとくに著しい．分散の少ないスペクトル推定値を求めるには，次の平滑化操作のいずれか一つもしくは二つ以上の操作を行なう．これにより変異係数はともに C. V. $=\sqrt{1/M}$ (C. V. $=\sqrt{1/l}$) に減少する．

ⓐ **統計平均**：同一条件のもとで得られる M 回の測定結果の平均値をとる．

$$\hat{P}\left(\frac{k}{T}\right)=\frac{1}{M}\sum_{m=1}^{M}\tilde{P}_m\left(\frac{k}{T}\right) \qquad (12.56)$$

ⓑ **分割平均**：全データを l 個の部分に分割し，その各々の区間の FFT スペクトル $\tilde{P}(f)$ の平均をとる．

$$\hat{P}\left(\frac{k}{T}\right)=\frac{1}{l}\left[\tilde{P}_1\left(\frac{k}{T}\right)+\tilde{P}_2\left(\frac{k}{T}\right)+\cdots+\tilde{P}_l\left(\frac{k}{T}\right)\right] \qquad (12.57)$$

ⓒ **周波数平滑**：スペクトルウインドー $Q(f)$ による平滑化を行なう．

$$\hat{P}\left(\frac{k}{T}\right)=\sum_{k'}Q(k-k')\tilde{P}\left(\frac{k'}{T}\right) \qquad (12.58)$$

例えば，$l=(2l'+1)$ 個の生の FFT スペクトルの単純平均をとる．

$$\hat{P}\left(\frac{k}{T}\right)=\frac{1}{l}\Big[\tilde{P}\left(\frac{k-[l/2]}{T}\right)+\tilde{P}\left(\frac{k-[l/2]+1}{T}\right)$$
$$+\cdots+\tilde{P}\left(\frac{k+[l/2]}{T}\right)\Big] \qquad (12.59)$$

あるいは $f=k/T$ を中心とする三角形ウインドーも用いられる (Singleton and Poulter, 力石・光易).

$$\hat{P}(k)=\frac{1}{l'^2}\sum_{j=-l'+1}^{l'-1}(l'-|j|)\tilde{P}\left(\frac{k-j}{T}\right)$$

以上の計算手順をフローチャートにまとめて図 12.8 に示す．

相関関数　　従来のスペクトル計算法 (Blackman-Tukey 法) では最初に相

12.3 FFT法

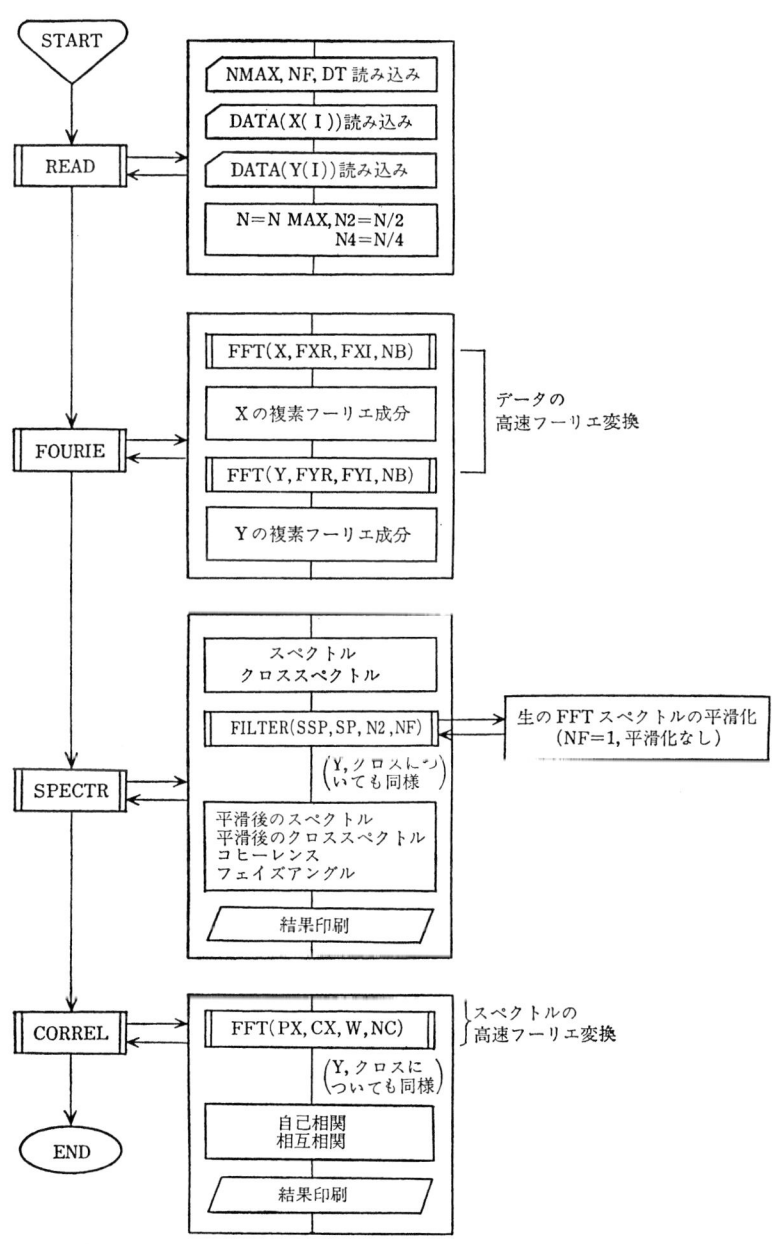

```
START
  ↓
READ ─→ NMAX, NF, DT 読み込み
        DATA(X(I)) 読み込み
        DATA(Y(I)) 読み込み
        N=N MAX, N2=N/2
        N4=N/4
  ↓
FOURIE ─→ FFT(X, FXR, FXI, NB)  ┐
          Xの複素フーリエ成分    │ データの
          FFT(Y, FYR, FYI, NB)  │ 高速フーリエ変換
          Yの複素フーリエ成分    ┘
  ↓
SPECTR ─→ スペクトル
          クロススペクトル
          FILTER(SSP, SP, N2, NF) ─→ 生のFFTスペクトルの平滑化
                                      (NF=1, 平滑化なし)
          (Y, クロスについても同様)
          平滑後のスペクトル
          平滑後のクロススペクトル
          コヒーレンス
          フェイズアングル
          結果印刷
  ↓
CORREL ─→ FFT(PX, CX, W, NC)   ┐ スペクトルの
          (Y, クロスについても同様) ┘ 高速フーリエ変換
          自己相関
          相互相関
          結果印刷
  ↓
END
```

図 12.8 FFT法による計算手順(クロススペクトル計算も含む)

関関数を求めるが，FFT 法ではまずスペクトルを求め，次にこのフーリエ変換として同様に FFT を用いて相関関数を計算する．データ数が多くなるにつれて，B-T 法では相関関数の演算時間が急増するが，FFT 法は相関演算が不用となり計算時間が大幅に短縮される．

$$C(\tau) = 2\int_0^\infty \hat{P}(f)\cos(2\pi f\tau)\,df \qquad (12.60)$$

ここで，$P(f)$ が two-sided spectrum として定義されているゆえ $[-\infty, 0]$ の範囲の分を考慮して右辺に 2 を掛けた．

FFT スペクトル $P(f)$ のデータ数を N'，f の最大値を f_{max} とすれば，上式の離散化形は，

$$C(k'\varDelta\tau') = 2\sum_{j=0}^{N'-1}\hat{P}(j)\cos\left(2\pi \cdot \frac{k'}{f_{max}} \cdot \frac{jf_{max}}{N'}\right)\varDelta f \qquad (12.61)$$
$$(k'=0, 1, 2, \cdots, [N'/2])$$

となる．FFT スペクトルの計算において，f_{max} は Nyquist 周波数に選んである．また，$f \leq f_{max}$ の条件からスペクトルが求められる周波数の個数は全データ数の半分となっている．したがって

$$f_{max} = 1/2\varDelta t = N/2T,$$
$$N' = N/2$$
$$\varDelta f = f_{max}/N' = 1/T$$
$$f = j\varDelta f = j(f_{max}/N') \qquad (12.62)$$

また，式 (12.61) において右辺の項の中の k'/f_{max} が $\tau = k'\varDelta\tau'$ に対応することから次の関係が導かれる．

$$\left.\begin{array}{l}\tau = k'\varDelta\tau' = k'/f_{max}\\ \quad = k'(2\varDelta t)\\ \varDelta\tau' = 2\varDelta t\end{array}\right\} \qquad (12.63)$$

すなわち，τ のきざみ幅はデータ読み取り間隔 $\varDelta t$ の 2 倍である．

したがって，FFT による自己相関関数は，

$$C(2k'\varDelta t) = 2\varDelta f A_{k'}$$
$$\quad = \frac{2}{T}A_{k'} \qquad (k'=0, 1, 2, \cdots, N'/2=N/4) \qquad (12.64)$$

ここに，$A_{k'}$：$\hat{P}(f)$ の FFT の実数部．

12.3.3 FFT法によるクロススペクトルと相互相関関数

クロススペクトル　第4章,式 (4.17) の定義から, $x(t)y(t)$ のクロススペクトルは次式により求められる.

$$P_{XY}(f) = \frac{1}{T} E[X^*(f)Y(f)]$$

$$= \frac{T}{N^2} E[(A_X(k)+iB_X(k))(A_Y(k)-iB_Y(k))] \quad (12.65)$$

ここに,

$A_X(k), B_X(k)$: $x(t)$ の FFT の実数部と虚数部をアンサンブル平均またはスペクトルウインドーにより平滑化したもの.

$A_Y(k), B_Y(k)$: $y(t)$ の FFT の実数部と虚数部をアンサンブル平均またはスペクトルウインドーにより平滑化したもの.

計算手順は,前節のスペクトルと同様である.

クロススペクトル,特にコヒーレンス Coh の計算に際し, $x(t)$ と $y(t)$ の FFT によるフーリエ成分 $X(f), Y(f)$ は平滑化を行なっておく必要がある.

$$\text{Coh}_{xr}(f) = \frac{|\hat{P}_{xr}(f)|}{\sqrt{\hat{P}_x(f)\hat{P}_r(f)}} \quad (12.66)$$

もし,ただ1個の記録から得られた生の FFT を用いると,現象のいかんにかかわらず定義式から明らかなように,コヒーレンスは $\underline{\text{Coh}(f) \equiv 1}$ となるので注意を要する.

相互相関関数　相互相関関数はクロススペクトルのフーリエ変換から求める.

$$C_{XY}(\tau) = \int_{-\infty}^{\infty} P_{XY}(f)e^{i2\pi f\tau}df \quad (12.67)$$

$$= \int_{-\infty}^{\infty} [P_r(f)+iP_i(f)][\cos 2\pi f\tau + i\sin 2\pi f\tau]df$$

ところで, $P_{XY}(-f) = P_{XY}^*(f)$, すなわち, $P_r(-f)+iP_i(-f) = P_r(f)-iP_i(f)$ の関係から, P_r と P_i はそれぞれ

P_r : 偶関数

P_i : 奇関数

である.したがって, $\int_{-\infty}^{\infty}[P_r(f)\sin 2\pi f\tau + P_i(f)\cos 2\pi f\tau]df = 0$ となる.そ

れゆえ, $C_{XY}(\tau)$ は

$$C_{XY}(\tau) = \begin{cases} \dfrac{2}{T}[A(\tau)-B(\tau)] & (\tau \geq 0) \quad (12.68\text{ a}) \\ \dfrac{2}{T}[A(\tau)+B(|\tau|)] & (\tau < 0) \quad (12.68\text{ b}) \end{cases}$$

ここに, $A(\tau) = (\Delta f)^{-1} \int_0^\infty P_r(f) \cos 2\pi f \tau df$: {P_{XY} の実数部の FFT}
の実数部 　　　　　　　　　　　(フーリエ cosine 変換)

$B(\tau) = (\Delta f)^{-1} \int_0^\infty P_i(f) \sin 2\pi f \tau df$: {P_{XY} の虚数部の FFT}
の虚数部 　　　　　　　　　　　(フーリエ sine 変換)

12.3.4 演算時間の短縮率

これまでに述べた計算式とアルゴリズムから, 演算回数の概数は容易に推算しうる. この結果, 各計算法の演算回数, したがって計算時間数の比率は表 12.1 のようになる(Bendat & Piersol, 1971, p.336 による). ただし, この表の値は単純な変換操作のみを考えており FFT 法の安定度に差がある. もし, B-T 法と同じ変異係数に押えようとすれば, FFT 法では平滑化操作が必要で時間比率は表の値よりさがる.

表 12.2

	B-T 法	FFT 法	比　率
有限離散フーリエ変換	N^2	$4Np$	$N/4p$
相関関数	Nm	$8Np$	$m/8p$
スペクトル	Nm	$4Np$	$m/4p$

注) N:総データ数, m:最大ラグ数, p:データ数のベキ数 $(N=2^p)$

12.3.5 FFT 法のプログラム

章末に載せたプログラムは二系列のランダムデータ $x(i) \cdot y(i)$ が与えられたとき, スペクトル・クロススペクトル・コヒーレンス・フェイズおよび自己相関関数・相互相関関数を求めるものである.

このプログラムに使用されている主な記号の意味は次のとおりである.

12.3 FFT法

表 12.3 FFT法 の記号

X(I)	入力データ(A)
Y(I)	入力データ(B)
NMAX	データ総数,本プログラムでは2のベキ乗とする.(p.200 参照).
NF	三角形周波数フィルターによるスペクトル平滑化の項数 (NF=1,平滑化なし)
NF2	NFまたはNF×2などとする
DT	データ間隔
S(I)	あらかじめ求めておくべき $\sin x$ の値,回転係数
FX(I)	X(I)の複素フーリエ成分
FY(I)	Y(I)の複素フーリエ成分
PX1(I)	X(I)の生のスペクトル
PY1(I)	Y(I)の生のスペクトル
PC1(I)	X(I),Y(I)の生のクロススペクトル
PCR1	クロススペクトルの実数部
PCI1	クロススペクトルの虚数部
PX(I)	平滑化された X(I) のスペクトル
PY(I)	平滑化された Y(I) のスペクトル
PC(I)	平滑化されたクロススペクトル
PCR(I)	平滑化されたクロススペクトルの実数部
PCI(I)	平滑化されたクロススペクトルの虚数部
COHR(I)	コヒーレンス
PHASE(I)	フェイズ
CRX(I)	PX(I)のフーリエ変換実数部
CRY(I)	PY(I)のフーリエ変換実数部
CXY(I)	PCR(I)のフーリエ変換実数部,相互相関 C_{xy}
CYX(I)	PCI(I)のフーリエ変換虚数部,相互相関 C_{yx}
TAU(I)	ラグ(τ)

使用例 B-T法の場合と同じシミュレーションデータを用いる.すなわち,データ数 N, 読み取り間隔 Δt, Nyquist 周波数 f_N, 基本周波数幅 Δf, 等価周波数幅 B_e はそれぞれ次のようである.

$$N=512, \quad \Delta t=0.1, \quad f_N=\frac{1}{2\Delta t}=5, \quad \Delta f=\frac{1}{T}=0.0195, \quad B_e=\frac{1}{T}=\frac{1}{51.2}(\text{Hz})$$

もし,$l=10$ 個の $\bar{P}(f)$ を等荷重平均すれば,変異係数 ε と自由度 k は次式となる.

$$\varepsilon=\sqrt{1/l}=0.316, \quad k=2l=20$$

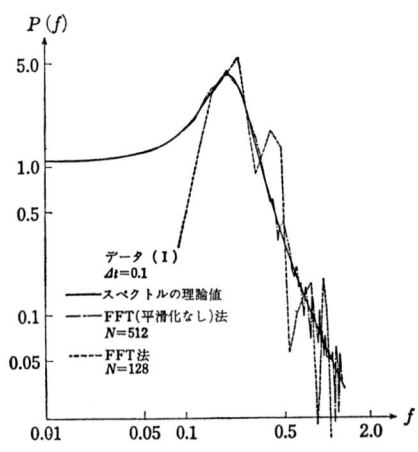

図 12.9 FFT 法によるスペクトル計算例

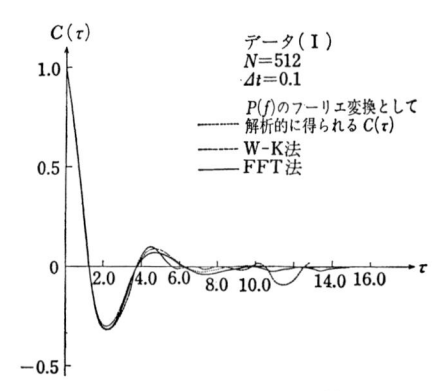

図 12.10 自己相関関数の計算例

FFT 法による計算結果は図 12.9 のようになる。この計算では，FFT法の特徴を示すためにわざとスペクトルの平滑化を行なっていない。それゆえ，高周波部分で不安定となるが，スペクトルのピーク付近を含め全般的に理論値(図 12.14 の太い実線)とよく一致している。最小周波数がデータ全長をもって定義 ($\varDelta f=1/N\cdot\varDelta t$) されるので，図 12.3 に示した B-T 法の場合に比較して広い帯域にわたって分解能のよいスペクトルが得られている。

データ数を 1/4(NMAX=128) に減らした場合の結果も同図に示されているが，極端に不安定なものとなっている。

FFT 法によればスペクトルの FFT により相関関数も求まり，結果は図 12.10 のようになる。

12.3.6 相関法(Blackman-Tukey 法)と FFT 法との関係

前節に述べた Blackman-Tukey 法(相関法)と FFT 法は，計算の手順やアルゴリズムは互いに異なっている。しかし，両者は与えられるデータは母集団からのサンプルであり，ウインドーにより平滑化して統計量の推定誤差を減少させるという立場に立つもので本質的には同じである。ここではこの点を少しく具体的に示す。

$x(j)$ とその FFT 成分 $X(k)$ との関係は

$$X(k) = \varDelta t \sum_{j=0}^{N-1} x(j) \exp\left\{-i2\pi \frac{kj}{N}\right\} \quad (k=0, 1, \cdots, \frac{N}{2}-1) \quad (12.69)$$

$$x(j) = \frac{2}{N\varDelta t} \mathscr{R}\left[\sum_{k=0}^{N/2-1} X(k) \exp\left\{i2\pi \frac{jk}{N}\right\}\right] \quad (j=0, 1, \cdots, N-1) \quad (12.70)$$

と表わされる。ここで，自己相関関数の定義式(x をサイクリックに用いる)に

12.3 FFT法

上の関係を代入して変形すると式 (12.71) が導かれる.

$$C(m) = \frac{1}{N} \sum_{j=0}^{N-1} x(j) x(j+m)$$

$$= \frac{1}{N} \frac{2}{N\Delta t} \sum_{j=0}^{N-1} \sum_{k=0}^{N/2-1} x(j) X(k) \exp\left\{i2\pi \frac{(j+m)k}{N}\right\}$$

$$= \frac{1}{N} \frac{2}{N\Delta t} \sum_{k=0}^{N/2-1} X(k) \exp\left\{i2\pi \frac{mk}{N}\right\} \sum_{j=0}^{N-1} x(j) \exp\left\{i2\pi \frac{jk}{N}\right\}$$

$$= \frac{1}{N\Delta t} \frac{2}{N\Delta t} \sum_{k=0}^{N/2-1} X(k) X^*(k) \exp\left\{i2\pi \frac{mk}{N}\right\}$$

$$= 2\Delta f \sum_{k=0}^{N/2-1} \tilde{P}(k) \exp\left\{i2\pi \frac{mk}{N}\right\} \tag{12.71}$$

ここに, $\Delta f = 1/(N\Delta t)$, $\tilde{P}(k)$ は生の FFT スペクトルである.

$$\tilde{P}(k) = \frac{X(k) X^*(k)}{N\Delta t} \tag{12.72}$$

もし, 相関関数の最大ラグを $M=N/2$ までとると

$$\tilde{P}(k) = \Delta t \sum_{m=0}^{N/2-1} C(m) \exp\left\{-i2\pi \frac{km}{M}\right\} \tag{12.73}$$

したがって, ラグを $\tau_m = T/2$, $(M=N/2)$ ととった場合の相関法の生のスペクトルは FFT 法の生のスペクトルと全く一致する. かつ, 両者の間には有限離散化された Wiener-Khintchine の関係, 式 (12.71), (12.73) が成立している.

スペクトルが計算される周波数のきざみ幅(基本周波数)は, B-T 法では § 12.2.2 の式 (12.18) から (ラグの最大数を m, Nyquist 周波数を f_N として)

$$\Delta f' = \frac{f_N}{m} = \frac{1}{2m\Delta t} = \frac{1}{2\tau_m}$$

FFT 法では,

$$\Delta f = \frac{1}{T}$$

である. それゆえ, B-T 法で最大ラグを

$$m = \frac{N}{2}, \quad \tau_m = \frac{T}{2}$$

とする時，両者の基本周波数は一致する．

12.4 MEM（最大エントロピー法）

1967年 Burg は，"情報エントロピーを最大にするようスペクトルを決定する"というこれまでのスペクトル計算法とは全く異なる考え方に立って，ランダムデータのスペクトルを推定する方法を提案した．これは，Cooley-Tukey法 (1965年) に遅れることわずかに2年後の発表である．しかも，短いデータからも分解能の高い安定したスペクトルが求まるというそのすばらしい特徴にもかかわらず，MEM が一般の研究者に波及するのははるかに遅れ 1970 年以後である．

MEM がごく最近まで少数の人々の間に限られていたのは，情報エントロピーという考え方がとっつきにくいというだけではなく，Burg の論文が一般研究者がほとんど入手できない特殊な研究集会の Proceeding に発表されたこと，B-T 法や FFT 法の普及で研究者がそれほど不便を感じていなかったこと，地下探査といった地味な分野で開発されたことなどを挙げることができるであろう．

しかし，1970年頃から MEM 理論の種々の誘導，MEM と自己回帰式 (AR) との関係，アルゴリズムの開発など理論的な研究が深められ，他方地球物理学への応用 (地磁気変動，地軸変動，太陽周期と年気温の関係など) が活発に行なわれるようになり，MEM は他分野へも爆発的に拡がりつつある．

Burg にわずかに遅れ，赤池弘次 (1969) は自己回帰式に基づくスペクトル計算法を発表した．これはアルゴリズム的には MEM とほとんど同一で，両者は自己相関数の推定法が異なるのみである．

MEM の基礎理論については，すでに第 7 章に述べた．Burg の考え方をたどってみると，従来から地震波による地質構造の解析に用いられていた Deconvolution の考え方に根ざしていることがわかる．Deconvolution はよく知られている Wiener の予測フィルター理論の延長，すなわち，あるスペクトルをもつランダム波を発生させうる"白色雑音を入力とする系"を探り出すということであり，エントロピーなどという概念によるまでもなく，いわれてみれば

ごくあたり前のことで,正にコロンブスの卵といえるであろう.

しかも,Burg の功績は,単に情報エントロピー最大という概念でスペクトルを定義したことに止まらず,さらにそれを具体的に計算する効果的なアルゴリズムを開発したことである.この Burg アルゴリズムなしには,分解能の高い MEM スペクトルを得ることはできない.

12.4.1 MEM の考え方の要約

最大情報エントロピースペクトルについての詳しい説明はすでに第7章において行なった.ここでは Burg による MEM の考え方とその結論を簡潔に要約しておこう.

（i） 正規確率分布をもつ時系列のエントロピー H は,時系列のスペクトルを $P(f)$, Nyquist 周波数を $f_N=1/(2\Delta t)$ とするとき,

$$H \propto \int_{-f_N}^{f_N} \log P(f)\,df \tag{12.74}$$

に比例する.

（ii） スペクトルと自己相関関数 $C_k(\equiv C(k\Delta t))$ の間には Wiener-Khintchine の関係式が成立する.

$$\int_{-f_N}^{f_N} P(f) z^k df = C_k \quad (-m \leq k \leq m) \tag{12.75}$$

あるいは,右辺を左辺に移項しこれを積分の中に入れて書き直せば

$$\int_{-f_N}^{f_N} [P(f) z^k - \frac{1}{2f_N} C(k\Delta t)] df = 0 \quad (-m \leq k \leq m)$$

したがって,Wiener-Khintchine の関係は式 (12.76) のようになる.

$$P(f) = \frac{1}{2f_N} \sum_{k=-m}^{m} C_k z^{-k} \tag{12.76}$$

ここに,

$$z = \exp\{i 2\pi f \Delta t\} \tag{12.77}$$

（iii） (ii)の条件のもとにエントロピーを最大ならしめるには,Lagrange乗数 λ_k を導入して変分演算

$$\delta \int_{-f_N}^{f_N} \left\{ \log P(f) - \sum_{k=-m}^{m} \lambda_k \left[P(f) z^k - \frac{C_k}{2f_N} \right] \right\} df = 0 \tag{12.78}$$

を行ない，これより次の関係に達する．

$$P(f) = \frac{1}{\sum_{k=-m}^{m} \lambda_k z^k} \tag{12.79}$$

(**iv**) $P(f)$ は正の実関数であるから，上の関係式は，λ_k の代りにあらたな(未知)係数 γ_k により

$$P(f) = \frac{P_m}{2f_N} \frac{1}{\left|1 + \sum_{k=1}^{m} \gamma_k z^k\right|^2} \tag{12.80}$$

の形に書かれなければならない．

ここに，係数 γ_k は m 点予測誤差フィルター (m point prediction error filter)，P_m はこのフィルターからの平均出力である．

$$P_m = E[\{x_i - (-\gamma_1 x_{i-1} - \gamma_2 x_{i-2} - \cdots - \gamma_m x_{i-m})\}^2]$$
$$= C_0 + \gamma_1 C_1 + \gamma_2 C_2 + \cdots + \gamma_m C_m \tag{12.81}$$

(**v**) 式(12.76)と(12.80)は相等しいから，両式の z の等ベキの係数を等しいとおき，かつ $C_{-m} = C_m$ の関係から，($m+1$)次元連立一次方程式が導かれる．

$$\begin{bmatrix} C_0 & C_1 & \cdots & C_m \\ C_1 & C_0 & \cdots & C_{m-1} \\ \vdots & \vdots & & \vdots \\ C_m & C_{m-1} & \cdots & C_0 \end{bmatrix} \begin{bmatrix} 1 \\ \gamma_1 \\ \vdots \\ \gamma_m \end{bmatrix} = \begin{bmatrix} P_m \\ 0 \\ \vdots \\ 0 \end{bmatrix} \tag{12.82}$$

(**vi**) 上式において未知数は

$$\gamma_1, \gamma_2, \cdots, \gamma_m; C_m; P_m$$

の ($m+2$) 個である．しかし，方程式は ($m+1$) 個であるから，あらたに条件が一つ必要となる．この条件として "予測誤差フィルターに正および逆方向に信号を通すときの平均出力を最小とする" を採用する．

(**vii**) 係数 $\gamma_1, \cdots, \gamma_m$ および P_m が求まると MEM スペクトルは，式(12.80)すなわち次式で計算される．

$$P(f) = \frac{P_m \Delta t}{\left|1 + \sum_{k=1}^{m} \gamma_k e^{i2\pi f k \Delta t}\right|^2} \tag{12.83}$$

12.4 MEM(最大エントロピー法)

BurgのMEMとYule-Walker法や従来のスペクトル推定法との違いは，与えられたデータについての基本的態度である．MEMではデータは与えられたものだけと考えているのに対し，従来の方法は与えられたデータは本来のデータの一部だけと考えて以後の処理をする．

アルゴリズムの点はさておいて，与えられたデータしか使わないということは，いわゆる統計処理による細部構造のつぶしをまぬがれることとなり，分解能は増大する．

12.4.2 アルゴリズム

MEMスペクトルの計算法にはYule-Walker法とBurg自身によるアルゴリズムとがある．短いデータからも分解能の高い安定度のよいスペクトル推定ができるのは後者のBurgアルゴリズムによる場合であるが，スペクトルが線スペクトルに近い場合を除けば単純なYule-Walker法とそれほど大差はない．

（i） 解くべき連立方程式は次式(12.84)である．

$$\begin{bmatrix} C_0 & C_1 & \cdots & C_m \\ C_1 & C_0 & \cdots & C_{m-1} \\ \vdots & \vdots & \ddots & \vdots \\ C_m & C_{m-1} & \cdots & C_0 \end{bmatrix} \begin{bmatrix} 1 \\ \gamma_{m1} \\ \vdots \\ \gamma_{mm} \end{bmatrix} = \begin{bmatrix} P_m \\ 0 \\ \vdots \\ 0 \end{bmatrix} \quad (12.84)$$

ここに，C_kはラグ$k\varDelta t$の自己相関関数，γ_{mk}は予測誤差フィルター，P_mは$m+1$点予測誤差フィルターからの平均出力を表わす．

式(12.84)の中の未知数はYule-Walker法では$\gamma_{m1}, \gamma_{m2}, \cdots, \gamma_{mm}; P_m$の$(m+1)$個で方程式の個数と一致する．自己相関関数$C_k$ $(k=0, 1, 2, \cdots, m)$はすべて推定できるとしている．

これに反し，Burg法では，$\gamma_{m1}, \gamma_{m2}, \cdots, \gamma_{mm}; P_m$の他この第$m$ステップであらたに導入される自己相関関数$C_m$も未知数と考える．それゆえ，もう一つの判断基準を導入する．

（ii） MEMスペクトルは，これらの係数が求まると式(12.85)で与えられる．

$$P(f) = \frac{\varDelta t P_m}{\left| 1 + \sum_{k=1}^{m} \gamma_{mk} e^{i2\pi f k \varDelta t} \right|^2} \quad (12.85)$$

Levinson漸化式

(1) フィルター係数 γ_{mk} の漸化関係：予測誤差フィルター係数 γ_k の間には漸化関係式 (12.86) が存在し，これを利用すれば，上述の二つのアルゴリズムによる計算が簡単化される．

$$\begin{bmatrix} 1 \\ \gamma_{m1} \\ \gamma_{m2} \\ \vdots \\ \vdots \\ \gamma_{mm} \end{bmatrix} = \begin{bmatrix} 1 \\ \gamma_{m-1,1} \\ \gamma_{m-1,2} \\ \vdots \\ \gamma_{m-1,m-1} \\ 0 \end{bmatrix} + \gamma_{mm} \begin{bmatrix} 0 \\ \gamma_{m-1,m-1} \\ \gamma_{m-1,m-2} \\ \vdots \\ \gamma_{m-1,1} \\ 1 \end{bmatrix} \quad (12.86)$$

あるいは，単純に

$$\gamma_{mk} = \gamma_{m-1,k} + \gamma_{m,m} \cdot \gamma_{m-1,m-k} \quad (12.87)$$

したがって，$\gamma_{m,m}$ が求められると総項数が $(m-1)$ のときの係数から，総項数 m のときの他の係数が計算できる．

証明 フィルターの総項数を m とする場合の連立方程式 (12.84) の第1行を除く残り m 個の方程式は

$$\begin{bmatrix} C_1 & C_0 & C_1 & \cdots C_{m-1} \\ C_2 & C_1 & C_0 & \cdots C_{m-2} \\ \vdots & \vdots & \vdots & \ddots & \vdots \\ C_m & C_{m-1} & C_{m-2} & \cdots C_0 \end{bmatrix} \begin{bmatrix} 1 \\ \gamma_{m1} \\ \vdots \\ \gamma_{mm} \end{bmatrix} = 0 \quad (12.88)$$

である．これを γ_{mm} の項を分離するように変形すると

$$\begin{bmatrix} C_1 & C_0 & C_1 & \cdots C_{m-2} \\ C_2 & C_1 & C_0 & \cdots C_{m-3} \\ \vdots & \vdots & \vdots & \ddots & \vdots \\ C_{m-1} & C_{m-2} & C_{m-3} & \cdots C_0 \end{bmatrix} \begin{bmatrix} 1 \\ \gamma_{m,1} \\ \vdots \\ \gamma_{m,m-1} \end{bmatrix} = -\gamma_{m,m} \begin{bmatrix} C_{m-1} \\ C_{m-2} \\ \vdots \\ C_1 \end{bmatrix}$$

となる．さらに，上式の第1列を右辺に移すと次の関係が得られる．

$$\begin{bmatrix} C_0 & C_1 & \cdots C_{m-2} \\ C_1 & C_0 & \cdots C_{m-3} \\ \vdots & \vdots & \ddots & \vdots \\ C_{m-2} & C_{m-3} & \cdots C_0 \end{bmatrix} \begin{bmatrix} \gamma_{m,1} \\ \gamma_{m,2} \\ \vdots \\ \gamma_{m,m-1} \end{bmatrix} = - \begin{bmatrix} C_1 \\ C_2 \\ \vdots \\ C_{m-1} \end{bmatrix} - \gamma_{m,m} \begin{bmatrix} C_{m-1} \\ C_{m-2} \\ \vdots \\ C_1 \end{bmatrix} \quad (12.89)$$

同様に，フィルターの総項数を1個少ない $(m-1)$ とするときの式 (12.84) の第1行を除く方程式は

$$\begin{bmatrix} C_1 & C_0 & \cdots C_{m-2} \\ C_2 & C_1 & \cdots C_{m-3} \\ \vdots & \vdots & \ddots & \vdots \\ C_{m-1} & C_{m-2} & \cdots C_0 \end{bmatrix} \begin{bmatrix} 1 \\ \gamma_{m-1,1} \\ \vdots \\ \gamma_{m-1,m-1} \end{bmatrix} = 0$$

12.4 MEM(最大エントロピー法)

である．この第1列を分離し右辺に移すと

$$\begin{bmatrix} C_0 & C_1 & \cdots C_{m-2} \\ C_1 & C_0 & \cdots C_{m-3} \\ \vdots & \vdots & \ddots & \vdots \\ C_{m-2} & C_{m-3} & \cdots & C_0 \end{bmatrix} \begin{bmatrix} \gamma_{m-1,1} \\ \gamma_{m-2,1} \\ \vdots \\ \gamma_{m-1,m-1} \end{bmatrix} = - \begin{bmatrix} C_1 \\ C_2 \\ \vdots \\ C_{m-1} \end{bmatrix} \tag{12.90}$$

となる．上式の上下を入れ換えると

$$\begin{bmatrix} C_0 & C_1 & \cdots C_{m-2} \\ C_1 & C_0 & \cdots C_{m-3} \\ \vdots & \vdots & \ddots & \vdots \\ C_{m-2} & C_{m-3} & \cdots & C_0 \end{bmatrix} \begin{bmatrix} \gamma_{m-1,m-1} \\ \gamma_{m-1,m-2} \\ \vdots \\ \gamma_{m-1,1} \end{bmatrix} = - \begin{bmatrix} C_{m-1} \\ C_{m-2} \\ \vdots \\ C_1 \end{bmatrix} \tag{12.91}$$

式 (12.90) および (12.91) の関係を式 (12.89) に代入すれば，

$$\begin{bmatrix} \gamma_{m,1} \\ \gamma_{m,2} \\ \vdots \\ \gamma_{m,m-1} \end{bmatrix} = \begin{bmatrix} \gamma_{m-1,1} \\ \gamma_{m-1,2} \\ \vdots \\ \gamma_{m-1,m-1} \end{bmatrix} + \gamma_{m,m} \begin{bmatrix} \gamma_{m-1,m-1} \\ \gamma_{m-1,m-2} \\ \vdots \\ \gamma_{m-1,1} \end{bmatrix}$$

すなわち，式 (12.86) が得られる．

このような算法は Levinson に始まるもので，**Levinson アルゴリズム**と呼ばれることがある．

(2) P_m の漸化式：予測誤差フィルターからの平均出力 P_m は $\gamma_{m,m}$ を介入して次のような漸化式で表わされる．

$$\begin{bmatrix} P_{m-1} \\ 0 \\ \vdots \\ 0 \\ \Delta_{m-1} \end{bmatrix} + \gamma_{m,m} \begin{bmatrix} \Delta_{m-1} \\ 0 \\ \vdots \\ 0 \\ P_{m-1} \end{bmatrix} = \begin{bmatrix} P_m \\ 0 \\ \vdots \\ 0 \\ 0 \end{bmatrix} \tag{12.92}$$

ここに，

■ $\qquad P_{m-1} = C_0 + \gamma_{m-1,1} \cdot C_1 + \cdots + \gamma_{m-1,m-1} \cdot C_{m-1}$ (12.93)

$\Delta_{m-1} = C_m + \gamma_{m-1,1} \cdot C_{m-1} + \cdots + \gamma_{m-1,m-1} \cdot C_1$ (12.94)

証明 係数の漸化式 (12.86) を式 (12.84) の左辺に代入すると

$$\begin{bmatrix} C_0 & C_1 & \cdots C_m \\ C_1 & C_0 & \cdots C_{m-1} \\ \vdots & \vdots & \ddots & \vdots \\ C_m & C_{m-1} & \cdots & C_0 \end{bmatrix} \begin{bmatrix} 1 \\ \gamma_{m,1} \\ \vdots \\ \gamma_{m,m} \end{bmatrix}$$

$$= \begin{bmatrix} C_0 & C_1 \cdots C_m \\ C_1 & C_0 \cdots C_{m-1} \\ \vdots & \vdots \ddots \vdots \\ C_m & \cdots\cdots C_0 \end{bmatrix} \left[\begin{Bmatrix} 1 \\ \gamma_{m-1,1} \\ \vdots \\ \gamma_{m-1,m-1} \\ 0 \end{Bmatrix} + \gamma_{m,m} \begin{Bmatrix} 0 \\ \gamma_{m-1,m-1} \\ \vdots \\ \gamma_{m-1,1} \\ 1 \end{Bmatrix} \right]$$

上式右辺を分解し，$(m-1)$ の場合の式 (12.84) の関係と自己相関行列が対称行列であることを用いて書き直すと

$$= \begin{bmatrix} \begin{Bmatrix} P_{m-1} \\ 0 \\ \vdots \\ 0 \\ \varDelta_{m-1} \end{Bmatrix} + \gamma_{m,m} \begin{Bmatrix} \varDelta_{m-1} \\ 0 \\ \vdots \\ 0 \\ P_{m-1} \end{Bmatrix} \end{bmatrix}$$

になる．これは，もちろん最初の式 (12.84) の右辺に等しい．

$$\begin{bmatrix} P_{m-1} \\ 0 \\ \vdots \\ 0 \\ \varDelta_{m-1} \end{bmatrix} + \gamma_{m,m} \begin{bmatrix} \varDelta_{m-1} \\ 0 \\ \vdots \\ 0 \\ P_{m-1} \end{bmatrix} = \begin{bmatrix} P_m \\ 0 \\ \vdots \\ 0 \\ 0 \end{bmatrix}$$

Yule-Walker 法

（ⅰ）自己相関関数の計算

$$C_k = \frac{1}{N} \sum_{i=1}^{N-|k|} (x_{i+k} - \mu)(x_i - \mu) \qquad (k=0, 1, \cdots, m) \qquad (12.95)$$

ここに，μ は平均値．この定義では，$N < i$ に対し $x_i = 0$ とし，右辺を N で割っている．．Jenkins and Watts(1969) によれば，式 (12.95) のように相関を定義すると推定の平均2乗誤差が最も少ない．（式 (12.84) は第1行を除く m 個の方程式からまず γ_{mk} $(k=1, 2, \cdots, m)$ を求め，次に式 (12.84) の第一式にこれを代入して P_m を求めるという正攻法でも解けるが，次のように漸化関係式 (12.86), (12.92) を利用するのが賢明である．）

（ⅱ）係数 $\gamma_{m,m}$ および $\gamma_{m,k}$ 式 (12.92) の最下行から

$$\gamma_{m,m} = -\frac{\varDelta_{m-1}}{P_{m-1}} \qquad (12.96)$$

すなわち，前回の係数の項数が $(m-1)$ の場合の結果から γ_{mm} が求められる．他の係数 γ_{mk} は式 (12.87) から順次決定される．

（ⅲ）P_m の決定　　式 (12.92) の第1行と式 (12.96) から

$$P_m = P_{m-1} + \gamma_{m,m} \cdot \Delta_{m-1}$$
$$= P_{m-1}(1-\gamma_{mm}{}^2) \qquad (12.97)$$

(iv) 次の段階の係数計算　$m=1$ からはじめ $m \to m+1$ として順次上の計算を繰り返す．ただし，

$$C_0 = P_0 = \frac{1}{N}\sum_{i=1}^{N}(x_i - \mu)^2 \qquad (12.98)$$

Burg 法のアルゴリズム

最大エントロピーの概念により定義されたスペクトルを式 (12.84), (12.85) を解いて具体的に計算する場合に，Burg アルゴリズムでは与えられたデータを情報のすべてと考え，これを最大限に利用する(Yule-Walker アルゴリズムやさらに従来のスペクトル計算法(B-T 法・FFT 法など)では，与えられた領域以外のデータは 0 と考えたり，あるいはデータをサイクリックに使用している)．

Burg 法では，$m=1$ からはじめて γ_{mm} および P_m のみならず自己相関関数 C_m も順次漸化関係式により決定される．C_m は x_i から直接計算されるのではない．

(i) **解くべき方程式**　$(m-1)$ 次のフィルターが求まっているとき，フィルターの項数を増して m 項とする場合の計算は次の手順で行なう．

解くべき方程式は Yule-Walker 法と同様，式 (12.84) である．しかし，Burg の formulation では自己相関関数 C_m をあらかじめ推定せず，未知数は $\gamma_{m1}, \gamma_{m2}, \cdots, \gamma_{mm}; C_m; P_m$ の $(m+2)$ 個と考える (γ_{mk} は m 次の予測誤差フィルターを設計するときの第 k 番目の係数を意味する)．方程式は $(m+1)$ 個であるから，条件が一つ不足している．

(ii) **γ_{mm} の決定**　この点を解決するために，次のような新たな判断基準を付け加える．"予測誤差フィルターに信号を前向きに通す場合と逆向きに通す場合の平均出力 P_m を最小とする"．

$$P_m = \frac{1}{2}\frac{1}{(N-m)}\sum_{i=1}^{N-m}[(x_i + \sum_{k=1}^{m}\gamma_{mk}x_{i+k})^2 + (x_{i+m} + \sum_{k=1}^{m}\gamma_{mk}x_{i+m-k})^2] \to \text{Min}$$

係数漸化式 (12.86) を用いると, P_m は

$$P_m = \frac{1}{2(N-m)} \sum_{i=1}^{N-m} [(b_{mi}+\gamma_{mm}b'_{mi})^2 + (b'_{mi}+\gamma_{mm}b_{mi})^2] \to \text{Min}$$

となる.

$$\frac{\partial P_m}{\partial \gamma_{mm}} = 0$$

から, γ_{mm} は次のように表わされる.

■ $$\gamma_{mm} = -2 \sum_{i=1}^{N-m} b_{mi}b'_{mi} \Big/ \sum_{i=1}^{N-m} (b_{mi}^2 + b'^{2}_{mi}) \tag{12.99}$$

ここに,

$$\left.\begin{array}{l} b_{mi} = b_{m-1,i} + \gamma_{m-1,m-1} \cdot b'_{m-1,i} \\ b'_{mi} = b'_{m-1,i+1} + \gamma_{m-1,m-1} \cdot b_{m-1,i+1} \end{array}\right\} \tag{12.100}$$

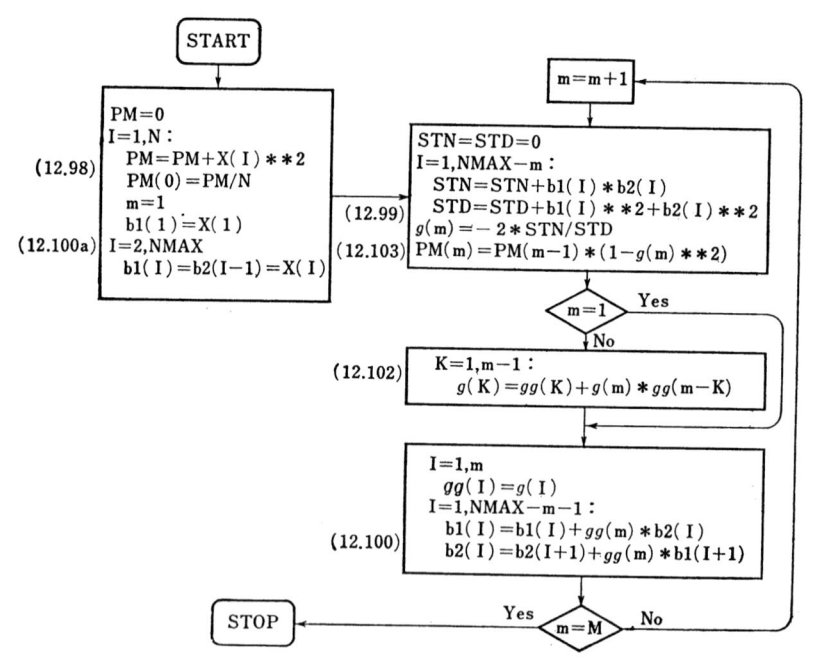

$$b_{0i} = b'_{0i} = x_i; \quad b_{1i} = x_i, \quad b'_{1i} = x_{i+1} \tag{12.100 a}$$

図 12.11 漸化式による係数 $\gamma_{mk}{}'(=g(\text{k}))$, $\gamma_{m-1,k}(=gg(\text{k}))$, $P_m(=\text{P(m)})$, $b_{mi}(=\text{b1(I)})$, $b'_{mi}(\text{b2(I)})$ の計算のフローチャート

なお，
$$\frac{\partial^2 P_m}{\partial \gamma^2_{mm}} = \frac{1}{(N-m)} \sum_{i=1}^{N-m} (b_{mi}^2 + b_{mi}'^2) > 0 \tag{12.101}$$
したがって，P_m は最小値をとる．

(iii) **係数 γ_{mk} の計算**　漸化関係(Levinson アルゴリズム)を利用し，前段で求まっている係数 $\gamma_{m-1,k}$ と (ii) でいま求めた係数 γ_{mm} から，他の係数 γ_{mk} を計算する．

$$\gamma_{mk} = \gamma_{m-1,k} + \gamma_{mm} \cdot \gamma_{m-1,m-k} \tag{12.102}$$

(iv) **P_m の計算**　Yule-Walker 法の所で導いた関係式 (12.97) から P_m を求める．

$$P_m = P_{m-1}(1 - \gamma^2_{mm}) \tag{12.103}$$

(v) **自己相関関数 C_m の計算**　方程式 (12.84) の最下行の関係から，ラグ m の自己相関関数が，

$$C_m = -[\gamma_{m1} C_{m-1} + \gamma_{m2} C_{m-2} + \cdots + \gamma_{mm} C_0] \tag{12.104}$$

式 (12.104) から C_m は係数 γ_{mi} ($i=1, 2, \cdots, m$) に関係する．したがって，C_{m-k} は係数 $\gamma_{m-k,i}$ ($i=1, 2, \cdots, m-k$) のみに関係し，新たな係数 γ_{mm} には無関係であるから再び求め直す必要はない．

(vi) **FPE の計算**

$$(\text{FPE})_M = \frac{N+(m+1)}{N-(m+1)} S_M^2 \tag{12.105}$$

ここに，

$$S_m^2 = \sum_{i=m+1}^{N} (x_i + \gamma_{m1} x_{i-1} + \gamma_{m2} x_{i-2} + \cdots + \gamma_{mm} x_{i-m})^2 / (N-m) \tag{12.106}$$

(vii) **FPE 最小まで繰り返す**　m があらかじめ指定した値 M になるか，FPE が最小値になるまで上の (ii)～(vi) の漸化計算を繰り返す．

(viii) **スペクトルの計算**

$$P(f) = \frac{\Delta t P_m}{\left|1 + \sum_{k=1}^{m} \gamma_{mk} e^{i2\pi f k \Delta t}\right|^2} \tag{12.107}$$

(ix) **自己相関関数の外挿**　必要ならば，順次長いラグに対する自己相関関数を計算する．

$$\hat{C}_{m+l} = -\sum_{k=1}^{m} \hat{C}_{m-k+l} \cdot \gamma_{mk} \qquad (l \geq 0) \tag{12.108}$$

なぜならば，一般に

$$C(k) = -\gamma_{m1} C(k-1) - \gamma_{m2} C(k-2) - \cdots - \gamma_{mm} C(k-m)$$

の関係が成立する．ここで，$k = m+l$ とすればよい．

例 $m=0$ の場合には，式 (12.84) から単純に C_0, P_0 が求まる．

$$C_0 = P_0 = \frac{1}{N} \sum_{i=1}^{N} x_i^2 \tag{12.109}$$

$m=1$ の場合

① 予測誤差フィルターに前向きに信号を通した場合の出力信号と，これと逆向きに信号を通した場合の出力信号はそれぞれ

$$x_{i+1} + \gamma_{11} x_i, \quad x_i + \gamma_{11} x_{i+1}$$

である．したがって，平均出力は

$$P_1 = \frac{1}{2(N-1)} \sum_{i=1}^{N-1} \left[(x_{i+1} + \gamma_{11} x_i)^2 + (x_i + \gamma_{11} x_{i+1})^2 \right] \tag{12.110}$$

② $\partial P_1 / \partial \gamma_{11} = 0$ から γ_{11} は次のように求まる．

$$\gamma_{11} = -2 \sum_{i=1}^{N-1} \frac{x_i x_{i+1}}{x_i^2 + x_{i+1}^2} \tag{12.111}$$

③ 式 (12.92) に γ_{11} を代入する．

$$\left[\begin{bmatrix} P_0 \\ \varDelta_0 \end{bmatrix} + \gamma_{11} \begin{bmatrix} \varDelta_0 \\ P_0 \end{bmatrix} \right] = \begin{bmatrix} P_1 \\ 0 \end{bmatrix} \tag{12.112}$$

これを解けば，

$$\left. \begin{array}{l} C_1 = -\gamma_{11} C_0 \\ P_1 = (1 - \gamma_{11}^2) C_0 \end{array} \right\} \tag{12.113}$$

$m=2$ の場合

① Levinson の漸化式

$$\begin{bmatrix} 1 \\ \gamma_{21} \\ \gamma_{22} \end{bmatrix} = \begin{bmatrix} 1 \\ \gamma_{11} \\ 0 \end{bmatrix} + \gamma_{22} \begin{bmatrix} 0 \\ \gamma_{11} \\ 1 \end{bmatrix} \tag{12.114}$$

すなわち，

$$\gamma_{21} = \gamma_{11}(1 + \gamma_{22})$$

を用いれば，

② 平均出力 P_2 は

$$P_2 = \frac{1}{2(N-2)} \sum_{i=1}^{N-2} \{ [x_{i+2} + \gamma_{11}(1+\gamma_{22}) x_{i+1} + \gamma_{22} x_i]^2$$
$$+ [x_i + \gamma_{11}(1+\gamma_{22}) x_{i+1} + \gamma_{22} x_{i+2}]^2 \}$$

あるいは，$F_i = x_{i+2} + \gamma_{11} x_{i+1}$, $B_i = x_i + \gamma_{11} x_{i+1}$ と書けば

12.4 MEM(最大エントロピー法)

$$P_2 = \frac{1}{2(N-2)} \sum_{i=1}^{N-2} [(F_i + r_{22}B_i)^2 + (B_i + r_{22}F_i)^2] \tag{12.115}$$

③ $\partial P_2/\partial r_{22}=0$ から, r_{22} は次のように求まる.

$$r_{22} = -2 \sum_{i=1}^{N-2} \frac{F_i B_i}{F_i^2 + B_i^2} \tag{12.116}$$

④ r_{22} が決定されたので, 式 (12.92) すなわち

$$\left\{ \begin{bmatrix} P_1 \\ 0 \\ \Delta_1 \end{bmatrix} + r_{22} \begin{bmatrix} \Delta_1 \\ 0 \\ P_1 \end{bmatrix} \right\} = \begin{bmatrix} P_2 \\ 0 \\ 0 \end{bmatrix} \tag{12.117}$$

上式を解けば C_2, P_2 が次のように求まる.

$$\left. \begin{array}{l} C_2 = -r_{22}C_0 - r_{11}(1+r_{22})C_1 \\ P_2 = P_1(1-r_{22}{}^2) \end{array} \right\} \tag{12.118}$$

赤池の FPE について

ある標本から推定された係数 r'_k を用いて, 時系列の別の標本の予測を行なうとき, その予測誤差の期待値 (final prediction error) は

$$\text{FPE} = E[(x_i - \hat{x}_i)^2]$$

ここに, $\hat{x}_i = -\sum_{k=1}^{m} r'_k x_{i-k}$

時系列 x_i から推定した係数を r_k とすれば, 上の関係は

$$\text{FPE} = P_m + \sum_{j=1}^{m} \sum_{k=1}^{m} E[\Delta r_j \Delta r_k] E[x_{i-j} x_{i-k}] \cdot x_{i-k}]$$

となる (ここに $\Delta r_k = r'_k - r_k$).

$$P_m = E[(x_i + r_{m1}x_{i-1} + r_{m2}x_{i-2} + \cdots + r_{mm}x_{i-m})^2]$$

FPE の右辺の P_m は一般に m の増加とともに減少するが右辺第二項は増加する. したがって, FPE はある項数 m で最小となる. このときの m を MEM の打ち切り項数とする. 赤池によれば,

$$(\text{FPE})_m = \left(1 + \frac{m+1}{N}\right) P_m = \frac{N+(m+1)}{N-(m+1)} S_m{}^2$$

FPF が最小となる m は余り大きな数とならぬよう次の範囲にとどめる.

$$m < (2 \sim 3)\sqrt{N}$$

赤池 (1969), Ulrych ら (1974) は MEM のフィルター打ち切り項数を FPE が最小となる m にとることを提案している.

12.4.3 MEM の特徴と注意事項

種々の応用例や数値実験による検討の結果，MEM のもつ長所と欠点およびその除去法や注意事項などが明らかにされつつある．ここでは，第7章に掲げた例も参照にしつつそれらの点を要約して述べる．

（1） 従来の方法ではデータ長が解析波長に近いと分解能が低下し，またスペクトルピーク周波数が移動(spectral shift)するという欠点があるが，MEM ではこれからのがれることができる．

地球物理学的現象には地震・地磁気変化・気候など数年ないし数十年という周期の極めて長いものが多いが，それに比べわれわれの使えるデータ長はかなり短い．このような場合に MEM の有効性が発揮される．

（2） MEMの分解能はBurg法がYule–Walker法よりはるかに優れている．

（3） MEM の弱点はスペクトルの分散が推定できないことである．

長さの短いランダムデータについての Ulrych ら(1974)の数値実験によれば，自己相関関数のバイアスは Burg 法の方が Y-W 法より少ない．しかし，自己相関関数推定の分散は Burg 法の方が Y-W 法より大きい．とくに，実際よりも次数の過剰なフィルターによるときに著しい．

Burg 法の分散が Y-W 法のそれより大きいことは，常につきまとう分解能と分散の相反する特性のゆえであると説明できる．

（4） MEM のいま一つの弱点は，予測誤差フィルターの打ち切り項数 m を決定する合理的な基準のないことであった．しかし，MEM と AR(自己回帰式)との関係が明らかにされたことから，AR についての赤池の final prediction error (あるいは AIC)に m 決定の根拠を置くことができる．

赤池の FPE による判定は多くの場合に有効である．鋭いスペクトルラインをもつランダム変動では，FPE がはっきりした極小値を示さないので，m を全データ数の半分以下で打ち切る必要がある($m<N/2$)．最適ラグ m の見積りは次の範囲内とする．

$$m<(2～3)\sqrt{N}$$

m を最適数より大きくとると，MEM は双峰をもった贋のスペクトル形を与える．

12.4 MEM(最大エントロピー法)

(5) MEM によるスペクトル推定法は**非線型推定法**である.すなわち,二つのランダムデータを重ねるとき,線型変換であるフーリエ変換による FFT 法で求められるスペクトルはそれぞれの変動スペクトルの和であるが,MEM スペクトルは二つの別々のスペクトルの和とはならない.

(6) スペクトルが鋭いピークをもつ場合,MEM スペクトルの極値はこの周波数のパワーの 2 乗に比例し,MEM スペクトルのバンド幅はパワーに逆比例する.したがって,スペクトルは MEM スペクトルの積分で与えられる.しかし,スペクトルがなだらかな場合は,MEM は普通の方法と同じ結果となる (Lacoss, 1971, Ulrych et al., 1974).

12.4.4 MEM のプログラム

MEM による計算の手順を図 12.12 に示す.章末の MEM プログラム中の主をな記号は次表のとおりである.

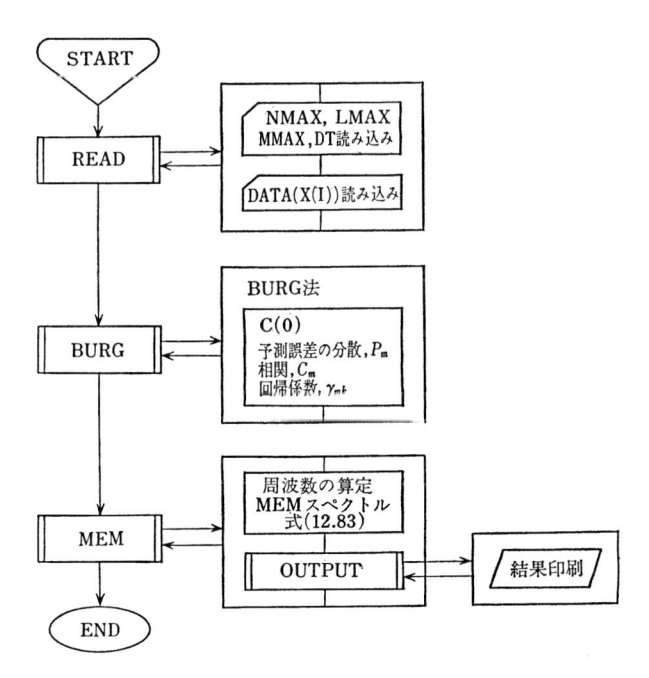

図 12.12 MEM による計算手順

MEM

MMAX	予測誤差フィルターの項数
LMAX	自己相関を求める最大ラグ数
NMAX	データ総数
DT	データ間隔
X(I)	入力データ，平均値を除去したデータ
E(I)	one-sided スペクトル
G(I)	予測誤差フィルター
C(I)	自己相関係数
FPE	予測誤差の分散
AIC	赤池情報基準

計算例 B-T 法や FFT 法のところで用いたと同じシミュレーションデータを MEM で解析した結果を図 12.13(a)(Y-W 法)および図 12.13(b)(Burg 法)に示す．γ_{mk} $(k=1, 2, \cdots, m)$ すなわち，予測誤差フィルターの項数の最適値の目安は

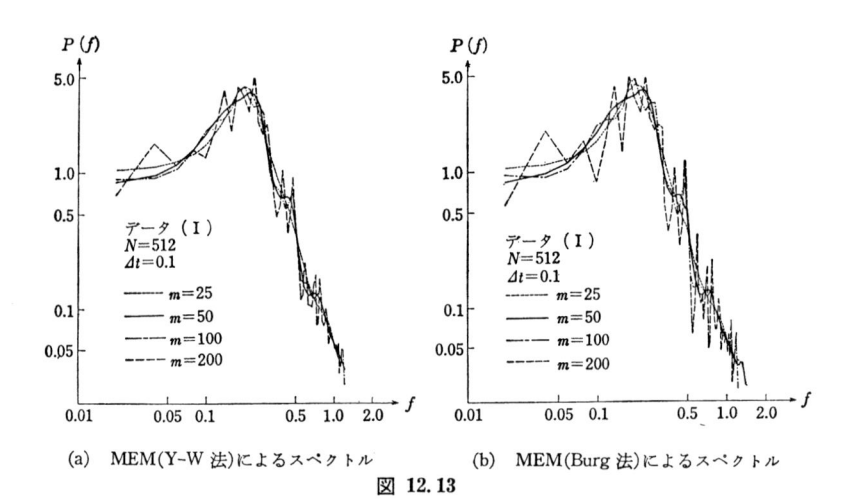

(a) MEM(Y-W 法)によるスペクトル　　(b) MEM(Burg 法)によるスペクトル
図 12.13

$$m < (2\sim 3)\sqrt{N} = (2\sim 3) \times 22.5 = 45 \sim 68$$

である．この場合のようにスペクトル形が比較的おだやかな場合には，Burg 法と Y-W 法は，ほぼ同一の結果を与える．m を極端に大きくとると，スペクトルの安定度は低下する．（なお，本例の計算では赤池の **FPE** には極小値はみ

られなかった).

理論曲線との比較から m の最適値は上の目安値より少ない $m=25$ である.

データ数を 1/4 にした $N=128$ の場合(図 12.14)は低周波数域では理論曲線からずれるが,高周波数域はほぼ妥当な結果である.同じくデータ数の少ない場合の FFT 法の結果(図 12.9)とくらべると MEM は分解能においても安定度においても優れていることがわかる.

MEM による推定自己相関関数は,図 12.15 のようである. m が最適値 ($m=25$) のときよい結果を与えている.

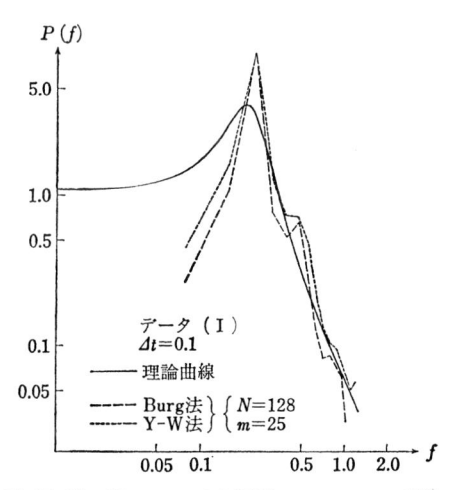

図 12.14 N, m による MEM スペクトルの変化

12.5 種々のスペクトル推定法の比較

これまでに述べた三つのスペクトル推定法についてさらに二種類(鋭いピークをもつものと平坦なスペクトル)のシミュレーションデータで検討した結果から,種々のスペクトル計算法の特性を比較整理すれば表 12.4 のようになる.

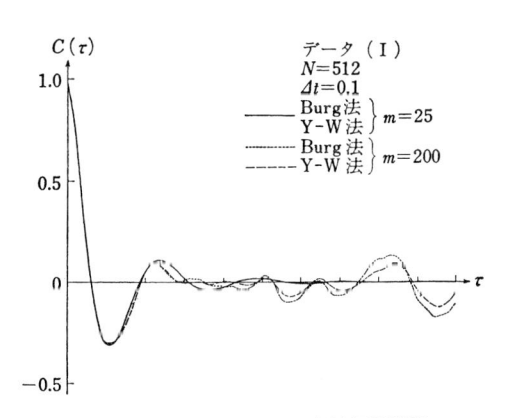

図 12.15 MEM による自己相関関数

これらのアルゴリズムはそれぞれ長所を有しているが,不合理なスペクトル推定をする危険性を避け,分解能と安定性の良い結果を得るために,表 12.2 は一つの指針となるであろう.

表 12.4 各アルゴリズムの特性比較表

手法		相関関数	スペクトル				備考
			分解能	安定性	演算速度	短いデータ	
W-K		△	—	×	△	×	特別の場合以外は用いられない
B-T	ラグ数大	—*)	○	△	△	×	*) 一応求まるが，prewhite 等の前処理のため真の関数とは異なる
	ラグ数小	—*)	△	○	△	×	
FFT		○ (スペクトルのF変換より求める)	○	△	◎	△	$N=2^p$ データ数の制約は緩和可能
MEM		○	◎	○	○	◎	任意の周波数についてスペクトルが計算できる

◎：優れている, ○：良好・普通, △：やや劣る, ×：不適

(1) Blackman-Tukey 法では最大ラグ数の変化に伴ってスペクトル分解能・安定性が相反して向上・低下するが，最適な場合でも FFT 法，MEM に劣る．しかし，誤差理論にもとづくスペクトル推定の根拠は明確である．

(2) FFT 法では，広い周波数範囲にわたり比較的良好なスペクトルが得られる．しかし，データ数の減少に伴い，安定性が悪化する．

(3) MEM では時系列予測誤差フィルターの項数 (m) により結果が左右されるが，最適な m では分解能・安定性の向上を同時に期待でき，前述二方法のいずれの場合よりも優れている．

(4) データ数の極めて少ない場合にも，MEM は分解能の良い安定したスペクトルを与える．これは他の方法には見られない特徴である．ただし，ピークの鋭いスペクトルに対し MEM では積分スペクトルを求めなければならない．

12.6 フーリエ積分に関する Filon の数値計算法

データの読み取り間隔が十分密であり，データ数(記録長)もその現象に含まれる最大変動周期より十分長い場合でも，相関関数のフーリエ変換式の計算には注意を要する．それは，f あるいは τ が大きいと，間隔 Δt または Δf の間

12.6 フーリエ積分に関する Filon の数値計算法

で $\cos 2\pi f\tau$ が交番するからである．この場合には，各区間を二次曲線として近似し，数値積分を行なう Filon の方法を用いるのがよい．すなわち，区間 a-b を $2n$ 等分するとして

$$P(f) = 4\int_a^b C(\tau)\cos 2\pi f\tau d\tau$$
$$= 4\varDelta t[\alpha\{C(b)\sin 2\pi fb - C(a)\sin 2\pi fa\} + \beta C_{2s} + \gamma C_{2s-1}]$$

ここに，

$$\left.\begin{array}{l}\alpha = \theta^{-3}(\theta^2 + \theta\sin\theta\cos\theta - 2\sin^2\theta)\\ \beta = 2\theta^{-3}\{\theta(1+\cos^2\theta) - 2\sin\theta\cos\theta\}\\ \gamma = 4\theta^{-3}(\sin\theta - \theta\cos\theta)\\ C_{2s} = \dfrac{1}{2}C_0\cos 2\pi fa + C_2\cos 2\pi f\tau_2 + C_4\cos 2\pi f\tau_4 + \cdots\\ \qquad + C_{2n-2}\cos 2\pi\tau_{2n-2} + \dfrac{1}{2}C_{2n}\cos 2\pi fb\\ C_{2s-1} = C_1\cos 2\pi f\tau_1 + C_3\cos 2\pi f\tau_3 + \cdots + C_{2n-1}\cos 2\pi f\tau_{2n-1}\\ \varDelta t = (b-a)/2n,\ \theta = 2\pi f\varDelta t,\ \tau_s = a + s\varDelta t,\ C_s = C(a+s\varDelta t)\end{array}\right\}$$

上式において，$f \to 0$ とすれば，

$$P(0) = \frac{4\varDelta t}{3}[2C_{2s} + 4C_{2s-1}]$$

となり，Simpson 公式に一致する．

228   12. データ処理の手法

1) BLACKMAN-TUKEY 法

```
  3 C*********************************************************************
  4 C                                                                     *
  5 C      POWER SPECTRUM BY BLACKMAN-TUKEY METHOD                        *
  6 C                                                                     *
  7 C*********************************************************************
  8
  9 C      X(I)  : INPUT DATA
 10 C      C(I)  : AUTO-CORRELATION FUNCTION
 11 C      E(I)  : ONE -SIDED POWER SPECTRUM
 12 C      V(I)  : TWO -SIDED POWER SPECTRUM
 13 C      FR(I) : FREQUENCY
 14
 15             CALL READ1
 16
 17             CALL FILTER
 18
 19             CALL SPECTR
 20
 21             CALL PRINT
 22
 23                STOP
 24
 25                END
 27 C      *************************************************************
 28      SUBROUTINE READ1
 29
 30      COMMON/WW1/ NMAX,LAG,DT,MM
 31      COMMON/WW2/ X(2000)
 32
 33 C    INPUT OF DATA
 34 C    NMAX  : TOTAL NO. OF INPUT DATA
 35 C    LAG   : MAX. LAG OF AUTO-CORRELATION
 36 C    DT    : TIME INTERVAL
 37 C    BE    : EQUIVALENT BANDWIDTH
 38 C    EP    : COEFF. OF VARIATION OF SPECTRAL ESTIMATION
 39 C    FC    : MAX. FREQUENCY OR CUTOFF FREQUENCY OF ANALYSIS
 40 C    FN    : NYQUIST FREQUENCY
 41
 42      READ(5,50) NMAX,LAG,DT,FC,BE,EP
 43
 44      READ(5,51) ( X(I),I=1,NMAX )
 45
 46      MM=LAG+1
 47      BE1=1.0/(LAG*DT)
 48      EP1=SQRT( FLOAT(LAG)/FLOAT(NMAX) )
 49      FN =0.5/DT
 50      IF( BE.LE.0. ) BE =BE1
 51      IF( FC.LE.0. ) FC =FN
 52      IF( EP.LE.0. ) EP =EP1
 53      WRITE(6,60) NMAX,LAG,DT,FN,BE1,EP1
 54      IF( NMAX.LT.IFIX(LAG/EP**2) ) WRITE(6,61)
 55      IF( NMAX.LT.10*LAG         ) WRITE(6,62)
 56      IF(   LAG.NE.1./(BE*DT)    ) WRITE(6,62)
 57      IF(    DT.GT.(0.5/FC)      ) WRITE(6,63)
 58                                   WRITE(6,64)
 59
 60      DO 100 I=1,NMAX,5
 61      K=I+4
 62      WRITE(6,65) I,K,X(I),X(I+1),X(I+2),X(I+3),X(I+4)
 63  100 CONTINUE
 64                RETURN
 65
 66   50 FORMAT(2I5,4F10.5)
 67   51 FORMAT(5F10.2)
 68   60 FORMAT(1H1 /// 10X,'POWER SPECTRUM BY BLACKMAN-TUKEY METHOD ',///
 69     1          10X,'NMAX=',I10/10X,'LAG =',I10/10X,'DT  =',F10.3 /10X,
 70     2          'CUTOFF FREQUENCY=',E15.7/10X,'EQUIV. BANDWIDTH='
 71     3          ,E15.7/10X,'COEFF. OF VAR =',E15.7)
 72   61 FORMAT(1H /10X,'TOTAL NUMBER OF DATA IS INAPPROPRIATE.')
 73   62 FORMAT(1H /10X,'MAXIMUM NUMBER OF LAG IS INAPPROPRIATE.')
 74   63 FORMAT(1H /10X,'INTERVAL OF DATA IS INAPPROPRIATE.')
 75   64 FORMAT(1H )
 76   65 FORMAT(1H ,'I=',I5,'-',I5,7X,5(E15.7,3X))
 77
 78                END
```

12. データ処理の手法　　　　229

```
 80 C      ****************************************************
 81        SUBROUTINE  FILTER
 82
 83        COMMON/WW1/ NMAX,LAG,DT,MM
 84        COMMON/WW2/ X(2000)
 85        COMMON/WW3/ C(1000),P(1000),V(1000)
 86        DIMENSION  XX(2000)
 87
 88 C      PREWHITENING AND AUTO-CORRELATION
 89
 90 C****  PREWHITENING  ********************
 91        XX(1)=X(1)
 92        DO 100 I=2,NMAX
 93    100 XX(I)=X(I)-0.6*X(I-1)
 94        SUM=0.0
 95        DO 150 I=1,NMAX
 96    150 SUM=SUM+XX(I)
 97        XM=SUM/NMAX
 98        DO 160 I=1,NMAX
 99        X(I)= XX(I)-XM
100    160 CONTINUE
101
102        CALL AUTO
103
104 C***  REMOVAL OF A LINEAR TREND ********
105        N1=NMAX/3
106        N2=2*N1+1
107        SUM=0.0
108        DO 200 N=1,N1
109        SUM=SUM+X(N)
110    200 CONTINUE
111        XB=SUM/N1
112        SUM=0.0
113        DO 250 N=N2,NMAX
114        SUM=SUM+X(N)
115    250 CONTINUE
116        XC=SUM/N1
117        C1=0.1875*(XB-XE)**2
118        C2=1.0-1.0/(NMAX)**2
119        DO 300 I=1,MM
120           C3=FLOAT(I-1)/FLOAT(NMAX)
121           C(I)=C(I)-C1*(C2-2.0*C3*(1.0+C3))
122    300 CONTINUE
123
124                  RETURN
125                  END
127 C****************************************************************
128        SUBROUTINE  AUTO
129
130        COMMON/WW1/ NMAX,LAG,DT,MM
131        COMMON/WW2/ X(2000)
132        COMMON/WW3/ C(1000),P(1000),V(1000)
133
134 C      C(J)   : AUTO-CORRELATION OF X
135
136        DO 200 J=1,MM
137        SUM=0.0
138        DO 100 I=J,NMAX
139        SUM=SUM+X(I)*X(I-J+1)
140    100 CONTINUE
141        C(J)=SUM/( NMAX-J+1 )
142    200 CONTINUE
143
144                  RETURN
145                  END
```

```
147 C******************************************************************
148       SUBROUTINE  SPECTR
149
150       COMMON/WW1/ NMAX,LAG,DT,MM
151       COMMON/WW3/ C(1000),P(1000),V(1000)
152
153 C***  RAW SPECTRUM *******************
154       M=LAG
155       DO 150 J=1,MM
156          PR  =3.141593*(J-1)
157          SUM1=C(1)+C(MM)*COS(PR)
158          SUM =0.0
159          DO 100 K=2,M
160          QM  =FLOAT(K-1)/FLOAT(M)
161          SUM =SUM+C(K)*COS( QM*PR )
162      100 CONTINUE
163          V(J)=(SUM1+2.0*SUM)*DT
164      150 CONTINUE
165
166 C***  SPECTRAL WINDOW ( HANNING ) *****
167       P(1) =0.5*(V(1)+V(2))
168       P(MM)=0.5*(V(M)+V(MM))
169          DO 200 J=2,M
170          P(J)=0.25*V(J-1)+0.5*V(J)+0.25*V(J+1)
171      200 CONTINUE
172
173 C***  RECOLORING *********************
174       C1=FLOAT(NMAX)/FLOAT(NMAX-M)
175       C2=1.047198/M
176       V(1) =C1*P(1)/(1.36-1.20*COS(C2))
177       C2=1.0/(6.0*M)
178       V(MM)=P(MM)/(1.36-1.20*COS( (1.0-C2)*2*3.141593 ))
179          DO 250 J=2,M
180          C2=3.141593*(J-1)/M
181          V(J)=P(J)/( 1.36-1.20*COS(C2) )
182      250 CONTINUE
183
184                    RETURN
185                    END
188 C******************************************************************
189       SUBROUTINE  PRINT
190
191       COMMON/WW1/ NMAX,LAG,DT,MM
192       COMMON/WW3/ C(1000),P(1000),V(1000)
193       DIMENSION   FR(1000),E(1000)
194
195 C     OUTPUT OF ONE-SIDED POWER SPECTRUM (E)
196
197       WRITE(6,600)
198       DF =1.0/(2.*LAG*DT)
199       DO 100 J=1,MM
200       E(J)  =2.0*V(J)
201       FR(J) =(J-1)*DF
202       WRITE(6,610) FR(J),E(J)
203   100 CONTINUE
204
205                    RETURN
206
207   600 FORMAT(1H1///10X,'ONE-SIDED POWER SPECTRUM BY BLACKMAN-TUKEY ',
208      1        'METHOD',//13X,'FREQUENCY',13X,'POWER SPECTRUM (E)',/)
209   610 FORMAT(1H ,9X,2(E15.7,10X))
210
211                    END
```

12. データ処理の手法

2) FFT 法

```
C*********************************************************
C                                                         *
C    SPECTRUM, COHERENCE AND CORRELATION BY FFT           *
C                                                         *
C*********************************************************
C
C               SPECTRUM IS OBTAINED AS ONE-SIDED SPECTRUM
C
C    X,Y       = GIVEN DATA
C    DT        = TIME INTERVAL
C    NMAX      = NUMBER OF DATA
C    NB        = POSITIVE POWER OF 2
C    NF        = NUMBER OF TERMS OF SMOOTHING FILTER IN FREQUENCY
C                DOMAIN( NF=1 : NO SMOOTHING )
C    PX1,PY1,PC1= RAW SPECTRA OF X, Y AND CROSS-SPECTRUM OF X & Y
C    PX, PY ,PC = SMOOTHED SPECTRA
C    PCR1, PCI1 = REAL AND IMAGINARY PART OF RAW CROSS-SPECTRUM PC1
C    PCR,  PCI  = REAL AND IMAGINARY PART OF SMOOTHED CROSS-SPECTRUM PC
C    CXY,  CYX  = (OUTPUT) CROSS-CORRELATION, I=+ AND I=-
C    FX,   FY   = COMPLEX FOURIER COMPONENT OF X,Y
C    FXR,  FXI  = COS AND SIN TRANSFORM OF X
C    FYR,  FYI  = COS AND SIN TRANSFORM OF Y
C    FRQ        = FREQUENCY
C
C
                CALL READF

                CALL FOURIE

                CALL SPECTR

                CALL CORREL
C
                STOP
                END
C*********************************************************
      SUBROUTINE   READF
C
      COMMON/BL1/  X(2050),  Y(2050)
      COMMON/BL4/  NMAX,DT,NB,NB2,NB4,NP,NF
C
      READ(5,500) NMAX,NF,DT
C
      READ(5,510) (X(I),I=1,NMAX)
C
      READ(5,510) (Y(I),I=1,NMAX)
C
         WRITE(6,600)
         WRITE(6,610)  (I,X(I),Y(I),I=1,NMAX)
C
      SUMX =0.0
      SUMY =0.0
      DO 50 I=1,NMAX
      SUMX =SUMX+X(I)
      SUMY =SUMY+Y(I)
   50 CONTINUE
      XM =SUMX/NMAX
      YM =SUMY/NMAX
      DO 100 I=1,NMAX
      X(I) =X(I)-XM
      Y(I) =Y(I)-YM
  100 CONTINUE
         WRITE(6,620) XM,YM
         WRITE(6,610)  (I,X(I),Y(I),I=1,NMAX)
C
  500 FORMAT(2I5,F10.1)
  510 FORMAT(5F10.3)
C
  600 FORMAT(1H //10X,'I',12X,'X(I)',16X,'Y(I)')
  610 FORMAT(1H , 5X,I5,2E20.5)
  620 FORMAT(1H  /  10X,'XMEAN=',E15.7,8X,'YMEAN=',E15.7 // 10X,
     1          'I',8X,'X(I)=X(I)-XM',8X,'Y(I)=Y(I)-YM' / )
C
      RETURN
      END
```

```
C******************************************************************
      SUBROUTINE    FOURIE
C
      COMPLEX       FX,FY
      COMMON/BL1/   X(2050),  Y(2050)
      COMMON/BL2/   FX(1024), FY(1024)
      COMMON/BL4/   NMAX,DT,NB,NB2,NB4,NP,NF
      DIMENSION     FXR(1024),FXI(1024),FYR(1024),FYI(1024),S(512)
C
      NP =ALOG(NMAX+0.5)/ALOG(2.0)
      NB =2**NP
      NB2=NB/2
      NB4=NB/4
C
      DO 50 I=1,NB4-1
   50 S(I) =SIN( I*6.283185/NB )
C
      CALL FFT( X,FXR,FXI,NB,NB2,NB4,NP,S )
C
      CALL FFT( Y,FYR,FYI,NB,NB2,NB4,NP,S )
C
C     ------------- COMPLEX FOURIER COMPONENT ------------
      FXI(1)= 0.0
      FYI(1)= 0.0
      DO 100 I=1,NB2
      FX(I) =FXR(I)+FXI(I)*(0.0,1.0)
      FY(I) =FYR(I)+FYI(I)*(0.0,1.0)
  100 CONTINUE
C
      RETURN
      END
C******************************************************************
      SUBROUTINE    SPECTR
C
      COMPLEX       FX,  FY,  PC1,  PC
      COMMON/BL2/   FX(1024), FY(1024)
      COMMON/BL3/   PX(1024), PY(1024), PCR(1024), PCI(1024)
      COMMON/BL4/   NMAX,DT,NB,NB2,NB4,NP,NF
      DIMENSION     PX1(1024),PY1(1024),FRQ(1024)
      DIMENSION     PCR1(1024),PCI1(1024),PC1(1024)
      DIMENSION     PHASE(1024), COHR(1024), PC(1024)
C
C     ------------- RAW SPECTRA AND CROSS-SPECTRUM ------------
C
      TN  =DT/NB
      TN2 =2.0*TN
      DF  =1.0/(NB*DT)
C
      DO 50 I=1,NB2
      PX1(I)   =FX(I)*CONJG(FX(I))*TN2
      PY1(I)   =FY(I)*CONJG(FY(I))*TN2
      PC1(I)   =FX(I)*CONJG(FY(I))*TN
      PCR1(I)  =REAL(PC1(I))
      PCI1(I)  =AIMAG(PC1(I))
   50 CONTINUE
C
C     ------------- SMOOTHING OF RAW SPECTRA AND CROSS-SPECTRUM ---
C
      CALL FILTER( PX1,PX,NB2,NF )
      CALL FILTER( PY1,PY,NB2,NF )
      CALL FILTER( PCR1,PCR,NB2,NF )
      CALL FILTER( PCI1,PCI,NB2,NF )
C
C     ------------- COHERENCE AND PHASE ------------------------
C
      DO 100 I=1,NB2
      FRQ(I)   =DF*(I-1)
      PC(I)    =PCR(I)+PCI(I)*(0.0,1.0)
      COHR(I)  =SQRT(CABS(PC(I))**2/(PX(I)*PY(I)/4))
      PHASE(I) =ATAN(PCI(I)/PCR(I))
  100 CONTINUE
C
      WRITE(6,620)
      WRITE(6,630) (I,FRQ(I),PX(I),PY(I),PC(I),COHR(I),PHASE(I),I=1,NB2)
C
      RETURN
C
  620 FORMAT(1H1 // 25X,'SPECTRA OF X & Y ,',11X,'CROSS-SPECTRUM OF X-Y
```

12. データ処理の手法

```
          1      COHERENCE - PHASE OF X-Y' /1H0,'    1',4X,'FRQ(I)',10X,
          2      'PX(I)',11X,'PY(I)',16X,'PXY(I)',16X,'COHR(I)',9X,'PHASE')
      630 FORMAT( / (I5,E11.3,2(5X,E11.3),5X,2E11.3,2(5X,E11.3)))
C
          END
C****************************************************************
          SUBROUTINE   CORREL
          COMMON/BL3/ PX(1024),PY(1024),PCR(1024),PCI(1024)
          COMMON/BL4/ NMAX, DT, NB, NB2, NB4, NP, NF
          DIMENSION   TAU(512), S(256), W(512)
          DIMENSION   CX(512), CY(512)
          DIMENSION   CXY(512),CYX(512)
C
C         --------- CORRELATION BY FFT OF SPECTRUM --------------
C
          NQ     =NP-1
          NC     =NB2
          NC2    =NC/2
          NC4    =NC/4
          DF2    =2.0/(NB*DT)
          DTAU   =2.0*DT
          DO 50 I=1,NC4-1
          S(I)   =SIN(I*6.283185/NC)
       50 CONTINUE
C
          CALL FFT( PX,CX,W,NC,NC2,NC4,NQ,S )
          CALL FFT( PY,CY,W,NC,NC2,NC4,NQ,S )
          CALL FFT( PCR,CXY,W,NC,NC2,NC4,NQ,S )
          CALL FFT( PCI,W,CYX,NC,NC2,NC4,NQ,S )
C
          CYX(1) =0.0
C
          DO 100 I=1,NC2
          TAU(I) =DTAU*(I-1)
          CX(I)  =CX(I)*DF2
          CY(I)  =CY(I)*DF2
          ST     =(CXY(I)-CYX(I))*DF2
          CYX(I) =(CXY(I)+CYX(I))*DF2
          CXY(I) =ST
      100 CONTINUE
C
          WRITE(6,600)
          WRITE(6,610)  (I,TAU(I),CX(I),CY(I),CXY(I),CYX(I),I=1,NC2)
          RETURN
C
      600 FORMAT(1H0 // 1H0,4X,'AUTO-CORRELATION  ,  CROSS-CORRELATION OF
         1X - Y'/ 1H0,'    I ',9X,'TAU',12X,'CX',13X,'CY',12X,'CXY(+)',9X,
         2'CYX(-)' )
      610 FORMAT( / (I4,2X,5E15.5))
C
          END
C****************************************************************
          SUBROUTINE FILTER( SSP,SP,M,NF )
C
C         * SMOOTHING BY THE TRIANGURAL FILTER *
C
          DIMENSION   SSP(1024),SP(1024)
C
          DO 100 K=1,M
          SUM =SSP(K)*NF
          IF( NF.EQ.1 ) GO TO 80
          DO 50 I=1,NF-1
C
          K1   =K-I
          K2   =K+I
C
          IF( K1.LT.1 ) K1=-(K1-1)+1
          IF( K2.GT.M ) K2=M-(K2-M)
C
          SUM =SUM+( SSP(K1)+SSP(K2) )*(NF-I)
       50 CONTINUE
C
       80 SP(K) =SUM/NF**2
C
      100 CONTINUE
C
          RETURN
          END
```

12. データ処理の手法

```
C***************************************************************
      SUBROUTINE FFT( X,A,B,N,N2,N4,NP,S )
C
C     FAST FOURIER TRANSFORMATION
C     X(N) =GIVEN DATA
C     A(N2)=RETURNS WITH COSINE TRANSFORM OF X
C     N    =SIZE OF DATA X WHICH MUST BE A POSITIVE POWER OF 2, AND
C           GREATER THAN OR EQUAL TO 8
C     S(N4)=TABLE OF SIN(I*6.2831853/N),I=1,N/4-1
C
      DIMENSION X(N),A(N2),B(N2),S(N4)
C
      DO 20 I=1,N2
      A(I)=X(I)+X(I+N2)
      B(I)=X(I)-X(I+N2)
   20 CONTINUE
      DO 40 I=1,N2
      X(2*I-1)=A(I)
      X(2*I)  =B(I)
   40 CONTINUE
C
         IP=N4
         M1= 1
C
      DO 200 M=1,NP-1
         M2=2*M1
         M0=M1-1
      DO 80 I=1,IP
         I1=M2*(I-1)+1
         I2=I1+M1
         I3=I1+N2
         I4=I3+M1
      A(I1)=X(I1)+X(I3)
      B(I1)=X(I1)-X(I3)
      A(I2)=X(I2)
      B(I2)=X(I4)
      IF( M.EQ.1 ) GO TO 80
      DO 60 K=1,M0
         S1=S(N4-IP*K)*X(I3+K)-S(IP*K)*X(I4+K)
         S2=S(IP*K)*X(I3+K)+S(N4-IP*K)*X(I4+K)
         I5=I1+K
         I6=I1-K+M2
      A(I5)=X(I5)+S1
      A(I6)=X(I5)-S1
      B(I5)=X(I2+K)+S2
      B(I6)=-X(I2+K)+S2
   60 CONTINUE
   80 CONTINUE
C
      DO 120 J=1,IP
         J1=M2*(J-1)
         J2=2*J1
         J3=J2+M2
      DO 100 K=1,M2
      X(J2+K)=A(J1+K)
      X(J3+K)=B(J1+K)
  100 CONTINUE
  120 CONTINUE
C
      IF( IP.EQ.1 ) GO TO 999
      M1=M2
      IP=IP/2
  200 CONTINUE
C
  999 CONTINUE
C     -
      RETURN
      END
```

12. データ処理の手法

3) 最大エントロピー法

```
        PARAMETER (NMAX=2001,MMAX=100,LMAX=1001,NYQ=1000)
C       ****************************************************
C       M E M ( MAX ENTROPY METHOD )
C       ****************************************************

        REAL*8    B1(NMAX),B2(NMAX),C(LMAX),F(NYQ),G(MMAX),GG(MMAX)
        REAL      X(NMAX),E(NYQ),FPE(MMAX),AIC(MMAX)

        CALL READ1  ( NMAX,MMAX,LMAX,NYQ,DT,X,C,PM,B1,B2 )

        CALL BURG   ( NMAX,MMAX,LMAX,PM,C,G,GG,B1,B2,FPE,AIC )

        CALL MEM    ( NMAX,MMAX,LMAX,NYQ,DT,G,C,PM,F,E )

        CALL OUTPUT ( NMAX,MMAX,LMAX,NYQ,F,E,C,FPE,AIC )

        STOP
        END
C       ****************************************************
        SUBROUTINE READ1( NMAX,MMAX,LMAX,NYQ,DT,X,C,PM,B1,B2 )
C
C       X(I) =  INPUT DATA,(I=1,NMAX)
C       G(I) =  PREDICTION ERROR COEFFICIENTS.
C       C(I) =  A.C. COEFFS. AT T=(I-1)*DT,(I=1,LMAX)
C       FPE  =  FINAL PREDICTION ERRORS
C       AIC  =  AKAIKE'S INFOMATION CRITERION
C       PM   =  OUTPUT POWER FROM THE PREDICTION ERROR FILTER
C       ****************************************************
C       EMA B1,B2,X
        REAL*8    B1(NMAX),B2(NMAX),C(LMAX),SUM
        REAL      X(NMAX)

        READ(5,500)    NMAX,MMAX,LMAX,DT
                 IF(MMAX.LT.(NMAX-1)/2) GO TO 10
                 WRITE(6,600) STOP
   10   NYQ  =   INT((NMAX-1)/2)

        READ(5,510)    ( X(N),N=1,NMAX )

                 SUMX =0.
                 DO   20   I=1,NMAX
   20            SUMX  =SUMX+X(I)
                 AVX   =SUMX/NMAX
                 DO   30   I=1,NMAX
   30            X(I)  =X(I)-AVX

                 SUM   =0.0
                 DO   40   I=1,NMAX
   40            SUM   =SUM+X(I)**2
                 C(1)  =SUM/NMAX
                 PM    =C(1)

                 B1(1) =X(1)
                 DO   50   I=2,NMAX
                 B1(I) =X(I)
                 B2(I-1)=X(I)
   50            CONTINUE

  500            FORMAT( 3I5,F10.1)
  510            FORMAT( 5F10.3   )
  600            FORMAT(1H1,'MMAX SHOULD BE SMALLER THAN NMAX-1 ')

                 RETURN
                 END
C       ****************************************************
        SUBROUTINE BURG ( NMAX,MMAX,LMAX,PM,C,G,GG,B1,B2,FPE,AIC )

C       COMPUTATION OF G'S (PREDICTION ERROR COEFFS.) BY THE LEVINSON
C           ALGORITHM AND FPE & AIC
C
C       EMA B1,B2
        REAL*8    B1(NMAX),B2(NMAX),C(LMAX),G(MMAX),GG(MMAX),SUM,STN,STD
        REAL      FPE(MMAX),AIC(MMAX)

        DO 70 M=1,MMAX

                 STN =0.0
                 STD =0.0
                 DO    10  I=1,NMAX-M
                 STN=STN+B1(I)*B2(I)
                 STD=STD+B1(I)**2+B2(I)**2
   10            CONTINUE
                 G(M)=-2.*STN/STD
                 PM  =PM*(1.0-G(M)**2)
```

```
              IF( M.EQ.1 ) GO TO 30
              DO    20  K=1,M-1
         G(K)=GG(K)+G(M)*GG(M-K)
    20        CONTINUE

    30        DO    40  I=1,NMAX-M-1
         B1(I)  =B1(I)+G(M)*B2(I)
         B2(I)  =B2(I+1)+G(M)*B1(I+1)
    40        CONTINUE

              DO    50  I=1,M
    50        GG(I)   = G(I)
C                      -------------------
C        ( ESTIMATION OF A.C. COEFF.)
              SUM   =0.0
              DO 60 I=1,M
    60        SUM   =SUM-C(M+1-I)*G(I)
         C(M+1) =SUM

C                      -------------------
C        ( FPE  AND  AIC )
              IF ( M.EQ.(NMAX-1) ) GO TO 70
              FPE(M)=(NMAX+M+1)/(NMAX-M-1)*PM
              AIC(M)=NMAX*ALOG(PM)+2.0*M
    70        CONTINUE

              RETURN
              END
C        ****************************************************
         SUBROUTINE MEM ( NMAX,MMAX,LMAX,NYQ,DT,G,C,PM,F,E )

         REAL*8    C(LMAX),G(MMAX),F(NYQ)
         REAL      E(NYQ)
         COMPLEX*8 SUM,CI

              F0   =1./((NMAX-1)*DT)
              DO 20   I=1,NYQ
              F(I)=F0*(I-1)
              SUM =1.0
              CI  =(0.0,1.0)*2*3.141593*F(I)*DT
              DO  10 J=1,MMAX
              SUM =SUM+G(J)*CEXP( CI*J )
    10        CONTINUE

              E(I)    =2.*PM*DT/(CABS(SUM)**2)
    20        CONTINUE
C                      ---------------------
C        ( EXTRAPOLATION OF A.C BY MEM )
              IF( MMAX.GE.LMAX ) GO TO 50
              DO 40 L=MMAX+1,LMAX
              SUM =0.0
              DO 30 I=1,MMAX
              SUM    =SUM-C(L+1-I)*G(I)
    30        CONTINUE
         C(L+1)=SUM
    40        CONTINUE

    50        RETURN
              END
C        ****************************************************
         SUBROUTINE OUTPUT ( NMAX,MMAX,LMAX,NYQ,F,E,C,FPE,AIC )

         REAL*8    C(LMAX),F(NYQ)
         REAL      FPE(MMAX),AIC(MMAX),E(NYQ)

         WRITE(6,600)
         WRITE(6,610) (I,F(I),E(I),C(I),FPE(I),AIC(I),I=1,MMAX)
              IF( NYQ.GE.LMAX  ) I1 = LMAX
              IF( NYQ.LT.LMAX  ) I1 = NYQ
              IF( MMAX.EQ.I1 ) GO TO 10
         WRITE(6,620) (I,F(I),E(I),C(I),           I=MMAX+1,I1)
    10_       IF( NYQ.EQ.LMAX) RETURN
              IF( NYQ.GT.LMAX) GO TO 20
         WRITE(6,630) (I,C(I),                      I=NYQ+1,LMAX)
    20   WRITE(6,640) (I,F(I),E(I),                 I=LMAX+1,NYQ)
              RETURN

   600   FORMAT(1H1,6X,'I',9X,'FRQ',11X,'SPC',11X,'A.C.',10X,'FPE',11X,
        1        'AIC')
   610   FORMAT(1H+/(5X,I3,5(2X,E12.3)))
   620   FORMAT(1H+/(5X,I3,3(2X,E12.3)))
   630   FORMAT(1H+/(5X,I3,30X,E12.3))
   640   FORMAT(1H+/(5X,I3,2(2X,E12.3)))
                  END
```

13. さらにすすんだスペクトルの概念

最近では,複雑な物理過程を理解するために,種々の新しいスペクトル概念が提案されている.本章では,これら様々なスペクトルがいかなる意味を持ち,また,いかに効果的に応用されているかを示すため,具体例を挙げて説明しよう.

13.1 時空相関および多次元スペクトル

13.1.1 時空相関関数

海の波などの不規則変動量(海の波では波高)は平面的に拡がっており,各々の成分波は,それぞれの波速でさまざまな方向に進行している(図 13.1).したがって,相関としては空間的時間的な多次元相関を考えなければならない.点 x の時刻 t における変数の値 $\zeta(x, t)$ と点 $(x+r)$ 時間 $(t+\tau)$ での変数 $\zeta(x+r, t+\tau)$ の相関として時空相関関数を定義する.

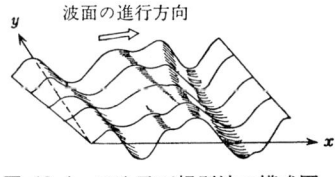

図 13.1 二次元不規則波の模式図

$$H(x, r; t, \tau) = \overline{\zeta(x, t)\zeta(x+r, t+\tau)} \tag{13.1}$$

(a)

(b)

図 13.2 乱流流速変動の時空相関係数

定常確率過程では，$H(x, r; t, \tau)$ は単に $H(r, \tau)$ となる．H が r と τ のみによる場合の例として，乱流場の流速変動の時空相関係数 $H(r, \tau)/H(0, 0)$ を示したのが図 13.2 である．

全く同様に，点 $P_i(x, t)$ における不規則変数 $\zeta_i(x, t)$ と，点 $P_j(x+r, t+\tau)$ における $\zeta_j(x+r, t+\tau)$ の時空相互相関関数が定義される．

$$H_{ij}(x, r; t, \tau) = \overline{\zeta_i(x, t)\zeta_j(x+r, t+\tau)} \tag{13.2}$$

13.1.2 多次元スペクトル

時空相関関数のフーリエ変換として，空間的な変換による**波数スペクトル**(二次元の場合)

$$\Phi(k, \tau) = \frac{1}{(2\pi)^2}\int_r H(r, \tau)e^{ikr}dr \tag{13.3}$$

と時間的変換による**周波数スペクトル**

$$S_{ij}(\omega; r) = \frac{1}{2\pi}\int_{-\infty}^{\infty} H(r, \tau)e^{-i\omega\tau}d\tau \tag{13.4}$$

が定義される．$S_{ij}(\omega, r)$ は第 4 章に定義したクロススペクトルにほかならない．

さらに，時間・空間に関する同時のフーリエ変換により，一般的に波数角周波数空間 (k_1, k_2, ω) の多次元スペクトル

$$\Phi(k, \omega; x, t) = (2\pi)^{-3}\int_\tau\int_r H(x, r; t, \tau)e^{-i(k\cdot r - \omega\tau)}drd\tau \tag{13.5}$$

が定義される．この逆変換は

$$H(x, r; t, \tau) = \int_k\int_\omega \Phi(k, \omega; x, t)$$
$$\times e^{i(k\cdot r - \omega\tau)}dkd\omega \tag{13.6}$$

である．図 13.3 は二次元波数空間 (k_1, k_2) のスペクトル $\Phi(k_1, k_2)$ を大気乱流(風速変動)を例として示したものである．

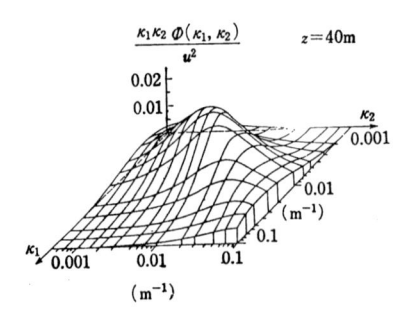

図 13.3 風速変動の二次元スペクトル
$\Phi(k_1, k_2) = \frac{\Phi(k)}{2\pi}\int_{-\infty}^{\infty} \text{Coh}(k, \eta)e^{-ik_2\eta}d\eta$
(岩谷, 1975)

13.1.3 壁に沿う乱流場の立体構造

ここでは風の場を例として，多次元相関やスペクトルについて述べ

13.1 時空相関および多次元スペクトル

る．

近年，大規模な建造物，例えば長大吊橋・超高圧送電線・高層ビルなどの建設にともなって，風の場の立体的な乱れの構造が重要な研究テーマとなっている．山や丘のない，また地表の粗度の一様な広い平地の上や海洋に吹く風の場は，水平面内では均質である．

ところで，定常な乱れの場の統計的特性は流下方向に急激な変化はせず，そのまま一定速度 U_c(convection velocity)で下流に移流されると仮定できる．すなわち，点 (x, y) での変動特性(流速変動 $u(x, y, \tau)$)は時間 τ 後には x 方向に

$$\xi = U_c \tau$$

だけ離れた点に運ばれるとみなしうる．

$$u(0, 0, 0) \quad \sim u(U_c\tau, 0, \tau)$$
$$u(-U_c\tau, 0, 0) \sim u(0, 0, \tau)$$
$$u(-\xi, 0, 0) \quad \sim u(0, 0, \xi/U_c) \text{ etc.}$$

この仮定を Taylor の凍結乱流の仮説(Taylor's hypothesis of frozen turbulence) という．したがって，流速成分 u の時空相関は(風下方向に x 軸をとれば)，

$$R_{uu}(\xi, \eta, \tau) = \overline{u(x_0, y_0, t) u(x_0+\xi, y_0+\eta, t+\tau)}$$
$$= R_{uu}(\xi - U_c\tau, \eta, 0) \tag{13.7a}$$
$$= R_{uu}(0, \eta, \tau - \frac{\xi}{U_c}) \tag{13.7b}$$

式 (13.7) の仮定を式 (13.4) に代入するとクロススペクトルは

$$S_{ij}(\xi, \eta; \omega) = S_{ij}(0, \eta; \omega) \exp\left(\frac{i\omega\xi}{U_c}\right) \tag{13.8}$$

と表わされる．クロススペクトルは二点での変動をそれぞれある角周波数 ω のフィルターを通した信号の場所的相関であり，実験的に直接測定されるのはこの実数部

$$S_{ij}(0, \eta, \omega) \cos \frac{\omega\xi}{U_c}$$

で，図 13.4 に示すように ω あるいは ξ とともに周期的に変化するはずである．しかし，Taylor の凍結乱流の仮定は厳密には成立しないから，乱れの構造(相

(a) 乱れの場のゆるやかな変化と Taylor 仮説

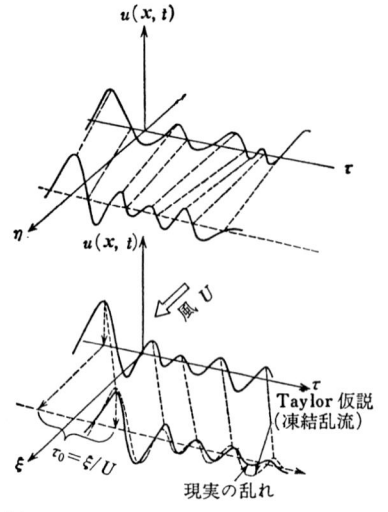

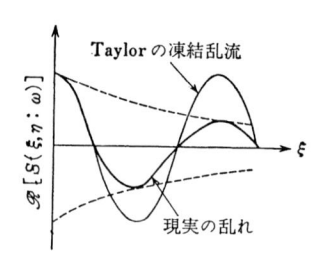

(b) Taylor 仮説によるω-成分の相互相関と現実の乱れのω-成分相互相関(ともに実数部を示す)(日野, 1972)

図 13.4

関)は流下時間(ξ/U_c)の増加とともに徐々に低下する(図 13.4 の点線).また,周波数 ω の高い,つまり振動のはやい乱れほど粘性による減衰の影響をうけるから,減衰係数は流下時間 ξ/U_c と周波数 ω に比例すると考え,無次元量 $\omega|\xi|/U_c$ の関数 $A(\omega|\xi|/U_c)$ におくことができる.したがって,式 (13.8) は次のように修正される.

$$S_{ij}(\xi,\eta;\omega)=S_{ij}(0,\eta,\omega)\exp\left(\frac{i\omega\xi}{U_c}\right)A\left(\frac{\omega|\xi|}{U_c}\right) \qquad (13.9)$$

減衰係数は近似的に

$$A(\omega|\xi|/U_c)=\exp\left(-\frac{k_\xi\omega|\xi|}{2\pi U_c}\right)$$

と表わされる (k_ξ:係数).

一方,クロススペクトルは実数部 K(コスペクトル)と虚数部 Q(クオドスペクトル)に分けて表わすか,

$$S_{ij}(\xi,\eta;\omega)=K(\xi,\eta;\omega)+iQ(\xi,\eta;\omega) \qquad (13.10)$$

あるいは,位相 Θ とコヒーレンシー Coh[*] を導入して,

---

[*] すでに §4.3 でも指摘したように,Coh または Coh^2 の呼び方には多少の混乱がある.
また,$S_{ii}(0,0,\omega)=S_{jj}(0,0,\omega)$ であるからこれを $S(0,0,\omega)$ と置く.

13.1 時空相関および多次元スペクトル

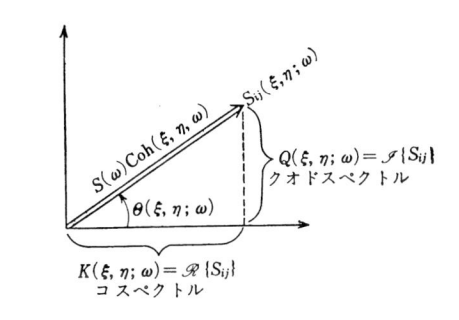

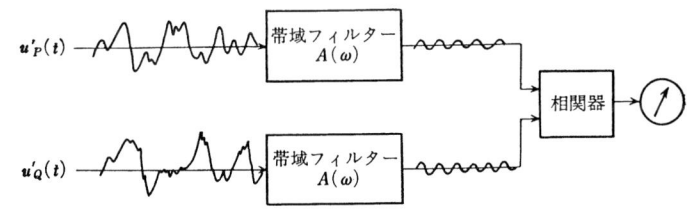

図 13.5 二点 P, Q の流速変動のクロススペクトルすなわち角周波数 ω の変動の相互相関

$$\text{Coh}(\xi, \eta; \omega) = \frac{|S_{ij}(\xi, \eta, \omega)|}{S(0, 0, \omega)}$$

$$\Theta(\xi, \eta; \omega) = \tan^{-1}\left\{\frac{Q(\xi, \eta; \omega)}{K(\xi, \eta; \omega)}\right\}$$

式 (13.11) のように表わされる.

$$S_{xy}(\xi, \eta; \omega) = S(\omega)\text{Coh}(\xi, \eta; \omega)\exp\{i\Theta(\xi, \eta; \omega)\} \tag{13.11}$$

式 (13.9) と (13.11) を比較し, かつ, コヒーレンシー Coh は実関数であることを考慮すれば, 乱流の水平面内のコヒーレンシーと位相は, $\eta=0$ の場合に, それぞれ次のように表わされる.

$$\text{Coh}(\xi, 0; \omega) = A\left(\frac{\omega|\xi|}{U_c}\right) \cong \exp\left(-\frac{k_c\omega|\xi|}{2\pi U_c}\right) \tag{13.12}$$

$$\Theta(\xi, 0; \omega) = \frac{\omega\xi}{U_c} \tag{13.13}$$

水平面内の流れと直角 (y) 方向のクロススペクトル $S_{ij}(0, \eta; \omega)$ は, y 方向に η だけ隔った二点での乱れをフィルターを通して測定する場合の周波数 ω の成分の相関ということであるから, ω や η が大きいほど小さい. また地表面に近づくにつれて大きなスケールの乱れは存在しえなくなるから, 地表からの高さ

z が小さいほど $S(0, \eta; \omega)$ は少なくなる．したがって，y 方向の減衰関数を上と同様に次の形におくことができ，実験的に確認されている．

$$B(0, \eta; \omega) = \exp\left\{-k_\eta \frac{|\eta|}{2\pi U_c}\omega\right\}$$

ここに，

$$k_\eta = k_0 \left(\frac{\eta}{z}\right)^p$$

また，横方向には乱れ(渦)の平均的移流はないから位相差は

$$\Theta(0, \eta; \omega) = 0$$

と考えられる．

結局，クロススペクトル $S(\xi, \eta; \omega)$ は次のようになる (日野, 1972)．

$$S(\xi, \eta; \omega) = S(\omega) \operatorname{Coh}(\xi, \eta; \omega) \exp\{i\Theta(\xi, \eta; \omega)\} \quad (13.14)$$

ここに，

$$\operatorname{Coh}(\xi, \eta; \omega) = \exp\left(-\frac{k_\xi|\xi| + k_\eta|\eta|}{2\pi U_c}\omega\right) \quad (13.15)$$

$$\Theta(\xi, \eta; \omega) = \frac{\xi\omega}{U_c} \quad (13.16)$$

上式のフーリエ変換から相互相関関数が次のようになる．

$$R(\xi, \eta; \tau) = \int_{-\infty}^{\infty} S(\omega) \operatorname{Coh}(\xi, \eta; \omega) \exp\{i\Theta(\xi, \eta; \omega)\} \exp(i\omega\tau) d\omega \quad (13.17)$$

例1 変動風速の水平構造

一点での風速変動のスペクトル $S(k)$ には，Kolmogorov の局所等方性理論における慣性領域の "$-5/3$ 乗則"

$$S(k) = \alpha \varepsilon^{2/3} k^{-5/3}$$

に従う広い領域の存在することが知られている．

大気乱流の三次元的乱流構造の測定については多数の報告があるが，そのうちの一例として，岩谷・塩谷(1976)によるコヒーレンスと位相の測定結果を図 13.6 に載せる．上述の式 (13.15), (13.16) の関係がよく成立している．

式 (13.17) により ($S(\omega)$ には $-5/3$ 乗領域を含む内挿式である Hino のスペクトルを用いて)これを相互相関に変換した曲線と実測を比較したものが図 13.7 である．また，図 13.8 は水平面内の時空相互相関 – 変動風速の空間パタ

13.1 時空相関および多次元スペクトル

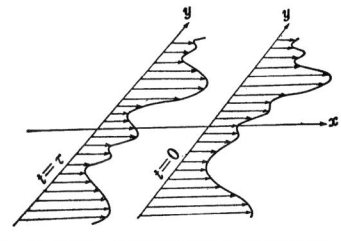

(a) 風速変動の時間的空間的分布の模式図

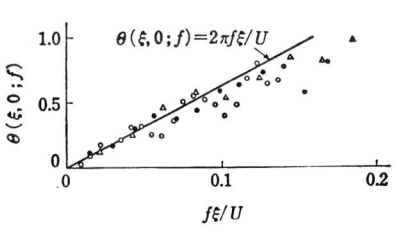

(b) 風下方向に距離 ξ 隔たった二点の風速変動の位相 $\theta(\xi,0,f)$ と $f\xi/U$ の関係

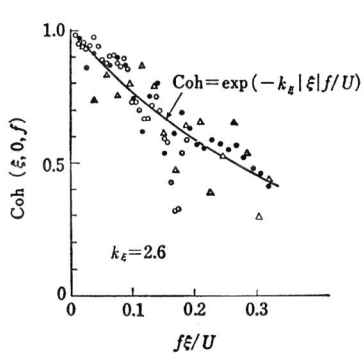

$\theta(\xi,0;f)=2\pi f\xi/U$

(c) 風下方向に距離 ξ 隔たった二点の風速変動 u' のコヒーレンス Coh と無次元周波数 ($f\xi/U$) の関係 (岩谷, 1977)

$\mathrm{Coh}=\exp(-k_\xi|\xi|f/U)$

$k_\xi=2.6$

○: $\xi=10$ m; ●: $\xi=20$ m; △: $\xi=30$ m

図 13.6

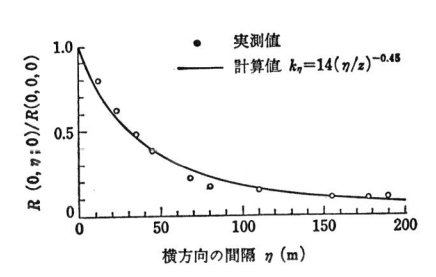

● 実測値
── 計算値 $k_\eta=14(\eta/z)^{-0.45}$

図 13.7 横方向の空間相関係数 (岩谷, 1976)

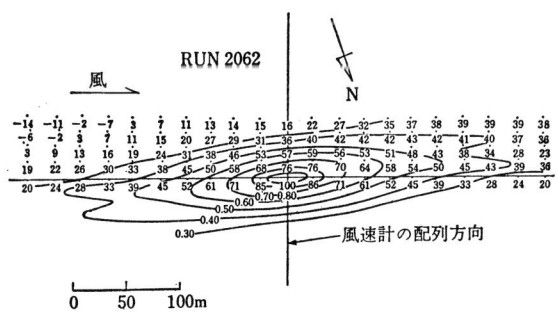

RUN 2062

図 13.8 風速変動の水平構造 – 相互相関関数 (塩谷, 1971)

ーンである．この図から風の乱れは流下方向に長い渦とみなせる．

例2 平板上の圧力変動

ジェットエンジンの騒音は噴気流によるエンジン壁面上の圧力変動に寄因する．このため平板上の乱流境界層内圧力変動の研究が数多く行なわれている．

一方，乱れのエネルギーの発生や輸送に関連し，壁面近傍の粘性底層でのorganized eddy motion の重要性が明らかにされ，この点からも壁面上の乱流圧力変動の実験が行なわれた．図 13.9 は壁面上の圧力変動の時空 $(x-\tau)$ 相関である．(x, τ) 面上を斜めに走る峰は，圧力変動が一定速度で流下しつつ相関が減衰する様子を示している．

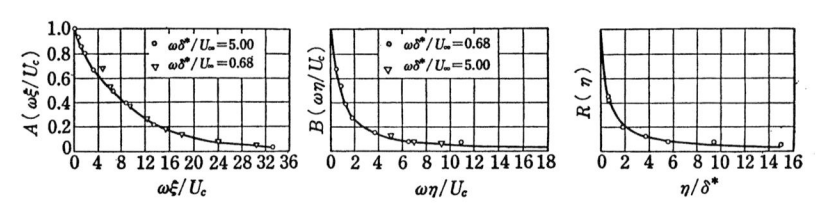

(a) 乱流境界層の壁面圧力変動のクロススペクトル．(左) 流下方向，(右) 横方向

(b) 乱流境界層の壁面圧力変動の横方向の空間相関．○印は Willmarth の実験値，実線は計算曲線，$R(\eta) = \int S(\omega) B(\omega\eta/U_c) d\omega$．
(Corcos, G. M., 1963)

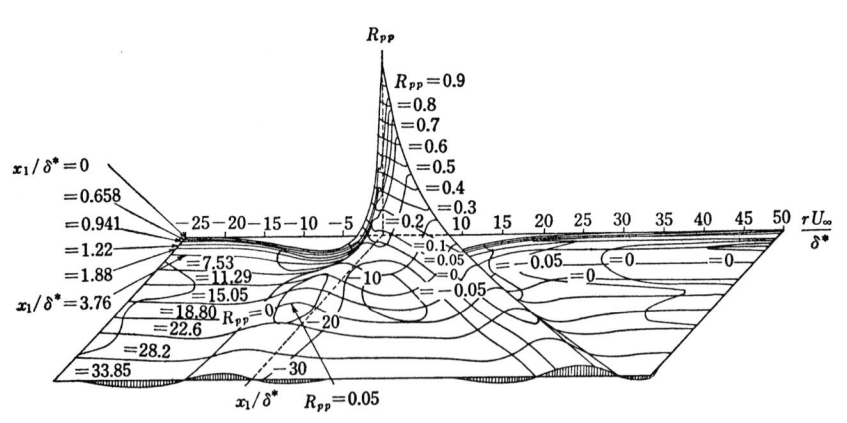

(c) 乱流境界層の壁面圧力の時空 (t, x) 相関 (Willmarth and Wooldridge, 1962)

図 **13.9**

13.1 時空相関および多次元スペクトル

例3　波浪の二次元スペクトル

海の波は海岸近くで波頭をみているとほぼ規則的な波が一定方向に進行しているように思いがちであるが，実はさまざまな方向に進行する種々の波長の波が重ね合わさったものである．したがって，二次元的なスペクトル表現によら

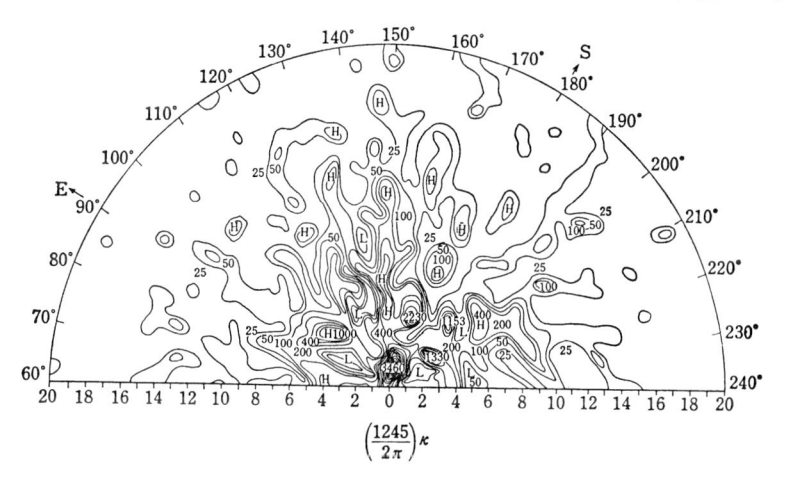

図 13.10　正規化された方向スペクトル $E(k,\theta) \Big/ \left\{ \int_0^{31.5} dk \int_0^{\pi} d\theta S(k,\theta) \right\}$ (Uberoi, 1964)

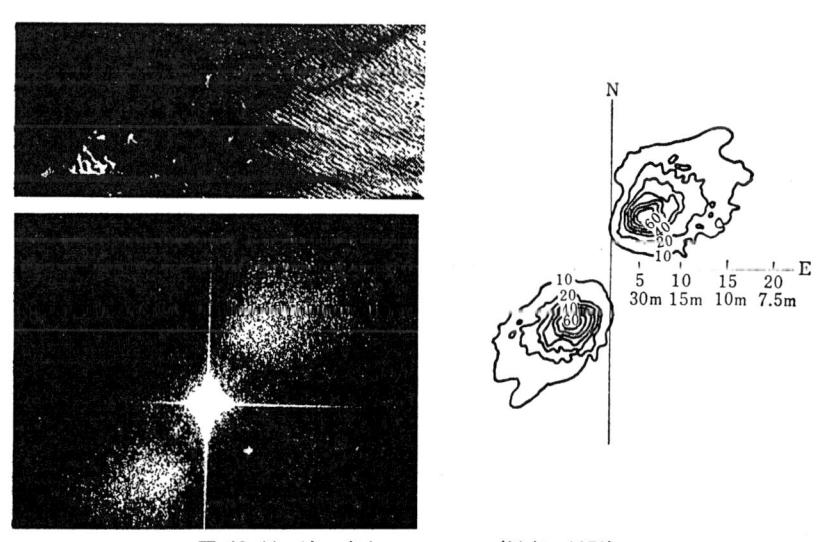

図 13.11　波の方向スペクトル（杉森，1972）

ないと，波浪の真の姿は捉えられない．このためには，高い所から波のステレオ写真を撮ってこれから波高を読み取って式 (13.1), (13.3) によりスペクトルを計算する．最近では，ホログラフ法を応用した光学的フーリエ変換によりスペクトルを求めることも行なわれている．

図 13.10, 13.11 はこうした解析の一例である．波のエネルギーはある波長・ある方向に集中してはいるもののかなり広い角度での方向分散が認められる．

13.2 高次の相関関数およびスペクトル

13.2.1 バイスペクトルの定義

これまでは変動量の二次モーメントとそのフーリエ変換であるスペクトルについて述べてきた．しかし，ランダム変動の特性をより深く究明するためには，すでに第9章において述べたように高次モーメントについて考察する必要がある．また，そのフーリエ変換としての高次のスペクトルも容易に定義することができる．これらの高次の相関およびスペクトルは，乱流におけるエネルギー輸送(Batchelor, 1952)，砕波(Phillips, 1958)，波浪の成分波間のエネルギー輸送 (Phillips, 1960, Hasselman, 1962) などの非線型現象の説明に必要である．

三次相関 $R(\tau_1, \tau_2)$ のフーリエ変換をとくに**バイスペクトル**(bispectrum)と呼び，

$$B(\omega_1, \omega_2) = (2\pi)^{-2} \iint_{-\infty}^{+\infty} R(\tau_1, \tau_2) e^{-i(\omega_1\tau_1+\omega_2\tau_2)} d\tau_1 d\tau_2 \qquad (13.18)$$

と定義される．ここに，$R(\tau_1, \tau_2)$ は

$$R(\tau_1, \tau_2) = \overline{\zeta(t)\zeta(t+\tau_1)\zeta(t+\tau_2)} \qquad (13.19)$$

である．この逆変換は

$$R(\tau_1, \tau_2) = \iint_{-\infty}^{+\infty} B(\omega_1, \omega_2) e^{i(\omega_1\tau_1+\omega_2\tau_2)} d\omega_1 d\omega_2 \qquad (13.20)$$

と表わされる．

$\zeta(t)$ が実数ならば

$$B(\omega_1, \omega_2) = B(-\omega_1, -\omega_2) \qquad (13.21\text{ a})$$

の関係がある．また，$\zeta(t)$ が定常確率過程であるならば，$B(\omega_1, \omega_2)$ には次の

13.2 高次の相関関数およびスペクトル

ような対称関係がある.

$$B(\omega_1, \omega_2) = B(\omega_2, \omega_1) = B(\omega_1, -\omega_1-\omega_2) = B(-\omega_1-\omega_2, \omega_1)$$
$$= B(\omega_2, -\omega_1-\omega_2) = B(-\omega_1-\omega_2, \omega_2) \quad (13.21\text{b})$$

したがって, バイスペクトル $B(\omega_1, \omega_2)$ の値は8分円の範囲, 例えば, $0 \leq \omega_1 < \infty$, $0 \leq \omega_2 \leq \omega_1$ の範囲で求めれば十分である.

なお, 四次相関のフーリエ変換を **trispectrum** という.

さて, ランダム変動 $\zeta(t)$ は

$$\zeta(t) = \int_{-T/2}^{T/2} F(\omega) e^{i\omega t} d\omega \quad (13.22)$$

と表わされる.

$\zeta(t)$ のスペクトルはすでに述べたように

$$S(\omega) = \lim_{T \to \infty} \frac{\langle F(\omega) F^*(\omega) \rangle}{T} \quad (13.23)^{*)}$$

あるいは, 各成分波の位相がランダムであることから次式となる.

$$S(\omega_1) = \lim_{T \to \infty} \frac{\langle F(\omega_1) F(\omega_2) e^{i(\omega_1+\omega_2)t} \rangle}{T} \begin{cases} = \lim \dfrac{\langle F(\omega_1) F(\omega_2) \rangle}{T} & (\omega_1+\omega_2=0) \\ = 0 & (\omega_1+\omega_2 \neq 0) \end{cases}$$

$$(13.23\text{a})$$

フーリエ成分波に関してバイスペクトルは次式のように定義される. 式 (13.18) との等価性の説明は読者にゆだねる.

■ $$B(\omega_1, \omega_2) = \lim_{T \to \infty} \frac{\langle F(\omega_1) F(\omega_2) F(\omega_3) \rangle}{T} \quad (\omega_1+\omega_2+\omega_3=0) \quad (13.24)$$

本書ではこれまで導入を避けてきたが, 数学的に厳密にスペクトルを論じるには, Fourier-Stieltjes 変換により $\zeta(t)$ を次式のように表わすことが必要である

$$\zeta(t) = \int_{-\infty}^{\infty} dZ(\omega) e^{i\omega t} \quad (13.25)$$

このとき, スペクトルは $\zeta(t)$ の Fourier-Stieltjes 成分 $dZ(\omega)$ により

$$\langle dZ(\omega_1) dZ(\omega_2) \rangle \begin{cases} = S(\omega_1) d\omega_1 & (\omega_1+\omega_2=0) \\ = 0 & (\omega_1+\omega_2 \neq 0) \end{cases} \quad (13.26)^{*)}$$

---

*) $F^*(\omega) = F(-\omega), \quad dZ^*(\omega) = dZ(-\omega)$

と定義される.

同様に，バイスペクトルは $\zeta(t)$ の Fourier–Stieltjes 成分 $dZ(\omega)$ により次のように定義できる.

$$\langle dZ(\omega_1)dZ(\omega_2)dZ(\omega_3)\rangle \begin{cases} =B(\omega_1,\omega_2)d\omega_1 d\omega_2 & (\omega_1+\omega_2+\omega_3=0) \\ =0 & (\omega_1+\omega_2+\omega_3\neq 0) \end{cases} \quad (13.27)$$

式 (13.23a), (13.24) を式 (13.26), (13.27) と比較すればその意味は明瞭である.

13.2.2 バイスペクトルの物理的意味

式 (13.19), (13.20) において，$\tau_1=\tau_2=0$ とおけば

$$\langle \zeta^3 \rangle = \iint_{-\infty}^{\infty} B(\omega_1,\omega_2) d\omega_1 d\omega_2 \quad (13.28)$$

したがって，スペクトルが平均2乗値 $\overline{\zeta^2}$ への各フーリエ成分からの寄与分を表わすのと同様に，バイスペクトルは角周波数の和が零である三つのフーリエ成分波が，ζ の平均立方値 $\overline{\zeta^3}(=\int_{-\infty}^{\infty}\zeta^3 p(\zeta)d\zeta)$ へ寄与する割合を表わす. ζ^3 は奇関数であるから，もしランダム変動 $\zeta(t)$ が Gauss 分布ならば；$\overline{\zeta^3}=0$，したがってバイスペクトルは零である. このとき，$\zeta(t)$ は無限個の確率的に独立なフーリエ成分波の線型的重ね合わせである.

また，式 (13.27) の定義からもわかるように，バイスペクトルは二つの成分波どうしの二次的非線型干渉の程度を表わすものである (二つの波を決めると二次干渉を生じるもう一つの波は自然と決まってしまう). したがって，バイスペクトルを調べると複雑な非線型現象の力学機構を理解することが可能である. これは以下のように説明される.

いま，ほぼ線型な Gauss 過程を考える. 微小パラメーター ε に関して $\zeta(t)$ が次のように摂動展開されるとする.

$$\zeta(t)=\zeta^{(1)}(t)+\zeta^{(2)}(t)+\zeta^{(3)}(t)+\cdots \quad (13.29)$$

ここに，$\zeta^{(n)}(t)$ は ε の n 乗のオーダーの項 ($\zeta^{(n)}(t)=0(\varepsilon^n)$) である. 普通，$\varepsilon^n$ は $\zeta^{(n)}(t)$ と分離した形で書かれるが，ここでは後の式の展開を単純化するため $\zeta^{(n)}(t)$ に含めて表わす.

いま，ζ の平均値が $\langle\zeta\rangle=0$ であるとすれば，式 (13.29) の右辺の各項もま

13.2 高次の相関関数およびスペクトル

た $\langle \zeta^{(n)} \rangle = 0$ である.式 (13.29) の右辺の第一項 $\zeta^{(1)}(t)$ は Gauss 過程と仮定する.このとき,高次の項は $\zeta^{(1)}(t)$ により

$$\zeta^{(n)}(t) = \int_{-\infty}^{t} \cdots \int_{-\infty}^{t} g^{(n)}(t-t_1, t-t_2, \cdots, t-t_n) \zeta^{(1)}(t_1) \zeta^{(1)}(t_2)$$
$$\cdots \zeta^{(1)}(t_n) dt_1 dt_2 \cdots dt_n \tag{13.30}$$

と表わされるとしよう.Fourier-Stieltjes 変換

$$\zeta^{(n)}(t) = \int_{-\infty}^{\infty} dZ^{(n)}(\omega) e^{i\omega t} \tag{13.31}$$

を用いれば,式 (13.30) は

$$\zeta^{(n)}(t) = \int \cdots \int G^{(n)}(\omega_1, \cdots, \omega_n) e^{i(\omega_1 + \cdots + \omega_n)t} dZ^{(1)}(\omega_1) \cdots dZ^{(1)}(\omega_n) \tag{13.32}$$

$$dZ^{(n)}(\omega) = \int \cdots \int G^{(n)}(\omega_1, \omega_2, \cdots, \omega_n) dZ^{(1)}(\omega_1) dZ^{(1)}(\omega_2) \cdots dZ^{(1)}(\omega_n) \tag{13.33}$$

$$(\omega_1 + \omega_2 + \cdots + \omega_n = \omega)$$

となる.ここに,$G^{(n)}$ は $g^{(n)}$ のフーリエ変換で,Gauss 過程の n 次の相互干渉の程度を示す.

式 (13.33) は,$\omega_1 + \omega_2 + \cdots + \omega_n = \omega$ の条件を満たす多数の成分波の干渉により,それらの波の周波数の和($\omega'_n = -\omega_n$ と考えれば,和あるいは差)の成分波が発生することを意味する.

さて,式(13.29)に式(13.31)を代入し,$\zeta(t)$ の m 次モーメント $\langle \zeta^m \rangle = \langle \zeta(t_1) \zeta(t_2) \cdots \zeta(t_m) \rangle$ を求めると次の関係が得られる.

$$S(\omega) d\omega = \langle dZ^{(1)}(\omega) dZ^{(1)}(-\omega) \rangle + \cdots \tag{13.34}$$

$$B(\omega_1, \omega_2) d\omega_1 d\omega_2 = \langle dZ^{(1)}(\omega_1) dZ^{(1)}(\omega_2) dZ^{(1)}(-\omega_1-\omega_2) \rangle$$
$$+ [\langle dZ^{(1)}(\omega_1) dZ^{(1)}(\omega_2) dZ^{(2)}(-\omega_1-\omega_2) \rangle$$
$$+ \langle dZ^{(1)}(\omega_1) dZ^{(2)}(\omega_2) dZ^{(1)}(-\omega_1-\omega_2) \rangle$$
$$+ \langle dZ^{(2)}(\omega_1) dZ^{(1)}(\omega_2) dZ^{(1)}(-\omega_1-\omega_2) \rangle] + \cdots \tag{13.35}$$

式 (13.35) に式 (13.33) を代入すれば,バイスペクトルは次式のようになる(式 (13.35) の右辺第一項は Gauss 過程の三次相関で零となる).

■ $B(\omega_1, \omega_2) = 2[S(\omega_1) S(\omega_2) G(-\omega_1, -\omega_2)$
$\quad + S(\omega_1) S(\omega_1 + \omega_2) G(-\omega_1, \omega_1 + \omega_2)$
$\quad + S(\omega_2) S(\omega_1 + \omega_2) G(-\omega_2, \omega_1 + \omega_2)] + \cdots \tag{13.36}$

式 (13.36) によれば，弱い非線型非 Gauss 過程では，バイスペクトルは明らかに成分波 $|\omega_1|$, $|\omega_2|$ とそれらの和あるいは差の周波数 $|\omega_1+\omega_2|=||\omega_1|\pm|\omega_2||$ をもつ成分波の間の二次オーダーの相互干渉の程度を直接表わしている(a direct measure of the second-order interaction coefficients)といえる．

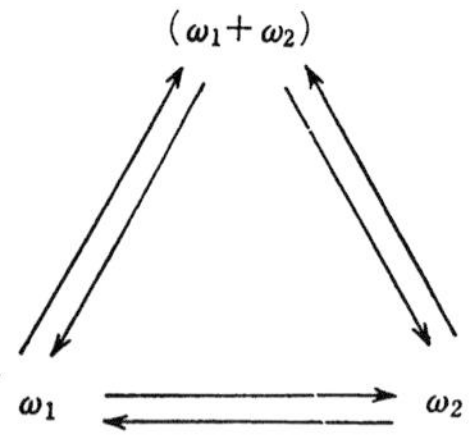

図 13.12 成分波間の二次干渉

13.2.3 波浪のバイスペクトル

波浪は，非粘性流体の理論結果がそのまま現実に適用しうる数少ない流体現象の一つである．非粘性流体の Euler の運動方程式そのものは非線型であるが，渦なし運動の仮定から速度ポテンシャル $\phi(x,t)$ が導入でき，問題は ϕ に関する Laplace の方程式を解く線型問題に帰着する．すなわち，波動運動では流体の内部の運動は線型方程式で表わされる．ただし，Bernoulli の方程式と運動学的条件で与えられる自由水面での境界条件が非線型であるので，これを通じてわずかに非線型性をもつ．普通は波高が小さいと仮定した微小振幅波理論で十分であるが，水深が浅い場合や波高が有限となる場合などには非線型を考慮しなければならない．

さて，実際の波浪はすでに述べたように，多数の成分波から成る不規則波である．非線型性のための相互干渉の結果生じるこうした成分波間のエネルギー授受の関係を明らかにするためには，三次相関のフーリエ変換であるバイスペクトルを調べることが必要である．

波動運動の非線型性は境界条件を介した比較的弱いものであるので，乱流運動の場合とは異なり，非線型干渉の力学的機構を上述の理論に従いかなり明確にすることができる．

波動運動の速度ポテンシャルの摂動表示を行なう．

$$\phi(x;t)=\phi^{(1)}(x,t)+\phi^{(2)}(x,t)+\cdots \qquad (13.37)$$

上式右辺の第一項は次式で与えられる線型解である．

$$\phi^{(1)}(x;t)=\iint_{-\infty}^{\infty}\frac{\cosh k(z+h)}{\cosh kh}e^{ik\cdot x}(e^{-i\omega t}d\phi_+^{(1)}(k)+e^{i\omega t}d\phi_-^{(1)}(k)) \qquad (13.38)$$

ここに，x：水平座標，z：鉛直座標(静水面から上向きを正とする)，h：水深，ω：角周波数，k：波数，$(k=|k|)$．

$$\omega^2=gk\tanh kh \qquad (13.39)$$

13.2 高次の相関関数およびスペクトル

$$d\phi_+^{(1)}(\mathbf{k}) = (d\phi^{(1)}(-\mathbf{k}))^* \tag{13.40}$$

式 (13.38) の解を基礎とした二次の非線型項の理論解は次のようになる. この式は式 (13.32) と対比される.

$$\phi^{(2)}(\mathbf{x}, t) = \iiiint_{-\infty}^{\infty} \frac{\cosh[|\mathbf{k}_1+\mathbf{k}_2|(z+h)]}{\cosh(|\mathbf{k}_1+\mathbf{k}_2|h)} A(\mathbf{k}_1, s_1\omega_1, \mathbf{k}_2, s_2\omega_2)$$

$$\cdot e^{i(\mathbf{k}_1+\mathbf{k}_2)\cdot\mathbf{x}-i(s_1\omega_1+s_2\omega_2)t} d\phi_{s_1}^{(1)}(\mathbf{k}_1) d\phi_{s_2}^{(1)}(\mathbf{k}_2) \tag{13.41}$$

ここに,

$$A(\mathbf{k}_1, \omega_1, \mathbf{k}_2, \omega_2) = \frac{i}{\omega^2-(\omega_1+\omega_2)^2}\Big\{(\omega_1+\omega_2)[k_1k_2 \tan k_2 h \tanh k_2 h - \mathbf{k}_1\cdot\mathbf{k}_2]$$

$$-\frac{1}{2}\Big(\frac{\omega_1 k_2^2}{\cosh^2 k_2 h}+\frac{\omega_2 k_1^2}{\cosh^2 k_1 h}\Big)\Big\} \tag{13.42}$$

$$\omega^2 = g|\mathbf{k}_1+\mathbf{k}_2|\tanh(|\mathbf{k}_1+\mathbf{k}_2|h) \tag{13.43}$$

実際に測定されるのは速度ポテンシャル ϕ ではなく波高計による ζ や水底におかれた圧力式波高計による波圧 p である. Bernoulli の圧力方程式から ϕ と p の関係は

$$dp^{(1)}(\mathbf{k}) = \frac{i\omega\rho}{\cosh kh} d\phi^{(1)}(\mathbf{k}) \tag{13.44}$$

となる.

また, 波数空間の方向スペクトル $E(\mathbf{k})$ を角周波数 ω と伝播方向 α を用いて書き直すと

$$E(\mathbf{k})d^2k = 2S(\omega)\Theta(\omega, \alpha)d\omega d\alpha \tag{13.45}$$

となる. ここに, $\int_{-\pi}^{\pi}\Theta(\omega, \alpha)d\alpha = 1$.

これらの関係から, 式 (13.36) の右辺の第一項は

$$B(\omega_1, \omega_2) = 2G(-\omega_1, \omega_2)S(\omega_1)S(\omega_2) + \cdots \tag{13.46}$$

ここに,

$$G(\omega_1, \omega_2) = \iint_{-\pi}^{\pi} \Theta(\alpha_1)\Theta(\alpha_2) C(-s_1\mathbf{k}_1, \omega_1, -s_2\mathbf{k}_2, -\omega_2) d\alpha_1 d\alpha_2$$

$$(s_j = \text{sign}(\omega_j)) \tag{13.47}$$

$$C(\mathbf{k}_1, \omega_1, \mathbf{k}_2, \omega_2) = -\frac{\cosh k_1 h \cosh k_2 h (\omega_1+\omega_2)}{\rho\omega_1\omega_2 \cosh(|\mathbf{k}_1+\mathbf{k}_2|h)} iA(\mathbf{k}_1, \omega_1, \mathbf{k}_2, \omega_2)$$

$$-\frac{(\mathbf{k}_1\cdot\mathbf{k}_2)}{2\rho\omega_1\omega_2} \tag{13.48}$$

式 (13.36) の右辺の残りの項も容易に導かれ, したがって, 一次元スペクトル $S(\omega)$ が実測されれば波浪のバイスペクトルを理論的に計算することができる. なお, 干渉係数 $G(\omega_1, \omega_2)$ は実数であるから波浪のバイスペクトルも実数である.

図 13.13 は G と無次元水深 h/L_0 ($L_0 = 2\pi g/\omega^2$: 沖波波長) の関係を, 二次

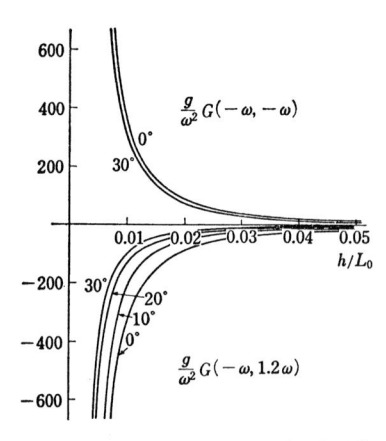

図 13.13 成分波の二次干渉の強さ G と沖波波長で無次元化した水深 h/L_0 の理論的関係. (Hasselmann, K., Munk, W. and MacDonald, G., 1963)

元スペクトルの拡がり角をパラメーターとして示している(水深が浅くなるにつれて波の二次干渉が急激に強くなる).

バイスペクトルの測定例　波浪のバイスペクトルの例を図 13.14 に示す (Hasselmann, Munk, MacDonald, (1963)). データは米国カリフォルニア州沿岸の水深 11 m の地点で得られたもので, スペクトルおよびバイスペクトルは相関のフーリエ変換ではなく, 生データに数値フィルターをほどこして式 (13.23) または (13.24) により求められた. 図 13.14 の座標軸に沿い

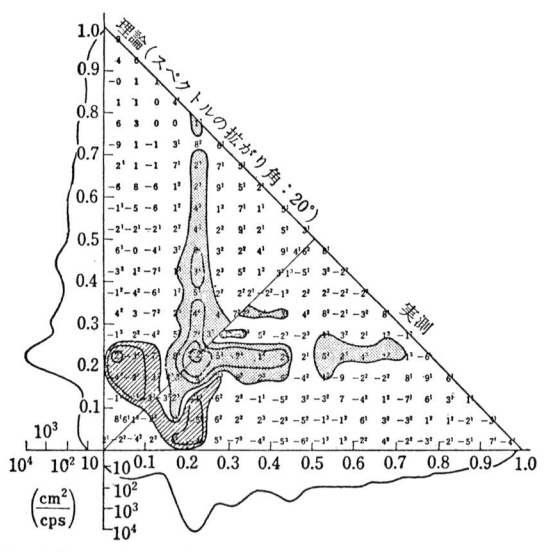

図 13.14　浅海での波浪のバイスペクトル. 上半分に理論値, 下半分に実測値を示す. 図中の数字は -7^4 は -7×10^4 を意味し, 周波数軸は Nyquist 周波数 $f_N = 0.25$ Hz を単位にして目盛ってある. (Hasselmann, K., Munk, W. and MacDonald, G., 1963)

周波数 f に関するスペクトル $[S'(f)=2\pi S(\omega)]$ が示されている．図の第一象限の下半分にバイスペクトル $[B'(f_1,f_2)=4\pi^2 B(\omega_1,\omega_2)]$ の実測値，上半分にスペクトルの拡がり角を $20°$ と仮定して求めた理論値を示す．$45°$ の直線に関しバイスペクトルはよい対称性を示し，両者はよく一致すると認められる．周波数は Nyquist 周波数 $(1/2\varDelta t=0.05\,\text{cps})$ に関して無次元化されている．また，-7^4 などの数値は -7×10^4 を意味している．

表 13.1　成分波の二次干渉の実測と理論の比較

文中の説明		(ⅰ)	(ⅱ)		(ⅲ)
干渉周波数 (f_1,f_2) (Nyquists)		$(0.225, 0.225)$	$(0.075, 0.225)$	$(0.225, 0.3)$	$(0.025, 0.225)$
$B'(f_1,f_2)$ $(\text{cm}^3\text{sec}^2)$	実測	2×10^6	-5×10^4	5×10^4	-4×10^4
	理論	2×10^6	-3×10^4	7×10^4	-2×10^5
二次干渉周波数 $f_3(|-f_1\pm f_2|)$		0.45	0.3	0.075	0.250

（ⅰ）スペクトルは周波数が $f_1=0.22$ Nyquists に卓越したピークをもつ．したがって，ピーク周波数の成分波の自分自身との強い相互干渉により，バイスペクトルは $(0.225, 0.225)$ で大きな値をとる．この自身との相互干渉の結果，$f=-f_1-f_2=-0.45N$ の成分波が生じるはずであり，事実 $(S(-f_3)=S(f_3)$ であるから) $f_3=0.45N$ 近傍でスペクトルは第 3 の高いピークを示す．

（ⅱ）スペクトルは $f_2=0.3N$ に第 2 ピークをもつ．第 1 ピークの波 $f_1=0.225N$ と f_2 との相互干渉により，$f_3=f_2-f_1=0.075N$ および $f_3=f_2+f_1=0.525N$ の成分波が発生する．したがって，バイスペクトルは $(f_1,f_2)=(0.225, 0.3)$ および $(0.225, 0.075)$ あるいは $(0.225, 0.525)$ で大きな値となる．

（ⅲ）$(f_1,f_2)=(0.025, 0.225)$ でバイスペクトルは理論値，実測値とも大きな値となっている．これは，卓越周波数近傍の成分波の相互干渉により，それらの周波数差の低周波数域へ波のエネルギーが輸送されたことを示すものである．

（ⅳ）エネルギーの大きい $f_1=0.22N$ の成分波とその他の全ての成分波の干渉も相対的に大きく $f_1=0.22N$ に沿いバイスペクトルは相対的峰 $(-4\times10^4,$

$-5\times10^4, -1\times10^4, 2\times10^5, 2\times10^6, 5\times10^4, 2\times10^4, 2\times10^4$) となっている. とくに, f_1 より高い周波数域でバイスペクトルは正である. これはこの結果生じる高周波数の各成分波が卓越波と同位相で重ね合わされ波峰が尖って行くことを意味する.

卓越周波数と低周波数の組み合わせのバイスペクトルが負値をもつのは, Longuet-Higgins and Stewart (1962) の主張する高波群によるラジエーション応力のための平均水面の低下を意味すると思われるが, それ以外の理由も考えられる.

波のバイスペクトルは, 理論的には実数部(co-bispectrum)のみで, 虚数部(quadrature bispectrum) は零となる. 事実, 実測値の虚数部には有意義な値は見出されなかった.

なお, Skewness は $\langle\zeta^3\rangle/\langle\zeta^2\rangle^{3/2}=0.352$ で, 波高分布は Gauss 分布からかなり片寄っている.

13.3 回転スペクトル

一方向に流れる河川や風洞内の流れとは異なり, 海洋や大気の流れは360°あらゆる方向に変化しうる. それゆえ, 流速と流向あるいは水平二方向と鉛直方向の流速成分により流速場が表わされる. このような場合の流れの特徴を捉えるには, 一方向の流速成分の変動解析だけでは不十分である.

図13.15は深さ1700 m の深海中の一点での流向・流速の連続記録からベクトル的に合成して作成された進行ベクトル図(progressive vector diagram)あるいは仮想移動図(virtual displacement diagram)と呼ばれるものである. このような図は(北半球では)時計まわりの小さな円を画きながら移動し, その振動周期は19.43 hr でほぼ半振子日(a half pendulum day $=2\pi/(2\Omega\sin\varphi)$, φ: 緯度, Ω: 地球の自転角速度)に近い. したがって, この運動は地球自転の偏向力による慣性振動 (inertial oscillation) とみられる. このよ

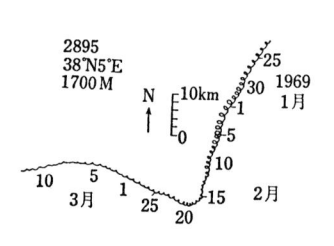

図13.15 進行ベクトル図
(Perkins, H., 1972)

うな状況をより客観的に表現するために，一組のベクトル時系列に対する回転スペクトル(rotary spectrum)の概念を以下のように導く．

13.3.1 ベクトル時系列のフーリエ変換

以下の記述では ω は正負の値をとる角周波数，σ は正値のみをとる角周波数を表わすと約束する．さて，ベクトル時系列 $(x(t), y(t))$ を考える．

$$x(t) = \frac{1}{2\pi}\int_0^\infty \{a_1(\sigma)\cos\sigma t + b_1(\sigma)\sin\sigma t\}d\sigma \qquad (13.49)$$

$$y(t) = \frac{1}{2\pi}\int_0^\infty \{a_2(\sigma)\cos\sigma t + b_2(\sigma)\sin\sigma t\}d\sigma \qquad (13.50)$$

いま，ベクトル (x, y) を複素数表示し，かつ，$\cos\sigma t = (e^{i\sigma t}+e^{-i\sigma t})/2$, $\sin\sigma t = (e^{i\sigma t}-e^{-i\sigma t})/2i$ の関係を用いれば，これは次のように変形しうる．

$$\begin{aligned}z(t) &= x(t)+iy(t)\\ &= \frac{1}{4\pi}\int_0^\infty [a_{1\sigma}(e^{i\sigma t}+e^{-i\sigma t})+b_{2\sigma}(e^{i\sigma t}-e^{-i\sigma t})\\ &\quad +i\{a_{2\sigma}(e^{i\sigma t}+e^{-i\sigma t})-b_{1\sigma}(e^{i\sigma t}-e^{-i\sigma t})\}]d\sigma\\ &= \frac{1}{2\pi}\int_0^\infty \{Z_+(\sigma)e^{+i\sigma t}+Z_-(\sigma)e^{-i\sigma t}\}d\sigma \qquad (13.51)\end{aligned}$$

ここに，

$$\begin{aligned}Z_+(\sigma) &= \frac{1}{2}\{(a_{1\sigma}+b_{2\sigma})+i(a_{2\sigma}-b_{1\sigma})\} = |Z_{+\sigma}|e^{i\theta_+}\\ Z_-(\sigma) &= \frac{1}{2}\{(a_{1\sigma}-b_{2\sigma})+i(a_{2\sigma}+b_{1\sigma})\} = |Z_{-\sigma}|e^{i\theta_-}\end{aligned} \qquad (13.52)$$

あるいは，式 (13.51) の逆フーリエ変換により

$$\begin{aligned}Z_+(\sigma) &= \int_0^\infty \{x(t)+iy(t)\}e^{-i\sigma t}dt\\ Z_-(\sigma) &= \int_0^\infty \{x(t)+iy(t)\}e^{+i\sigma t}dt\end{aligned} \qquad (13.53)$$

正負領域で定義される角周波数 ω を用いて表わすと，上式は

$$z(t) = \frac{1}{2\pi}\int_{-\infty}^\infty Z(\omega)e^{i\omega t}d\omega$$

$$Z(\omega) = \int_{-\infty}^\infty z(t)e^{-i\omega t}d\omega$$

ここに，

$$Z(\omega) = \begin{cases} Z_+(\sigma) & (\sigma=\omega,\ \omega\geq 0) \\ Z_-(\sigma) & (\sigma=-\omega,\ \omega<0) \end{cases} \quad (13.54)$$

となり形式的には通常のスカラー時系列の場合と全く同等である．ただし，スカラー時系列では ω の正負のフーリエ成分の絶対値は同じ $(X^*(\sigma)=X(-\sigma))$ であるが，ベクトル時系列では Z_+ と Z_- は等しくはない．

13.3.2 回転スペクトル

さて，式 (13.51) により再びベクトル $z(t)$ を実部 $x(t)$ と虚部 $y(t)$ に分解すれば

$$x(t) = \frac{1}{2\pi}\int_0^\infty [W_+(\sigma)\cos(\sigma t+\theta_+) + W_-(\sigma)\cos(-\sigma t+\theta_-)]d\sigma \quad (13.55)$$

$$y(t) = \frac{1}{2\pi}\int_0^\infty [W_+(\sigma)\sin(\sigma t+\theta_+) + W_-(\sigma)\sin(-\sigma t+\theta_-)]d\sigma \quad (13.56)$$

(ここに，$W_+=|Z_+|$, $W_-=|Z_-|$) となる．上式あるいは式 (13.51) より，$z(t)$ は半径 $W_+(\sigma)$ の角周波数 σ の反時計まわりの円運動と，半径 $W_-(\sigma)$ の時計まわりの円運動を合成したもの——つまり楕円運動——を各周波数について重ね合わせたものであることがわかる．

いま，簡単のために上式の右辺の [ ] の内の項の偏角 $\theta_\pm$ が零の場合を考えて

$$X(\sigma) = W_+(\sigma)\cos\sigma t + W_-(\sigma)\cos\sigma t$$
$$Y(\sigma) = W_+(\sigma)\sin\sigma t - W_-(\sigma)\sin\sigma t$$

とおけば，これは t をパラメーターとする楕円

$$\frac{X^2}{(W_++W_-)^2} + \frac{Y^2}{(W_+-W_-)^2} = 1$$

を表わしている．したがって，式 (13.55), (13.56) の [ ] の中の項は $t=t'+(\theta_--\theta_+)/2\sigma$ とおけば明らかなように，偏角

$$\phi(\sigma) = \frac{\theta_-+\theta_+}{2} \quad (13.57)$$

を長軸方向とする長半径 (W_++W_-)，短半径 $(|W_+-W_-|)$，面積 $(\pi|W_+^2-W_-^2|)$ の楕円を表わし，角周波数 σ の変動は周期 $2\pi/\sigma$ で楕円軌道を画いていることを示す．もし，ある角周波数 σ の成分のエネルギーが大きければ，進行べ

クトル図上に図 13.14 に示したようにその成分の旋回運動が明瞭に示される．

以上のことから，**回転スペクトル** (rotary spectrum) を次のように定義しうる (ここに，⟨ ⟩ はアンサンブル平均を表わす)．

- 反時計まわりスペクトル (anticlockwise (or counter clockwise) spectrum)

$$S_+(\sigma) = \frac{2\pi \langle Z_+^*(\sigma) Z_+(\sigma) \rangle}{T} \qquad (13.58)$$

- 時計まわりスペクトル (clockwise spectrum)

$$S_-(\sigma) = \frac{2\pi \langle Z_-^*(\sigma) Z_-(\sigma) \rangle}{T} \qquad (13.59)$$

- 全スペクトル (total spectrum)

$$S_t(\sigma) = S_+(\sigma) + S_-(\sigma) \qquad (13.60)$$

なお，式 (13.54), (13.58), (13.59) から，

$$S(\omega) = 2\pi \langle Z^*(\omega) Z(\omega) \rangle / T \begin{cases} = S_+(\sigma) & (\sigma = \omega,\ \omega \geq 0) \\ = S_-(\sigma) & (\sigma = -\omega,\ \omega < 0) \end{cases} \qquad (13.61)$$

ここに，$S(\omega)$ は複素数時系列 $z(t)$ に対する普通のスペクトル定義である．したがって，複素数の時系列 $z(t)$ が与えられた場合に，これに通常のスペクトル解析をほどこすことはなんらさしつかえない．ただし，一次元の場合と異なり，ω の正負でスペクトルは一般に等しくはない．また，正負の各周波数に対応するフーリエ成分ベクトルの和は楕円軌道を画く．

S_- と S_+ の差

$$S_- - S_+ = \frac{1}{2} \{\langle Z_-^2 \rangle - \langle Z_+^2 \rangle\}$$

は楕円の平均面積に比例し，その符号は楕円の polarization (正ならば時計まわり，負ならば反時計まわり) に関係する．$(S_- - S_+)$ と S_t の比は全エネルギーの左まわり右まわり回転への分配比を表わし，**回転係数** (rotary coefficient) と呼ばれる．

$$C_{R\sigma} = \frac{S_- - S_+}{S_t} \qquad (13.62)$$

$Z_{+\sigma}$ と $Z_{-\sigma}$ のいずれかが零ならば，運動は完全な円形で $C_{R\sigma} = 1$ となり，逆

に $Z_{+\sigma}=Z_{-\sigma}$ ならば $C_{R\sigma}=0$ で $z(t)$ はスカラー時系列で一直線上の運動となる．

Z_+ と Z_- の積をつくれば，

$$Z_+Z_-=|Z_+||Z_-|e^{i(\theta_++\theta_-)}$$
$$=\frac{c^2}{4}e^{i2\phi(\sigma)} \qquad (12.63)$$

ここに，$\phi(\sigma)$ は先に述べたように長径の方向，$c=\{|Z_+||Z_-|\}^{1/2}$ は焦点長である．したがって，平均主軸方向は

$$e^{i2\phi(\sigma)}=\langle Z_+Z_-\rangle/|\langle Z_+Z_-\rangle| \qquad (13.64)$$

また，次式で定義される E_σ

$$E_\sigma=|\langle Z_+Z_-\rangle|/\{\langle|Z_+|^2\rangle\langle|Z_-|^2\rangle\}^{1/2} \qquad (13.65)$$

は平均主軸方向の**安定度**(stability of the mean orientation)と呼ばれ，コヒーレンスに似た意味をもつ．

以上に定義した諸量は，平均長軸方向 ϕ_σ を除いて，座標軸の回軸に対して不変である．

13.3.3 回転スペクトルと自己・相互スペクトルとの関係

ところで，二つのスカラー時系列 $x(t),y(t)$ について通常のスペクトル・クロススペクトルは式 (13.49), (13.50) の表示を用いると，次のように定義されている．

$$\left.\begin{array}{l}P_{xx}=\langle a_1^2+b_1^2\rangle(2\pi/T)\\P_{yy}=\langle a_2^2+b_2^2\rangle(2\pi/T)\\K_{xy}=\langle a_1a_2+b_1b_2\rangle(2\pi/T)\\Q_{xy}=\langle a_1b_2-a_2b_1\rangle(2\pi/T)\end{array}\right\} \qquad (13.66)$$

式 (13.66) の関係を用いると，回転スペクトルを通常の自己スペクトル・クロススペクトルにより表わしうる．

- 反時計まわりスペクトル

$$S_+=\frac{2\pi}{T}\langle Z_+Z_+^*\rangle=\frac{1}{4}\{P_{xx}+P_{yy}+2Q_{xy}\} \qquad (13.67)$$

- 時計まわりスペクトル

13.3 回転スペクトル

$$S_- = \frac{2\pi}{T}\langle Z_- Z_-^* \rangle = \frac{1}{4}\{P_{xx}+P_{yy}-2Q_{xy}\} \tag{13.68}$$

- 全スペクトル

$$S_t = S_+ + S_- = \frac{1}{4}\{P_{xx}+P_{yy}\} \tag{13.69}$$

- スペクトル差

$$S_- - S_+ = -\frac{1}{2}Q_{xy} \tag{13.70}$$

- 回転係数(回転コヒーレンス)

$$C_{R\sigma} = \frac{S_- - S_+}{S} = \frac{-2Q_{xy}}{P_{xx}+P_{yy}} \tag{13.71}$$

また,

$$Re^{i\phi(\sigma)} = \frac{2\pi}{T}\langle Z_+ Z_- \rangle = \frac{1}{4}\{P_{xx}-P_{yy}+2iK_{xy}\}$$

であるから

- 平均長軸方向

$$\tan 2\phi_\sigma = \frac{2K_{xy}}{P_{xx}-P_{yy}} \tag{13.72}$$

- 楕円軸の安定性

$$|E_\sigma|^2 = \{(P_{xx}+P_{yy})^2 - 4(P_{xx}P_{yy}-K_{xy}^2)\}/\{(P_{xx}+P_{yy})^2 - 4Q_{xy}^2\} \tag{13.73}$$

例1 深海速流の回転スペクトル

大西洋 (39°N, 70°W) の水深 1000 m および 2000 m の深海での流速ベクトルの記録を解析して得られた回転スペクトルおよび回転係数・軸安定度を図13.16, 13.17 および 13.18 に示す.

回転スペクトルは時計まわり回転スペクトルのエネルギーが高く,日周潮 (D-diurnal tide)および半日周潮(SD-semidiurnal tide)にエネルギーピークが認められる. **慣性振動**の周波数 ($\mathcal{F}=2\Omega\sin\varphi$, コリオリー係数) では時計まわりスペクトルにスペクトルピークが現われるが,点線で示される反時計まわりスペクトルには $\sigma=\mathcal{F}$ でスペクトルピークは現われない(北半球では慣性回転は時計まわりであるから).

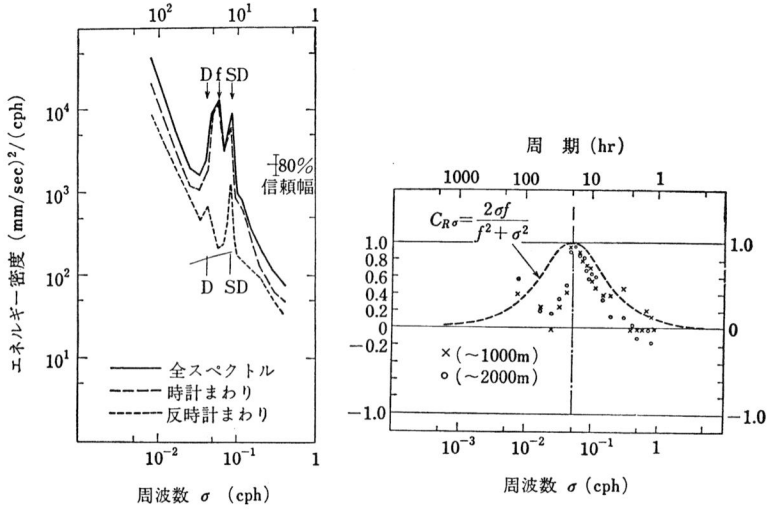

図 13.16 水深 2000 m における回転スペクトル．時計まわりスペクトルには慣性周波数のところでエネルギーピークはなく，日周潮 (D) が明確に認められる (Gonella, J., 1972)

図 13.17 回転係数 $C_{R\sigma}$ と周波数 σ の関係．点線は理論曲線

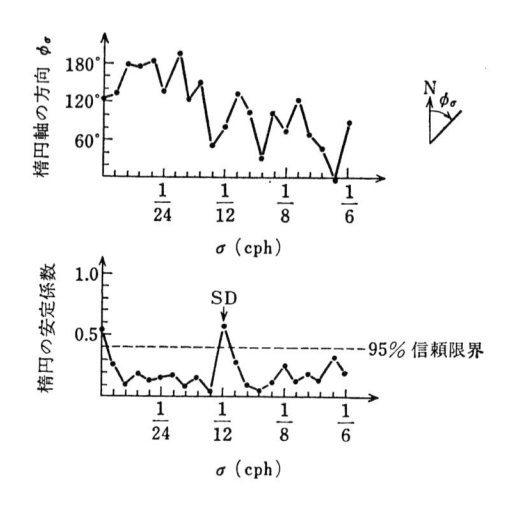

図 13.18 楕円軸の方向および安定係数と周波数の関係

13.3 回転スペクトル

回転係数 $C_{R\sigma}$ は慣性周期では 1 に近く,運動はほぼ円軌道となる.これより高い角周波数域(内部波領域 internal wave range)では,実測点は時計および反時計まわりの forcing が等しいと仮定した線型理論曲線

$$C_{R\sigma} = \frac{2\sigma \mathcal{F}}{\sigma^2 + \mathcal{F}^2} \tag{13.74}$$

に一致するが,低周波域では $\sigma = \mathcal{F}$ を境に不連続的に両者の差は大きくなる.これは,時計まわりの forcing が反時計まわりのそれより大きくなるためである.

各周波数ごとの楕円長軸方向 ϕ_σ および楕円安定度 E_σ は図 13.18 のようになっている.楕円安定度は半日周潮(SD)を除いて低く,したがって,楕円長軸方向は有意なものではない.つまり,海洋の流れは等方性であるといえる.

13.3.4 二つのベクトル時系列のクロススペクトル

二つのスカラー時系列の場合と同様に,二つのベクトル時系列 $w(t)\,(=u(t)+iv(t))$, $z(t)\,(=x(t)+iy(t))$

$$\begin{aligned} w(t) &= \int_{-\infty}^{\infty} W(\omega) e^{i\omega t} d\omega \\ z(t) &= \int_{-\infty}^{\infty} Z(\omega) e^{i\omega t} d\omega \end{aligned} \tag{13.75}$$

についても,スペクトル P_{ww}, P_{zz},クロススペクトル P_{wz} を定義しうる.

$$P_{ww}(\omega) = 2\pi \langle W(\omega) W^*(\omega) \rangle / T \tag{13.76 a}$$

$$P_{zz}(\omega) = 2\pi \langle Z(\omega) Z^*(\omega) \rangle / T \tag{13.76 b}$$

$$\begin{aligned} P_{wz}(\omega) &- K_{wz}(\omega) - i Q_{wz}(\omega) \\ &= 2\pi \langle W(\omega) Z^*(\omega) \rangle / T \end{aligned} \tag{13.76 c}$$

コヒーレンス $\mathrm{Coh}(\omega)$ や位相 $\phi(\omega)$ も形式的にはスカラーの場合と同様次のようになる.

$$\begin{aligned} \mathrm{Coh}(\omega) &= |\mathrm{Coh}(\omega)| e^{i\phi(\omega)} \\ &= P_{wz}(\omega) / \{P_{ww}(\omega) P_{zz}(\omega)\}^{1/2} \end{aligned}$$

$$|\mathrm{Coh}(\omega)|^2 = \{K_{wz}^2(\omega) + Q_{wz}^2(\omega)\} / \{P_{ww}(\omega) P_{zz}(\omega)\}$$

$$\phi(\omega) = -\tan^{-1} \frac{Q_{wz}(\omega)}{K_{wz}(\omega)}$$

例 1 吹送流と風とのカップリング

均質な海面上を長期間にわたって一定方向に風が吹き続けるときに生じる吹送流は，海表面ではその流向が風よりも(北半球では)右(時計まわり方向)に20°～45°ずれており，水深が増すにつれて流速ベクトルは小さくなり，かつ風の方向とのズレ角も増加し，いわゆる Ekman spiral を画く．

この Ekman の理論を非定常な風の場に拡張すれば，風の摩擦応力

$$\tau(t) = \frac{1}{2\pi}\int_{-\infty}^{\infty} T(\omega)e^{i\omega t}d\omega$$

に対し，吹送流は(深さ方向に流速ベクトルを積分した質量輸送ベクトルにして)

$$\bar{w}(t) = \frac{1}{2\pi}\int \frac{T(\omega)}{i(\mathscr{F}+\omega)\rho} e^{i\omega t}d\omega$$

となる．一方，これより風の応力と吹送流との位相差は

$$e^{i\phi(\omega)} = i(\mathscr{F}+\omega)$$

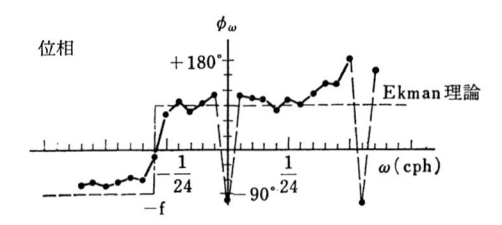

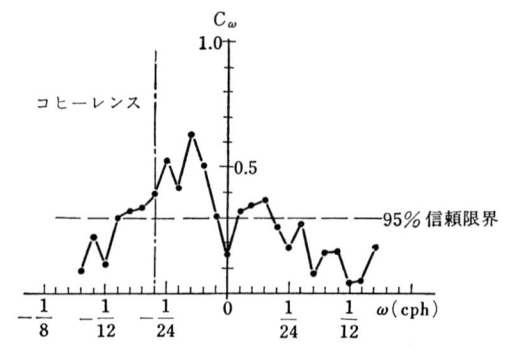

図 13.19 風の摩擦応力と表面流(水深13 m)のベクトルコヒーレンスと位相．風の摩擦応力は $\tau \sim |W|W$ (W：風速ベクトル) と仮定して計算．

したがって，

$$\phi(\omega) = \begin{cases} \dfrac{\pi}{2} & (\mathscr{F}+\omega \geq 0) \\ -\dfrac{\pi}{2} & (\mathscr{F}+\omega < 0) \end{cases}$$

すなわち，$\omega = -\mathscr{F}$ を境にして位相に 180° の反転が生じている．

図 13.19 は前例と同じ海域での測定結果で，時計まわりの角周波数 $\omega = -\mathscr{F}$ での位相ギャップは理論とよい一致を示している．

ω が $(-1/13, +1/40\ \text{c/hr})$ の周波数域では風の応力と吹送流のコヒーレンスは比較的高い．特に ω の時計まわりの角周波数域 $(-\mathscr{F}, 0)$ でのコヒーレンスが高いが，これはこの周波数域では時計まわりの自由回転波 (free rotary wave) が存在しえず，したがって波の伝播によるエネルギー消散が少ないことによる．

例 2 海陸風と吹送流

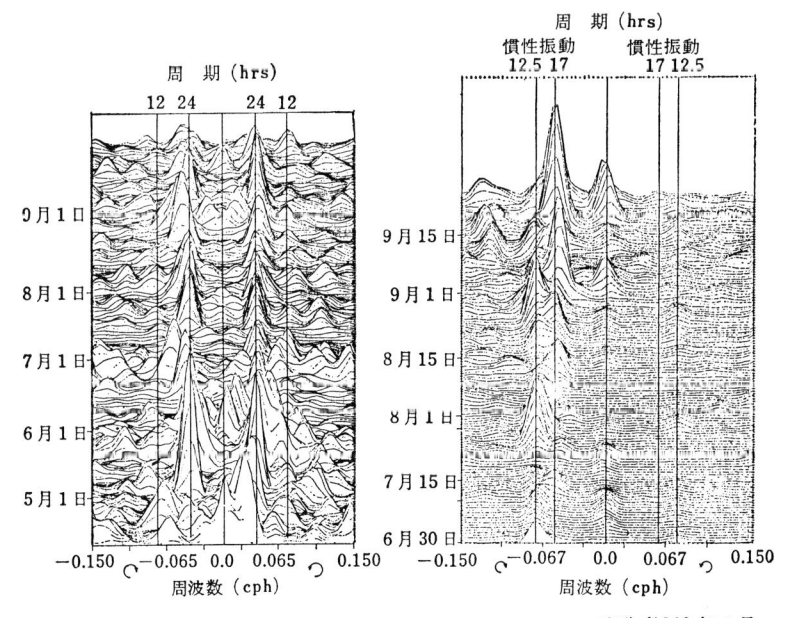

図 13.20 米国オレゴン州海岸の風のロータリースペクトルの変化 (1969 年 4 月 20 日〜9 月 27 日)(左) と海岸から 35 マイル沖での海流のロータリースペクトル (1969 年 6 月 25 日〜10 月 2 日)(右)．(Crew, H. & Plutchak, N., 1974)

風と流れの関係を米国オレゴン州海岸での長期間のデータから非定常的に解析した例を図13.20に示す．風の回転スペクトルは正負の周波数に対してほぼ対称で強い24時間周期をもっているから，これは海陸風であると判断される．一方，海流の回転スペクトルには時計まわりの慣性周期（$f=17\,\text{hr}$）および半日周期の近傍にエネルギーピークがみられるのに対し，反時計まわりの回転スペクトルにはこのようなエネルギーピークは認められない．

13.4 非定常スペクトル

普通ランダム変動は定常確率過程として取り扱われている．ごく簡単にいえば，対象としているランダム変動のある程度長い任意の区間を取り出せばその統計的性質は全区間にわたって同一であるような変動を考えている（詳しくは第6章参照）．ところが，地震動であるとか1時間あるいは10分間降雨量などのように変動あるいは変化のない長い区間が続き，それに比べて短い時間だけ不規則変動が時折発生するような現象を解析しなければならないことがある．このような場合に，これまでの考え方をそのまま適用することには明らかに無理があるし，またたとえそのまま応用したところで良い結果は得られないであろう．このような不規則変動は**非定常確率過程**と呼ばれ，最近になって理論や応用が盛んに研究されるようになった分野である．それゆえに，非定常過程スペクトルについては，いく通りかの考え方が提出されており統一された定義や方法が確立されているわけではない．

非定常過程の場合のスペクトルの定義には次節以下に述べるいくつかの方法がある．これらは，それぞれ実際上の要求や学問上の興味から案出されたものであるが，各々の定義法がどういう特徴や長所欠点をもっているかを種々の現象に関して具体的に検討することは未だ十分に行なわれていない．したがって，非定常確率過程の解析をすすめるのに先立って，非定常スペクトルの定義や意味についてよく検討しておくことが必要である．その判断基準としては次の諸点をあげることができる．

1） 定義に無理がなく，広義・一般的であること．
2） 現象の理解に役立つ結果を与えること．

3) 適用しうる周波数範囲が広いこと.

13.4.1 発展スペクトル

i) 分離可能な過程

図 13.21 に示す加速度地震計の記録をみると，ごく自然に次のような考えが浮ぶ．すなわち，非定常過程 $x(t)$ がその包絡線に相当する関数 $\sqrt{c(t)}$ と平均が零で分散 $E[n^2(t)]$ が 1 である定常確率過程 $n(t)$ との積として

$$x(t) \cong f(t) = \sqrt{c(t)}\, n(t) \tag{13.77}$$

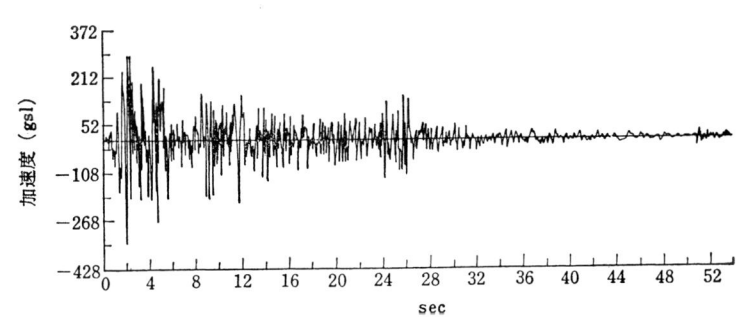

図 13.21 カリフォルニア El Centro における Imperial Vlley 地震 1940 の NS 加速度計記録

と表わしうるのではなかろうかということである． $x(t)$ が上式のように表わしうるとき，この非定常確率過程は**分離可能**(separable)な過程と呼ばれる．

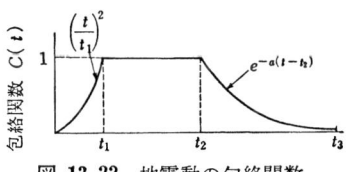

図 13.22 地震動の包絡関数

t のある区間で $x(t)$ が式 (13.77) のように表わされるとき， $c(t)$ はこの区間での誤差の 2 乗

$$\varepsilon = \sum_{i=1}^{m}[x_i - E(f_i)]^2 = \sum_{i=1}^{m}[x_i{}^2 - c_i E(n_i{}^2)] = \sum_{i=1}^{m}(x_i{}^2 - c_i) \tag{13.78}$$

(ここに, m：区間内のデータの数)を最小にするように決定される．いま, $c(t)$ が p 個のパラメーター a_i ($i=1, 2, \cdots, p$) により

$$c(t) = c(a_1, a_2, \cdots, a_p ; t) \tag{13.79}$$

と表わされるとき， $c(t)$ を点 t_0 のまわりに Taylor 展開すれば， $\varepsilon \to \min$ の条件から次の方程式系を得る．

$$\sum_{j=1}^{m} x_j{}^2(t_j-t_0)^k = \sum_{i=1}^{p} a_i \sum_{j=1}^{m} (t_j-t_0)^{i+k-1} \qquad (k=0, 1, \cdots, p-1) \qquad (13.80)$$

例えば，$c(t)$ が

$$c(t) = a_1 + a_2(t-t_0) \qquad (13.81)$$

で表わしうるとすれば，

$$a_1 = \sum_{j}^{m} \frac{x_j{}^2}{m} \qquad (13.82)$$

$$a_2 = \sum_{j} (x_j{}^2 - a_1) j / \sum_{j} j^2 \qquad (13.83)$$

また，$c(t)$ が

$$c(t) = a_1 + a_2(t-t_0) + a_3(t-t_0)^2 \qquad (13.84)$$

ならば

$$\begin{pmatrix} a_1 \\ a_2 \\ a_3 \end{pmatrix} = \begin{pmatrix} B_1 \\ B_2 \\ B_3 \end{pmatrix} \begin{bmatrix} m & A_1 & A_2 \\ A_1 & A_2 & A_3 \\ A_2 & A_3 & A_4 \end{bmatrix}^{-1} \qquad (13.85)$$

ここに

$$A_i = \sum_{j=1}^{m} (t_j-t_0)^i, \quad B_i = \sum_{j=1}^{m} x_j{}^2 (t_j-t_0)^{i-1} \qquad (13.86)$$

以上のようにして，$c(t)$ を各区間に対して決定すれば，これに伴う定常確率過程 $n(t)$ は次式により定められる．

$$n(t) = \frac{x(t)}{\sqrt{c(t)}}$$

$n(t)$ についてのスペクトル $S_n(\omega)$ は標準的な統計処理により求められる．Priestley(1965) は **evolutionary spectrum** $S(t, \omega)$ を次のように定義した．

$$S(t, \omega) = c(t) S_n(\omega) \qquad (13.87)$$

上式を ω に関して $[-\infty, \infty]$ で積分した値は，$x(t)$ のパワー，すなわち $x^2(t)$ のアンサンブル平均値を表わす．

$$E[x^2(t)] = \int_{-\infty}^{\infty} c(t) S_n(\omega) d\omega = c(t) \qquad (13.88)$$

$$\left(\because E(n^2) = \int_{-\infty}^{\infty} S_n(\omega) d\omega = 1 \right)$$

ii) 一般的な発展スペクトル

上に述べた直感的取り扱いを理論化しよう．定常確率過程 $x(t)$ はフーリエ

13.4 非定常スペクトル

積分により

$$x(t) = \int_{-\infty}^{\infty} X(\omega) e^{i\omega t} d\omega \tag{13.89}$$

と表わされることを知っている.

さて,この考え方ないしは表示を一般化するには,確率関数 $X(\omega)$ を時間の関数として,非確率的な変調関数(modulating function) $A(t, \omega)$ と確率関数 $N(\omega)$ の積

$$X(\omega) \to A(t, \omega) N(\omega)$$

と考えると, $x(t)$ は次式のように表わせる.

$$x(t) = \int_{-\infty}^{\infty} A(t, \omega) N(\omega) e^{i\omega t} d\omega \tag{13.90}$$

自己相関関数は時刻 t と s における x の値の積のアンサンブル平均として定義され,一般に t と s とに関係する.

$$E[x(t)x(s)] = C(t, s) \tag{13.90 a}$$

式 (13.90) より

$$C(s, t) = \int_{-\infty}^{\infty}\int_{-\infty}^{\infty} A(s, \omega) A^*(t, \omega') E[N(\omega) N^*(\omega')] \cdot e^{i(\omega s - \omega' t)} d\omega d\omega'$$

$$\tag{13.91}$$

確率関数 $N(\omega)$ を直交関数とすれば,

$$C(s, t) = \int_{-\infty}^{\infty} A(s, \omega) A^*(t, \omega) E[N(\omega) N^*(\omega)] e^{i\omega(s-t)} d\omega \tag{13.92}$$

と書ける.確率関数 $N(\omega)$ の絶対値の 2 乗のアンサンブル平均を

$$S_N(\omega) = E[|N(\omega)|^2] \tag{13.93}$$

とおく.いま,上式において $s=t$ とおけば, $C(t,t) = E[x^2(t)]$ は

$$E[x^2(t)] = \int_{-\infty}^{\infty} |A(t, \omega)|^2 S_N(\omega) d\omega \tag{13.94}$$

となる.すなわち,上式の右辺の被積分関数が Priestley の発展スペクトルである.

■
$$S(\omega, t) = |A(t, \omega)|^2 S_N(\omega) \tag{13.94 a}$$

式 (13.94) を式 (13.88) と比較すれば直ちに

$$A(t, \omega) = \sqrt{c(t)} \tag{13.95}$$

であることがわかる．したがって，分離可能な過程とは変調関数 modulating function $A(t, \omega)$ が周波数に無関係な場合に相当する．

Priestley のスペクトルは地震波のように明らかにある振動数の波が卓越し，その振幅が卓越波の周期に比べてゆっくりと時間とともに変化している現象の解析に対して適切である．しかし，直感的な印象を数式化したものだけに，数式的には普遍性は少なく，また"広い範囲に適用"という一般性に欠ける．

例1 1940年 El Centro 地震の発展スペクトルを図 13.23 に示す (Liu, 1972)．強震（加速度）計の記録を図 13.22 のように明確に三つの領域に区分することは困難であるので，全区間を約3等分し半分ずつオーバーラップする区間について，上記の方法で $c(t)$ を1次式として発展スペクトルが求められた．スペクトルは発展スペクトルが互いに重ったり交錯したりするのをさけるために，また各周波数成分の成長特性を明確に示すよう前の区間のものに順次重ねて

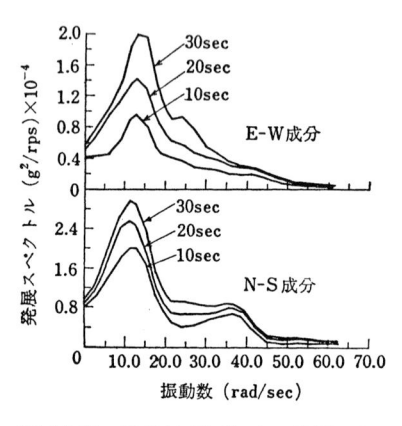

図 13.23 1940年 El Centro 地震の加速度の発展スペクトル (Liu, 1972)

$$f(t, \omega) = \begin{cases} c_1(t) x_1(\omega) & (t_0 \leq t \leq t_1) \\ f(t_1, \omega) + c_2(t) x_2(\omega) & (t_1 \leq t \leq t_2) \\ f(t_2, \omega) + c_3(t) x_3(\omega) & (t_2 \leq t \leq t_3) \end{cases} \quad (13.96)$$

のように図示した．したがって図中の t の隣り合う2曲線の差が発展スペクトルである．

この地震動では東西・南北成分とも一つのピーク振動数を示している．

13.4.2 瞬間パワースペクトル

着目している信号のエネルギーの時刻-角周波数域の分布を $\mathcal{P}(\omega, t)$ とすれば，時刻 T までの信号の全エネルギーは

$$\int_{-\infty}^{T} \int_{-\infty}^{\infty} \mathcal{P}(\omega, t) \, d\omega \, dt \quad (13.97)$$

13.4 非定常スペクトル

である．全エネルギーの増加率すなわち，式 (13.97) の時間微分は瞬間パワー (instantaneous power) である．

$$\int_{-\infty}^{\infty} \mathscr{P}(\omega, T) d\omega \tag{13.98}$$

これより Page(1952) は，$\mathscr{P}(\omega, T)$ を時刻 T における瞬間パワースペクトルと定義した．

次に信号 x より $\mathscr{P}(t, \omega)$ を導く．信号 $x(\xi)$ を時刻 t で切ると

$$x_t(\xi) = \begin{cases} x(\xi) & (\xi \leq t) \\ 0 & (\xi > t) \end{cases} \tag{13.99}$$

そのフーリエ成分 $X_t(\omega)$ は，信号の角周波数 ω の変動成分の複素振幅を表わし

$$X_t(\omega) = \frac{1}{2\pi} \int_{-\infty}^{\infty} x_t(\xi) e^{-i\omega\xi} d\xi = \frac{1}{2\pi} \int_{-\infty}^{t} x(\xi) e^{-i\omega\xi} d\xi \tag{13.100}$$

である．したがって，角周波数 ω の成分のエネルギーは振幅の絶対値の 2 乗 $|X_t(\omega)|^2$ に比例する．これはその意味からして瞬間パワースペクトル $\mathscr{P}(\omega, t)$ の区間 $(-\infty, t)$ での積分値に等しくなければならない．$X_t(\omega)$ をラニングスペクトル，$\mathscr{P}(\omega) = 2\pi |X_t(\omega)|^2$ を 2 乗振幅**ラニングスペクトル** (square amplitude running spectrum) と呼ぶことがある．

$$2\pi |X_t(\omega)|^2 = \int_{-\infty}^{t} \mathscr{P}(\omega, \xi) d\xi \tag{13.101}*)$$

それゆえ，**瞬間パワースペクトル** $\mathscr{P}$ は信号 x のフーリエ成分から

$$\mathscr{P}(\omega, t) = 2\pi \frac{\partial}{\partial t} |X_t(\omega)|^2 = 2\pi \frac{\partial}{\partial t} [X_t(\omega) X_t^*(\omega)] \tag{13.102}$$

式 (13.100) の関係より $\mathscr{P}(\omega, t)$ はさらに次のように表わされる．

$$\mathscr{P}(\omega, t) = \frac{1}{2\pi} [x(t) e^{-i\omega t} \int_{-\infty}^{t} x(\xi) e^{i\omega\xi} d\xi + x(t) e^{i\omega t} \int_{-\infty}^{t} x(\xi) e^{-i\omega\xi} d\xi]$$

すなわち，$\mathscr{P}(\omega, t)$ は $x(t) e^{i\omega t} \int_{-\infty}^{t} x(\xi) e^{-i\omega\xi} d\xi = x(t) e^{i\omega t} X_t(\omega)$ とその共役関数との和であるから，

$$\mathscr{P}(\omega, t) = \frac{1}{\pi} x(t) \mathscr{R}[e^{i\omega t} X_t(\omega)] \tag{13.103 a}$$

$$= \frac{1}{\pi} x(t) \mathscr{R} \left[\int_{-\infty}^{t} x(\tau) e^{i\omega(t-\tau)} d\tau \right] \tag{13.103 b}$$

---

*) 左辺の係数 2π はフーリエ変換の定義法により現われる．p.41〜42 を参照．以下の式 (13.121), (13.132), (13.136) についても同様．

積分変数の変換を行なえば，Page の瞬間スペクトルは次のように表わされる．

$$\mathcal{P}(\omega,t) = \frac{1}{\pi}\int_0^\infty x(t)\,x(t-\tau)\cos\omega\tau\,d\tau \qquad (13.103\,\mathrm{c})$$

もし，角周波数 ω のかわりに周波数 f に関して表わすと上の関係は次のようになる．

$$\Pi(f,t) = 2x(t)\,\mathcal{R}[e^{i2\pi ft}X_t(f)] = 2x(t)\,\mathcal{R}\Big[\int_{-\infty}^t x(\tau)e^{i2\pi f(t-\tau)}d\tau\Big]$$

$$= 2\int_0^\infty x(t)\,x(t-\tau)\cos 2\pi f\tau\,d\tau \qquad (13.103\,\mathrm{d})$$

式 (13.103 c) の両辺のアンサンブル平均をとり，相関とスペクトル

$$C(\tau,t) = E[x(t)\,x(t-\tau)] \qquad (13.104)$$

$$S(\omega,t) = E[\mathcal{P}(\omega,t)] \qquad (13.105)$$

を定義すれば，これらの間に次の関係がある．

$$S(\omega,t) = \frac{1}{\pi}\int_0^\infty C(\tau,t)\cos\omega\tau\,d\tau \qquad (13.106)$$

ランダム変動が定常確率過程で自己相関関数が時刻 t に無関係ならば $C(\tau,t)\to C(\tau)$ となり，上式は通常の相関とスペクトルの関係に帰着する．

時刻 t での瞬間パワーは瞬間スペクトル $\mathcal{P}(\omega,t)$ を全周波数について積分して

$$\int_{-\infty}^\infty \mathcal{P}(\omega,t)\,d\omega = \frac{1}{\pi}x(t)\int_{-\infty}^\infty\int_0^\infty x(t-\tau)\cos\omega\tau\,d\tau\,d\omega = x^2(t) \qquad (13.107)$$

となり，$\mathcal{P}(\omega,t)$ の定義と物理的意味に矛盾がないことが示される．

このように定義した瞬間スペクトル $\mathcal{P}(\omega,t)$ は，物理的に一見奇妙に思われるが，負の価をもつことがある．というのは，ランダム変動が生じてから間もなくの間は全エネルギースペクトル $\int_{-\infty}^t \mathcal{P}dt$ には高周波成分すなわち ω の大きい成分が多く含まれているが，時間 t が増すにつれて長周期成分すなわち ω の小さな成分の割合が大きくなる．しかし，最初はどうしても ω の高い成分が存在せざるを得ないから，t の小さい範囲での強い高周波成分を補償するために ω の大きい成分に負のスペクトルが現われる．しかし，全エネルギー $\int_{-\infty}^t \mathcal{P}dt$ はすべての ω に対して常に正である．

Page の瞬間スペクトルは，スペクトルのもつ物理的意味(各周波数成分の平

13.4 非定常スペクトル

均パワーへの寄与率)を,現時点に重点を置いて定義し直したものである. すなわち,

　　パワー=平均エネルギー → 瞬間パワー=現時点でのエネルギー増加率

この定義は数学的には最も整然としているように思われる. しかし,確率現象の解析に本来伴っているアンサンブル平均の概念が含まれていないこと,さらにはこの定義により解析された結果が奇妙であり,非定常確率過程の現象の理解にあまり役立たないという欠点がある. この第2の点はPageの定義法に本来内在するものであると考えられる.

例1 時刻 $t=0$ よりはじまる階段関数

$$x(t) = \begin{cases} 0 & (t<0) \\ 1 & (t>0) \end{cases} \tag{13.108}$$

を考える. このフーリエ成分 $X_t(\omega)$ は

$$X_t(\omega) = \frac{1}{2\pi}\int_0^t e^{-i\omega\xi}d\xi = \frac{e^{-i\omega t}-1}{2\pi(-i\omega)} \tag{13.109}$$

である. また,

$$\mathcal{R}[e^{i\omega t}X_t(\omega)] = \mathcal{R}[(1-e^{i\omega t})/(-i\omega)]$$
$$= \mathcal{R}[(1-\cos\omega t - i\sin\omega t)/(-i\omega)] = \sin\omega t/\omega \tag{13.110}$$

したがって,式 (13.103 b) より瞬間パワースペクトルは

$$\mathcal{P}(\omega,t) = \frac{t}{\pi}\frac{\sin\omega t}{\omega t} \tag{13.111}$$

となる. $\sin\omega t/\omega t$ はよく知られているように,$t=0$ で最大値1をとり振動しながら減衰する関数である. また,$\int_{-\infty}^{\infty}(\sin\omega t/\omega t)d\omega = \pi/t$ であるから,瞬間パワースペクトル $\mathcal{P}$ は全面積を一定

$$\int_{-\infty}^{\infty}\mathcal{P}d\omega = 1 \tag{13.112}$$

に保ちつつ,エネルギーは $\omega=0$ の近くに集中し $\omega=0$ での最大値 $\mathcal{P}_m = t/\pi$ は時間とともに増大し,遂に $\mathcal{P}$ は δ-関数に近づく. すなわち,信号は零周波数の振動より成り立つようになる. 図13.24は $t=1.25$ sec および 5.0 sec の瞬間パワースペクトルを示している.

例2 時刻 $t=0$ からはじまる正弦波 $x(t)=a\sin\omega_0 t$ $(t\geq 0)$ の瞬間スペクト

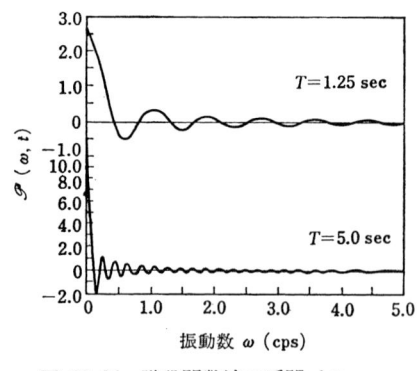

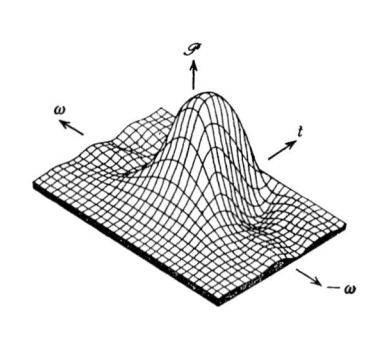

図 13.24 階段関数波の瞬間パワースペクトル

図 13.25 三角パルス波の瞬間パワースペクトル

ルは

$$\mathcal{P}(\omega,t) = a^2\omega_0 \sin\omega_0 t \frac{\sin\left(\frac{\omega_0+\omega}{2}\right)t}{\omega_0+\omega} \cdot \frac{\sin\left(\frac{\omega_0-\omega}{2}\right)t}{\omega_0-\omega}$$

となる. $\omega \to \omega_0$ では, $\mathcal{P}(\omega,t) = \frac{a^2 t}{2}\sin^2(\omega_0 t)$.

例3 $x(t)$ として区間 $[-1, 1]$ での三角波を考えると,瞬間パワースペクトルは次のようになる.

$$\mathcal{P}(\omega,t) = \begin{cases} 0 & (t<-1) \\ (1+t)\{1-\cos\omega(1+t)\}/\pi\omega^2 & (-1<t<0) \\ (1-t)\{2\cos\omega t - 1 - \cos\omega(1+t)\}/\pi\omega^2 & (0<t<1) \\ 0 & (1<t) \end{cases} \quad (13.113)$$

信号の上昇時の $\mathcal{P}$ はいたるところ正であるが,信号の後半期に負の部分が生じる. $\mathcal{P}(\omega,t)$ の最大は常に $\omega=0$ の所に生じ,その極大値は $t=0$ の直後に生じる.すなわち,信号の最大値が通過したのちも,少しの間成分は増加を続ける.

例4 Taft 地震加速度計の記録 (S 21 W 成分) の解析例を示す. 図 13.26(a) は振動成分 ω のエネルギースペクトル,すなわち $|X(t,\omega)|^2$ の時間的変化,(b) は $|X(t,\omega)|^2$ の時間増加率として瞬間パワースペクトル,(c) は時刻 t までの全振動エネルギーの成長 $E(t) = \int_{-\infty}^{\infty} |X(t,\omega)|^2 d\omega$,(d) は各振動成分ごとのエネルギー分布 $E(\omega) = \int_{-\infty}^{\infty} |X(t,\omega)|^2 dt$ である.時刻 $t=10$ sec 位から振動数 $\omega \approx 3.0$ cps (≈ 20 rad/sec) の振動が卓越しはじめるが,$t=15.0$ sec からは $\omega \approx$

13.4 非定常スペクトル

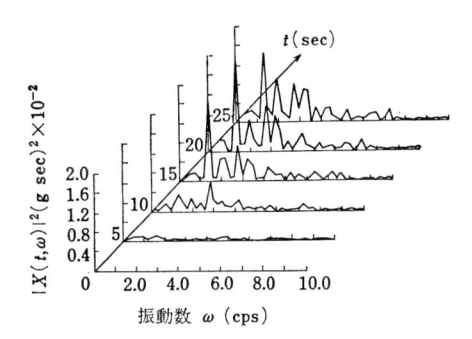

(a) 2乗振幅ラニングスペクトル

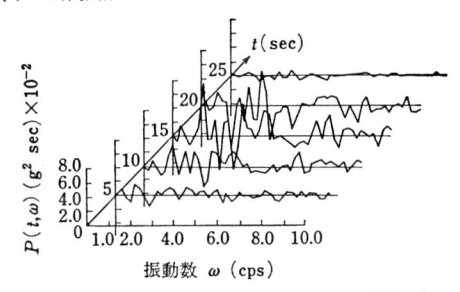

(b) 瞬間パワースペクトル (Taft, 1952年7月21日)

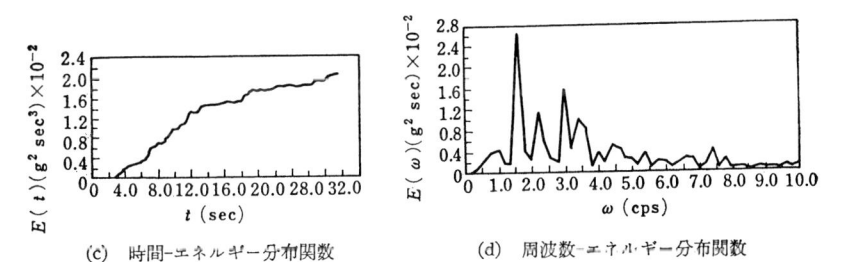

(c) 時間-エネルギー分布関数

(d) 周波数-エネルギー分布関数

図 13.26 1952年 Taft 地震の非定常スペクトル解析 (Liu, 1972)

1.5 cps ≈ 10 rad/sec のより低い振動か強さを増してくる(図 13.20(a))．地震動は $t=4$ sec から 14 sec の間で最も強く，その後弱まる(図 13.26(c))などの地震の特性が読みとれる．

13.4.3 一般化スペクトル

定常確率過程の場合には，自己相関関数のフーリエ変換としてパワースペクトルが定義された．非定常確率過程の場合にもこの考えをそのまま拡張してパワースペクトルを定義することができる (Bendat and Piersol, 1966)．

非定常確率過程 $\{x(t)\}$ の自己相関関数を

$$C(\tau, t) = \langle x(t-\frac{\tau}{2}) x(t+\frac{\tau}{2}) \rangle \quad (-\infty < \tau < \infty) \quad (13.114)$$

と定義する．自己相関関数 C は，定常過程の場合にはサンプル時間間隔 τ のみに関係するが，非定常過程では τ の他時刻 t にも関係する．明らかに，C は実の偶関数である．

$$C(-\tau, t) = C(\tau, t) \quad (13.115)$$

自己相関を一般的に定義すれば，次のようになる．

$$\langle x(t+k\tau) x(t+(k+1)\tau) \rangle$$

非定常過程の場合，自己相関は $k=-1/2$ の場合に限り τ の偶関数となる．

定常確率過程の場合とのアナロジーにより，瞬間的パワースペクトル密度関数 $\Phi(\omega, t)$ を次のように定義する．

$$\Phi(\omega, t) = \frac{1}{2\pi} \int_{-\infty}^{\infty} C(\tau, t) e^{-i\omega\tau} d\tau \quad (13.116\text{a})$$

$$= \frac{1}{\pi} \int_{0}^{\infty} C(\tau, t) \cos(\omega\tau) d\tau \quad (13.116\text{b})$$

もし，角周波数 ω のかわりに周波数 f を用いると，上の関係は次式となる．

$$P(f, t) = \int_{-\infty}^{\infty} C(\tau, t) e^{-i2\pi ft} d\tau \quad (13.117\text{a})$$

$$= 2 \int_{0}^{\infty} C(\tau, t) \cos(2\pi f\tau) d\tau \quad (13.117\text{b})$$

式 (13.116b) は $C(\tau, t)$ の対称性より導かれる．上式より $\Phi(\omega, t)$ も実関数で ω に関して偶関数であることがいえる．

$$\Phi(-\omega, t) = \Phi(\omega, t) \quad (13.118)$$

前述の Page による瞬間パワースペクトルの定義は過去の信号にのみ関係しているが，式 (13.116) の定義による瞬間パワースペクトルは $x(u) (u>t)$ にも関係する．式 (13.116a) の逆フーリエ変換は

$$C(\tau, t) = \int_{-\infty}^{\infty} \Phi(\omega, t) e^{i\omega\tau} d\omega \quad (13.119)$$

となる．ここで，$\tau=0$ とおけば

$$\langle x^2(t) \rangle = \int_{-\infty}^{\infty} \Phi(\omega, t) d\omega \quad (13.120)$$

を得る．したがって，瞬間スペクトル $\Phi(\omega, t)$ は時刻 t における瞬間パワーの期待値 $\langle x^2(t) \rangle$ に対する各周波数成分よりの寄与を表わしている．

$x(t)$ のフーリエ変換を

$$X(\omega) = \frac{1}{2\pi} \int_{-\infty}^{\infty} x(t) e^{-i\omega t} dt$$

と定義すれば，$X(\omega)$ の 2 乗平均値 $\langle |X(\omega)|^2 \rangle$ は

$$\langle |X(\omega)|^2 \rangle = \frac{1}{(2\pi)^2} \langle \int_{-\infty}^{\infty} x(t') e^{-i\omega t'} dt' \int_{-\infty}^{\infty} x(t'') e^{+i\omega t''} dt'' \rangle$$

$$= \frac{1}{(2\pi)^2} \int_{-\infty}^{\infty} \int_{-\infty}^{\infty} \langle x(t') x(t'') \rangle e^{-i\omega(t'-t'')} dt' dt''$$

$$= \frac{1}{(2\pi)^2} \int_{-\infty}^{\infty} \int_{-\infty}^{\infty} R(\tau, t) e^{-i\omega\tau} d\tau dt$$

(ここに，$\tau = t' - t''$, $t = (t' + t'')/2$)．したがって，

■ $$\langle 2\pi |X(\omega)|^2 \rangle = \int_{-\infty}^{\infty} \Phi(\omega, t) dt \qquad (13.121)$$

式 (13.121) は式 (13.120) と対をなす関係である．

また，$C(\tau, t)$ の二重フーリエ変換から，次の非定常スペクトル（一般化スペクトル）が定義される．

$$\Psi(\omega_1, \omega_2) = \frac{1}{(2\pi)^2} \iint_{-\infty}^{\infty} C(\tau, t) e^{-i(\omega_1 - \omega_2)} d\tau dt = \langle X^*(\omega_1) X(\omega_2) \rangle$$

定常確率過程の場合との関係

定常確率過程では $\Phi(\omega, t)$ が t に無関係に $\Phi(\omega)$ となり，式(13.114)～(13.120) の関係はそのまま成立する．一方，式(13.121)の関係は，積分の上下限を $T/2, -T/2$ とし両辺に $2\pi/T$ を掛け lim をとれば

$$\lim_{T \to \infty} \langle 2\pi |X(\omega)|^2 \rangle / T = \lim_{T \to \infty} \frac{1}{T} \int_{-T/2}^{T/2} \Phi(\omega) dt = \Phi(\omega)$$

となり，定常確率過程の場合（式(3.7)）に帰着する．したがって，Bendat と Piersol のスペクトルは最も自然に定常確率過程における定義を一般化し，非定常確率過程へ適用したものといえる．

Page の瞬間スペクトルがスペクトルの物理的意味を非定常の場合に拡張し数学的に定義し直したのとは逆に，Bendat と Piersol の定義は，定常確率過程の定義を数学的に拡張したものである．

このスペクトルの定義にはすべての時間領域（$-\infty < t < \infty$）のデータが必要であり，現時点までのデータで将来を推定しようとする応用を主とする側からは問題がある．また，定義の中に現時刻 t が含まれているが，ここでは"現時点を中心にしてみるときに"という程度の意味しかない．

13.4.4 物理スペクトル

非定常な確率過程のある時刻 t の近傍のみに注目して，ここでの不規則変動の統計的性質を抽出し，スペクトル的に表現しようとするのが Mark (1970) により定義された physical spectrum である．このため，いま注目している時刻を t とすれば，変動 $x(u)$ に時間領域での重さ（=window）

$$w(t-u)$$

を掛けて

$$x_w(t) = x(u)w(t-u) \tag{13.122}$$

をつくる．定常確率過程の場合と全く同様に，上の $x(u)w(t-u)$ のフーリエ変換の2乗（アンサンブル）平均の 2π 倍として，非定常確率過程スペクトルを定義することができる（式(3.7)と対比せよ）．

$$S(\omega, t) = 2\pi \left\langle \left| \frac{1}{2\pi} \int_{-\infty}^{\infty} x(u) w(t-u) e^{-i\omega u} du \right|^2 \right\rangle \bigg/ \int_{-\infty}^{\infty} [w(u)]^2 du \tag{13.123}$$

ここに，ウインドー $w(u)$ は次のように正規化されていることが適切である．

$$\int_{-\infty}^{\infty} [w(u)]^2 du = 1$$

さて，Mark の物理スペクトルの意味を調べる．式 (13.123) を角振動数 ω について積分し，その右辺を順次変形すると，

$$\int_{-\infty}^{\infty} S(\omega, t) d\omega = \int_{-\infty}^{\infty} \langle [x(u)]^2 \rangle [w(t-u)]^2 du \tag{13.124}$$

この関係は，$\int_{-\infty}^{\infty} [x(u)w(t-u)]^2 du$ について Parseval の公式

$$\int_{-\infty}^{\infty} |f(u)|^2 du = \int_{-\infty}^{\infty} \left| \frac{1}{\sqrt{2\pi}} \int_{-\infty}^{\infty} f(u) e^{-ivu} du \right|^2 dv \tag{13.125}$$

を用いて，直ちに導くこともできる．

式 (13.124) においてウインドーを δ-関数 $w^2(t-u) = \delta(t-u)$ とすると，

$$\langle x^2(t) \rangle = \int_{-\infty}^{\infty} S(\omega, t) d\omega \tag{13.126}$$

13.4 非定常スペクトル

となる.この場合には,時刻 t における瞬間パワーの期待値 $\langle x^2(t)\rangle$ を各周波数成分に分解したものが,Mark の物理スペクトルである.

式 (13.124) の右辺は一般的に瞬間パワーの期待値 $\langle x^2(u)\rangle$ の時刻 t 近傍での局所的平均値ないしは平滑化値を示しており,Mark の物理スペクトルはその周波数成分を表わしている.

x と w のフーリエ変換

$$X(\omega) = \frac{1}{2\pi}\int_{-\infty}^{\infty} x(t)e^{-i\omega t}dt \qquad (13.127)$$

$$W(\omega) = \frac{1}{2\pi}\int_{-\infty}^{\infty} w(t)e^{-i\omega t}dt \qquad (13.128)$$

および,これらの逆変換

$$x(t) = \int_{-\infty}^{\infty} X(\omega)e^{i\omega t}d\omega \qquad (13.129)$$

$$w(t) = \int_{-\infty}^{\infty} W(\omega)e^{i\omega t}d\omega \qquad (13.130)$$

を定義する.式 (13.127)～(13.130) の関係を式 (13.123) の右辺に代入すれば,

$$S(\omega,t) = \langle |e^{i\omega t}\int_{-\infty}^{\infty} X^*(\omega_1)W(\omega_1-\omega)e^{-i\omega_1 t}d\omega_1|^2\rangle$$

$$= \langle |\int_{-\infty}^{\infty} X^*(\omega_1)W(\omega_1-\omega)e^{-i\omega_1 t}d\omega_1|^2\rangle \qquad (13.131)$$

式 (13.131) と (13.123) は係数 $(1/2\pi)$ を除いてちょうど対応する形となっている.

上式を t に関して積分し,その右辺に対し再び Parseval の公式を用いて変形すれば ($u\to\omega_1$, $v\to t$, $f(u)\to X(\omega_1)W(\omega_1-\omega)$),

$$\int_{-\infty}^{\infty} S(\omega,t)dt = \int_{-\infty}^{\infty}\langle 2\pi|X(\omega_1)|^2\rangle|W(\omega_1-\omega)|^2 d\omega_1 \qquad (13.132)$$

上式の右辺は周波数領域での表現となっているが,式 (13.124) と全く同形である.式 (13.132) より次のようにも表現しうる.非定常確率過程の全エネルギースペクトル $\langle 2\pi|X(\omega_1)|^2\rangle$ の角周波数 ω 近傍で平滑化値 (すなわち,$\int_{-\infty}^{\infty}\langle 2\pi |X(\omega_1)|^2\rangle|W(\omega_1-\omega)|^2 d\omega_1$) の時間領域での分布を表わしたものが物理スペクトルである.

Mark の定義法は,現時点近傍での各角周波数成分の変動エネルギーへの寄与分という物理的意味を,物理的操作つまりフィルタリングの考えを入れて

数式化している．したがって，いきなり数学的にしかも瞬間という事の厳密さに捉われることなしにスペクトルの物理的意味を自然に定義している．これは声紋をとる sonograph の数式表現ともいえる．

一方，フィルター系操作のためにウインドーの周波数幅より長い周期の振動の寄与分は切り捨てられる．また，ウインドー関数の選び方により結果が異なるという任意性が入る．

13.4.5 多重フィルタースペクトル

非定常確率過程の統計はアンサンブル平均で定義される．しかし，地震はそうしばしば起らないし，また変動の記録の途中で，つまりある特定のサンプルについての変動特性を解析したいという場合が少なくない．定常確率過程の場合には，これをフィルターに通して出力2乗平均回路に入れて周波数スペクトルを求める．しかし，非定常確率過程では，フィルターからの出力 $y_\omega(t)$ の時間的平均をとることは適当ではない．そこでフィルター系が，電気回路にしろ機械系にしろ振動(共振)応答系であり，したがって出力 $y_\omega(t)$ も正弦波形であることから，出力振動をあたかもばね系の運動のように考えて，位置のエネルギー $(ky_\omega^2(t)/2,\ k:$ ばね定数) と運動エネルギー $(m\dot{y}_\omega^2(t)/2,\ m:$ 振子の質量) の和として，非定常スペクトル (multifilter spectrum) を定義する (亀田，1975)．

$$\Phi(\omega, t) = \{y_\omega^2(t) + \frac{m}{k}\dot{y}_\omega^2(t)\}\frac{\nu\omega^2}{\pi} \qquad (13.133)$$

ここに，$y_\omega(t)$ はインパルス応答 $h(u)$ を用いて，次式で与えられる．

$$y_\omega(t) = \int_{-\infty}^{t} x(u) h_\omega(t-u)\, du = \int_{-\infty}^{\infty} x(u) h_\omega(t-u)\, du$$

$$h_\omega(u) = \begin{cases} \dfrac{e^{-\nu\omega u}}{m\omega\sqrt{1-\nu^2}}\sin\{\omega\sqrt{1-\nu^2}u\} & (u \geq 0) \\ 0 & (u < 0) \end{cases} \qquad (13.134)$$

$$\nu = \frac{c}{2m}, \quad \omega = \left(\frac{k}{m}\right)^{1/2}$$

$y_\omega(t)$ は Mark の物理スペクトル式の右辺の実数部に相当する．

$$y_\omega(t) = \mathcal{R}\left[\int_{-\infty}^{\infty} x(u) w(t-u) e^{-i\omega u} du\right]$$

$$= \mathcal{R}\left[e^{i\omega t}\int_{-\infty}^{\infty} x(u) \{w(t-u) e^{i\omega(t-u)}\} du\right]$$

上式の $\mathcal{R}[w(\tau)e^{i\omega\tau}]$ はフィルター系の応答関数 $h(\tau)$ である．Mark の定義では複素出力 $\int_{-\infty}^{\infty} x(u)w(t-u)e^{-i\omega u}du$ のアンサンブル平均をとるのに対し，単振動系の全エネルギー（運動エネルギーと位置エネルギーの和）をとって非定常スペクトルを定義している．しかし，この方法では系の応答の過渡状態の部分は無視されている．

13.4.6 発達スペクトル

角振動数 ω の波がどれだけ含まれているかを探るには少なくとも $2\pi/\omega$ の時間が必要である．したがって，各成分波——Fourier component——の算出の範囲を周波数により異なる長さの区間 $(t-\dfrac{2\pi m}{\omega}, t)$ にとる．ここに，$m=1, 2, 3\cdots$ など．

$$\tilde{X}_\omega(t) = \frac{1}{2\pi} \int_{t-\frac{2\pi m}{\omega}}^{t} x(\tau) e^{-i\omega\tau} d\tau \tag{13.135}$$

したがって，各成分波のエネルギーのアンサンブル平均は

$$\langle |\tilde{X}_\omega(t)|^2 \rangle = \frac{1}{(2\pi)^2} \langle \iint_{t-\frac{2\pi m}{\omega}}^{t} x(\tau_1) x(\tau_2) e^{i\omega(\tau_1-\tau_2)} d\tau_1 d\tau_2 \rangle$$

$$= \frac{1}{(2\pi)^2} \iint_{t-\frac{2\pi m}{\omega}}^{t} \langle x(\tau_1) x(\tau_2) \rangle e^{i\omega(\tau_1-\tau_2)} d\tau_1 d\tau_2$$

Page は瞬間パワースペクトルを定義するために，瞬間という点を数字的に厳密にとり，現時点でのエネルギーの増加率をとったが，エネルギーが $2\pi m/\omega$ 時間について算出されたのであるから，むしろその間の平均エネルギーをパワースペクトル (developing spectrum) と定義する方がよい（日野，1975）．すなわち

$$\tilde{\Phi}(\omega, t) = \frac{\omega}{2\pi m} \langle 2\pi | \tilde{X}_\omega(t)|^2 \rangle \tag{13.136}$$

$$= \frac{\omega}{4\pi^2 m} \iint_{t-\frac{2\pi m}{\omega}}^{t} \langle x(\tau_1) x(\tau_2) \rangle e^{i\omega(\tau_1-\tau_2)} d\tau_1 d\tau_2$$

短い区間でのフーリエ成分 $\tilde{X}_\omega(t)$ の計算には式 (13.135) を直接的に行うより第 12 章に述べた Burg のMEMアルゴリズム (p.217) を用いる．

ここで定義した非定常スペクトル（発達スペクトル）は現時点以後 $(u>t)$ のデータを用いないことや Burg アルゴリズムを利用する点は別にして，Mark の

物理スペクトルにおいて，矩形ウインドーを通した形になっている．しかし，Mark のスペクトルと異なるのは $x(t)$ に掛ける矩形のウインドーの幅を一定ではなく，各成分波の周期に比例してとっていることである．これにより，スペクトルの有効定義域に制限がなくなっている．また，Page のスペクトルと比べると各成分波のエネルギーの増加率という物理的意味を数学的にも無理なく表現しえていると思う．

以上の種々の非定常スペクトルの特徴を先に挙げた評価基準に従って検討した結果が表 13.2 である．

表 13.2 種々の非定常スペクトルの定義法の特徴

	定義の一般性	定義法の物理性・数学性	現象の解釈	有効周波数範囲	備考
Evolutionary spectrum (Priestley)	△	物理的・直感的	○	狭い	地震波の解析に適当
Instantaneous spectrum (Page)	○	物理的意味を拡張し，数学的に定義	×	○	負のスペクトルが現れることもある
Generalized spectrum (Bendat and Piersol)	○	数学的拡張	△	○	
Physical spectrum (Mark)	○	物理的	○	狭い	
Multifilter spectrum (亀田)	○	物理的	○	狭い	
Developing spectrum (日野)	○	物理的	○	○	

例 1 El Centro の地震記録(NS 1940) を Mark，亀田，日野の各定義法により解析した結果が図 13.27 である．

13.5 セプストラム（エコー解析）

地震計により測定される地震波は震源から直接伝わるものの他，地表などで数度反射され長いパスを通って伝わってくるものが同時に記録される．

ある時系列 $x(t)$ にそれの時間 τ 遅れのエコー $\alpha x(t-\tau)$ (α：反響率) が重ね合わさったランダム波 $z(t)$ を考える．

$$z(t) = x(t) + \alpha x(t-\tau) \tag{13.137}$$

もとの時系列 $x(t)$ のスペクトルを $\Phi(f)$ とすれば，$z(t)$ のスペクトルは

13.5 セプストラム(エコー解析)

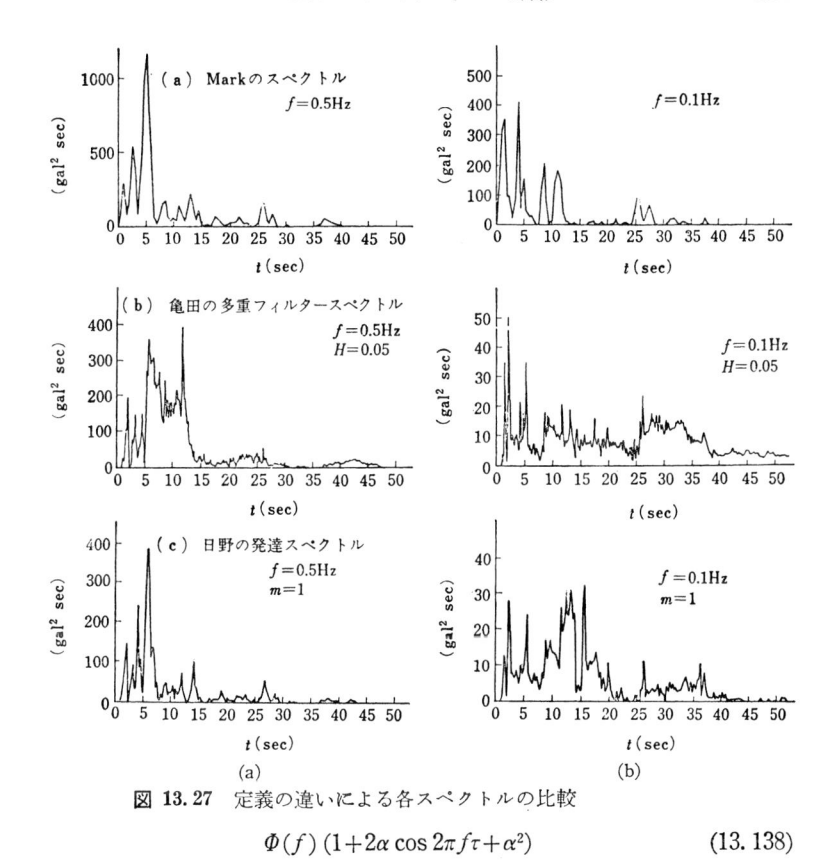

図 13.27 定義の違いによる各スペクトルの比較

$$\Phi(f)(1+2\alpha\cos 2\pi f\tau+\alpha^2) \qquad (13.138)$$

である．これの対数をとれば，

$\log\Phi(f)+2\alpha\cos 2\pi\tau f$ (13.139)

で近似できる．これはもとの $x(t)$ のスペクトルに周期 τ の余弦波が重なったもので，とくに $x(t)$ が白色雑音のときは $\Phi(f)=$ 一定 であるから，エコーの項 $2\alpha\cos 2\pi\tau f$ の波が明瞭となる．つまり，対数スペクトル(図 13.29)は，横軸の周波数 f をあたかも時間軸のようにみなすこと

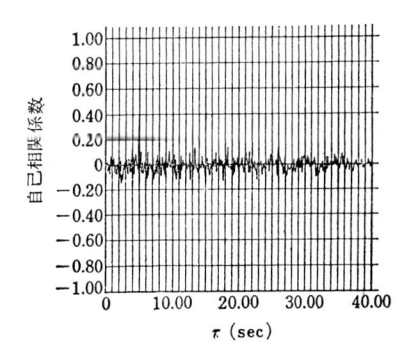

図 13.28 白色雑音と遅れ 5.0 sec，反響度 -0.5 のエコーの和の自己相関係数

ができる．すなわち，対数スペクトルは"周波数系列(frequency series)"である．時系列に対して各周波数成分波の寄与度としてスペクトルを定義したと同じように，対数スペクトル(周波数系列)にフーリエ(自己相関を求めこれをフーリエ変換して)解析をほどこし，周波数系列がどのような時間ラグ τ のエコーから成り立つかを解析できる．これを cepstrum(セプストラム)と呼ぶ．

表 13.3 原データとスペクトル・セプストラムとの対応

原データ	変 換		
時 系 列 (time series)	周波数 (frequency)	：スペクトル (spectrum)	フィルター (filter)
周波数系列 (frequency series)	ケフレンシー (quefrency)	：セプストラム (cepstrum)	リフター (lifter)

図 13.29 の対数スペクトルの"スペクトル"すなわちセプストラムは図 13.30 のようになる．横軸は反響の遅れ時間を表わすケフレンシーであり，縦軸は反響度に対応する．この例では，$\tau=5.0$ sec のエコーが最も強いことを示している．なお，図 13.28 はもとの時系列の自己相関で，これからも $\tau=5.0$ sec のエコーが混っていることがわかる．

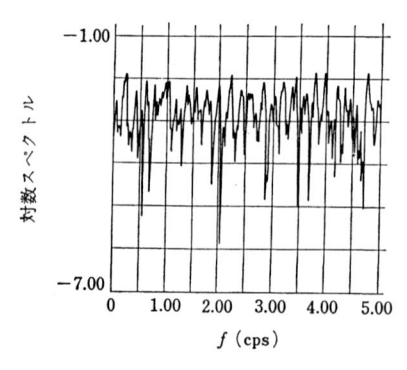

図 13.29 図 13.28 に対するスペクトル
(周波数系列)

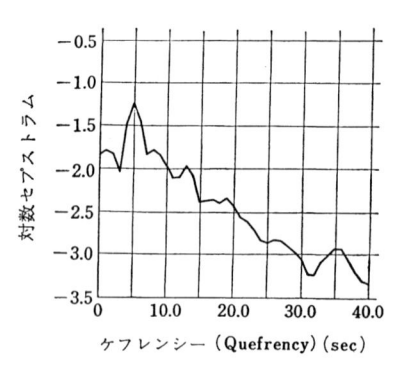

図 13.30 白色雑音とその 5.0 sec 遅れ，
-0.5 反響度のエコーの 和の対
数セプストラム

例 1 震源からの地震波は一部は直接また一部は地表その他で反射したのち地震計の位置まで伝播する(図 13.32)．

13.6 位相スペクトル

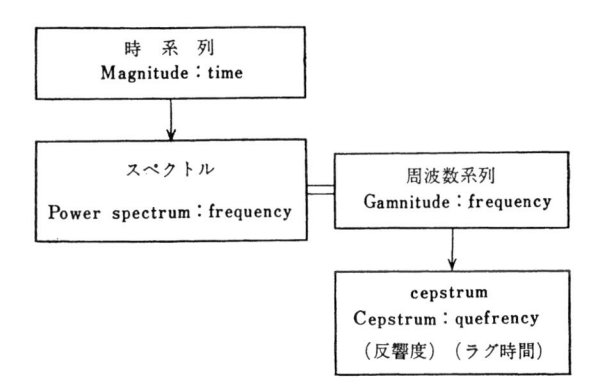

```
        時 系 列
    Magnitude : time
           │
           ▼
      スペクトル            周波数系列
Power spectrum : frequency — Gamnitude : frequency
                                    │
                                    ▼
                               cepstrum
                           Cepstrum : quefrency
                           (反響度) (ラグ時間)
```

図 13.31 時系列・スペクトルの意味の読み替えと命名

実際に得られた地震波のセプストラムの計算例が図 13.33 である．

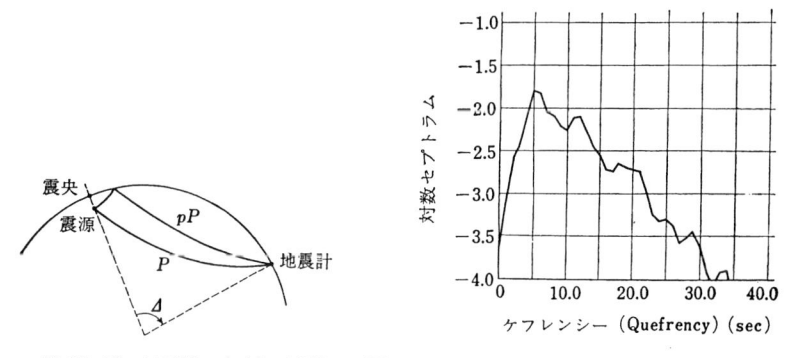

図 13.32 地震波の伝播・反射　　図 13.33 地震記録 CHP 27 の対数セプストラム

13.6 位相スペクトル

すでに繰り返し述べたように，確率変数 $x(t)$ は

$$x(t) = \int X(\omega) e^{i\omega t} d\omega$$

$$X(\omega) = \frac{1}{2\pi} \int x(t) e^{-i\omega t} dt$$

と書かれる．$X(\omega)$ は偏角 $\phi(\omega)$ を用いて極座標表示により，

$$X(\omega) = |X(\omega)| e^{i\phi(\omega)}$$

と書くことができる．ここに，偏角 $\phi(\omega)$ は確率変数で，サンプルごとに異なっている．$X(\omega)$ の大きさの2乗の期待値として，パワースペクトル

$$S(\omega) = \lim_{T \to \infty} \frac{2\pi \langle X(\omega) X^*(\omega) \rangle}{T}$$

$$= \lim_{T \to \infty} \frac{2\pi \langle |X(\omega)|^2 \rangle}{T}$$

が定義されたと同じように，偏角の期待値と角周波数の関係として**位相スペクトル**を導入できる．ただし，$\phi(\omega)$ が確率変数であるから，$\phi(\omega)$ そのものの期待値ではなく，各角周波数成分の偏角の相対的な偏角

$$\phi'(\omega) = \phi(\omega) - \phi(\omega_p)$$

をとるべきである．基準角周波数としては，パワースペクトルの極大値の ω_p を選ぶことができる．

$$e^{i(\phi(\omega) - \phi(\omega_p))} = e^{i\phi'(\omega)}$$

$$= \frac{X(\omega)}{X(\omega_p)} \bigg/ \left| \frac{X(\omega)}{X(\omega_p)} \right|$$

$$= X(\omega) X^*(\omega_p) / \{\sqrt{X(\omega) X^*(\omega)} \cdot \sqrt{X(\omega_p) X^*(\omega_p)}\}$$

ここで，上式の分母は実数であり，偏角に関係するのは $X(\omega) X^*(\omega_p)$ の部分であることを考慮すると，位相スペクトル $\Phi(\omega)$ は

$$\Phi(\omega) = \tan^{-1} \langle \mathcal{I}\{X(\omega) X^*(\omega_p)\} / \mathcal{R}\{X(\omega) X^*(\omega_p)\} \rangle \qquad (13.140)$$

である．

13.7 Walsh スペクトル

13.7.1 奇妙な直交関数系——Walsh 関数系

われわれの知っている直交関数系——これの意味についてはすでに第8章で解説した——は，三角関数，Hermite, Laguerre, Legendre, Tchebycheff 等の直交多項式関数・Bessel 関数・Hough 関数等々，いずれも微分方程式の特解などとして導かれた素直な性質の関数であり，目的に応じてそれぞれの関数系の特性を活して解析解を求めるのに応用されている．

ところで，ここに奇妙な直交関数系を考えた人がある．アメリカの数学者 J. L. Walsh (1923)，ドイツの数学者 H. Rademacher (1922)，ハンガリーの数学

13.7 Walshスペクトル

者 Haar (1910) である．Walsh や Rademacher の考えた関数は +1 または −1 の値のみをとる凸凹な関数系で，直交性その他三角関数に似た種々の性質をもっている．これに先立ってハンガリーの数学者 Alfred Haar(1910) も，二値のみをとる直交関数系を考えた．Walsh関数系の各関数は ∓1 の凹凸を数個含むが，Haar 関数系ではそれらは 1 個ずつである．これらは直交関数系であるから，任意の関数をこれらの関数列の荷重和として表わせることはもちろんである．図 13.35 はランダム波をフーリエ級数および Walsh 関数系で展開した場合の展開項数とその近似曲線を示したものである．

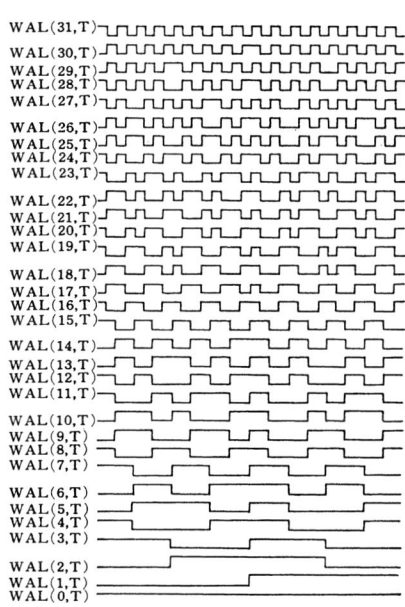

図 13.34 Walsh 関数系

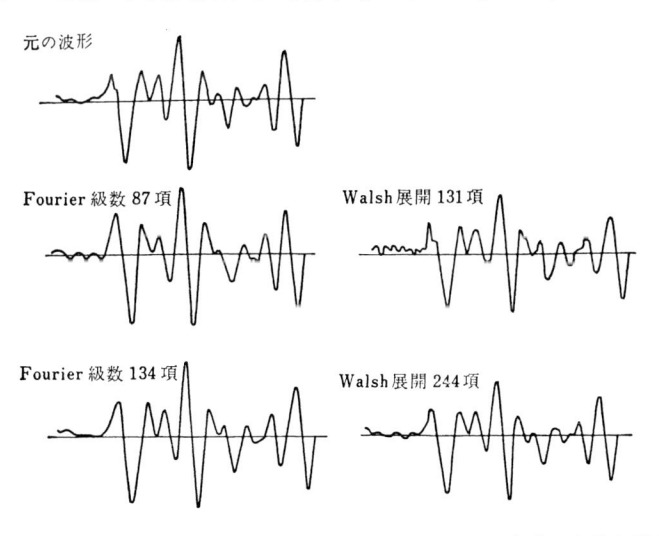

図 13.35 ランダム波の Fourier 展開と Walsh 展開による表現．奇妙な凹凸のみの Walsh 関数でも不規則波がよく表現されている．

13.7.2 Walsh スペクトル

任意の関数は完全直交系で展開しうるから，これから成分である各直交関数の含まれる強さ（2乗振幅）としてスペクトルを定義しうる．通常のスペクトルはランダム変動の中に含まれる三角関数波の強さの割合である．

フーリエスペクトルは定常確率過程の解析にむいている．これに反して，不連続なまたは過渡的な波の解析では，変動の連なり具合(sequency)の方が重要であり，Walsh 関数系が適している．Walsh 関数系を基にした関数展開によるスペクトルを Walsh スペクトルと呼び，変動を分析する目盛は周波数(frequency)ではなく，ゼロクロス数(Zps)である．

Walsh スペクトルは，離散化表示や二値表示を使うディジタル通信・画像送信やコンピューターの分野で応用されている．

例1 周期 1/15 の正弦関数をフーリエスペクトルで表わすと，$f=15$ Hz の

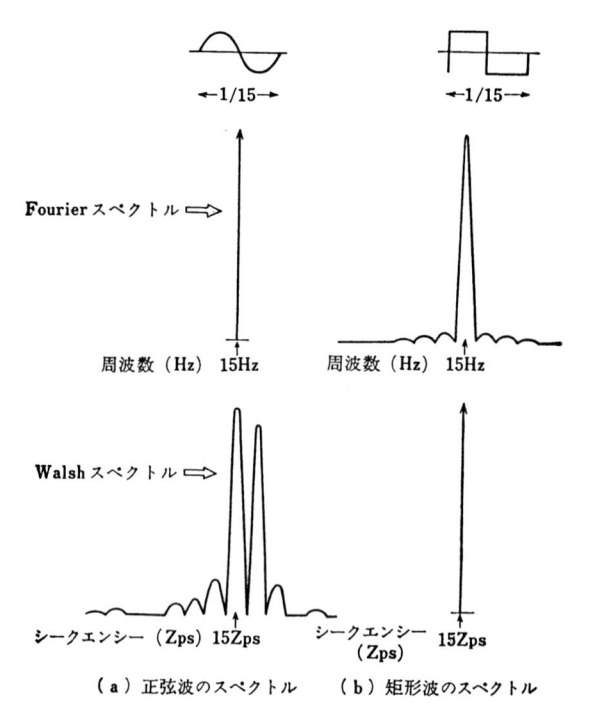

図 13.36

線スペクトルであるが，この Walsh スペクトルは，図 13.36 のように sequency=15 Zps の近傍に二つの大きなピークをもつ．

他方，周期が同じく 1/15 の矩形波の場合には，Walsh スペクトルは sequency=15 Zps のところの一本の線スペクトルであるが，フーリエスペクトルは $f=15$ Hz に鋭いスペクトルピークをもっている．

参　考　文　献

[フーリエ級数・フーリエ変換]
スペクトル解析の基礎であるばかりでなく，応用数学上も重要な解析手法であるフーリエ級数の理論と応用についての参考書を挙げる.
1) 河田龍夫：Fourier 解析，産業図書 (1975)
2) 近藤次郎・小林龍一・高橋磐郎・小柳芳雄：微分方程式・フーリエ解析，培風館 (1968)
3) 小平吉男：物理数学 第一巻，岩波書店 (1931)
4) Papoulis, A.: The Fourier Integral and Its Applications, McGraw-Hill(1962)
5) Sneddon, I. N.: Fourier Transforms, McGraw-Hill (1951)
6) 洲之内源一郎：フーリエ解析とその応用，サイエンス社 (1977)
7) Wiener, N.: The Fourier Integral and Certain of Its Applications, Dover (1933)
8) 矢野茂樹：Fourier 解析の思想史，日本物理学会誌，第25巻，第1号 (1970)

[スペクトルおよびスペクトル計算法]
本書の中心課題であるスペクトルとその計算理論および計算技法について書かれたものを挙げる．特に，Bendat & Piersol の本は簡潔で読みやすい．本間・石原(編)や磯部(編)のものは具体的応用例が多く挙げられている．
1) 赤池弘次：不規則振動のスペクトル解析，統計数理研究所
2) Bendat, J. S. and Piersol, A. G.: Measurement and Analysis of Random Data, John Wiley & Sons (1958) (絶版，第2版が次のように改題) Random Data: Analysis and Measurement Procedures, Wiley-Interscience (1971)
3) Bloomfield, P. (1976): Fourier Analysis of Time Series: An Introduction, John Wiley & Sons.
4) Blackman, R. B. and Tukey, J. W.: The Measurement of Power Spectra from the Point of View of Communication Engineering, Dover Publications, Inc. (1958)
5) 本間　仁・石原藤次郎(編)：データ処理の手法，応用水理学下Ⅱ，丸善，pp. 81-137 (1971)
6) 堀川　明：ランダム変動の解析，共立出版 (1965)
7) 星谷　勝：確率手法による構造解析，鹿島出版 (1973)
8) 星谷　勝：確率手法による振動解析，鹿島出版 (1974)
9) 磯部　孝(編)：相関函数およびスペクトル—その測定と応用—，東京大学出版会

(1968)
10) Jenkins, G.M. and Watts, D.G.: Spectral Analysis and Its Applications, Holden-Day, Inc., San Francisco (1968)
11) 宮脇一男：雑音解析, 朝倉書店 (1961)
12) 岡内 功・伊藤 学・宮田利雄：耐風構造, 丸善 (1977)
13) Parzen, E.: Mathematical considerations in the estimation of spectra, Tech. Rept. No.3, Applied Mathematics and Statistics Laboratories, Stanford Univ., Stanford, Calif. (1960)
14) Rosenblatt, M. (ed.): Time Series Analysis, John Wiley & Sons, Inc., New York (1963)
15) 斉藤慶一：工学系のための確率と確率過程, サイエンス社 (1974)
16) 高岡宜善：工学のための応用不規則関数論, 共立出版 (1975)

[スペクトル計算法――主に FFT]

1) Brigham, E.O.: The Fast Fourier Transform, Prentice-Hall, Inc., New Jersey (1974)
2) Cooley, J.W. and Tukey, J.W.: An algorithm for the machine calculation of complex Fourier series, Mathematics of Computation, Vol. 19, No. 90, pp. 297-301 (1965)
3) 桑島 進・永井康平：任意個数試料の FFT 算法とそのスペクトル解析への応用, 港湾技研資料, No. 155, 運輸省港湾技研資料, No. 155, 運輸省港湾技術研究所 (1973)
4) 力石国男・光易 恒：スペクトル計算法と有限フーリエ級数, 九州大学応用力学研究所報, 第39号, pp. 77-104 (1973)
5) 力石国男：スペクトル計算に於る等価自由度について, 九州大学応用力学研究所報, 第40号, pp. 431-438 (1973)
6) 高橋秀俊：高速フーリエ変換(FFT)について, 情報処理, Vol.14, No.8, pp. 616-622 (1973)
7) 米澤 洋・高須賀 馨：計算時間低減を考慮した任意データ数に対する FFT のアルゴリズム, 情報処理, Vol. 13, No. 6, pp. 571-574 (1972)
8) 吉沢 正：数値解析Ⅱ, 岩波講座基礎工学4 (1968)
9) 吉沢 正：FFT とは何か――フーリエ変換の新しい算法, 数理科学, 6月号 (1969)
10) 吉田 裕・岡山和生：地震加速度記録の積分における沪波計算のアルゴリズム, 土木学会論文報告集, No. 221, pp. 25-38 (1974)
11) 吉田 裕, 岡山和生：マトリックス法によるディジタルフィルターのアルゴリズムと地震加速度波形の積分計算への応用, 日本鋼構造協会マトリックス構造解析シンポジウム論文集, pp. 101-106 (1975)

[線型システムと確率過程]

1) 有本 卓:線形システム理論,産業図書 (1975)
2) Davenport, Jr. W. B. and Root, W. L. : An Introduction to the Theory of Random Signals and Noise, McGraw-Hill (1958)
3) Lee, Y. E. : Statistical Theory of Communication, John Wiley & Sons Inc. (1960)
4) 椹木義一・添田 喬・中溝高好:統計的自動制御理論,コロナ社 (1966)
5) Solodovnikov, V. V. : Introduction to the Statistical Dynamics of Automatic Control System, Dover Publications, Inc. (1952, translation 1960)
6) Wiener, N.: Extraporation, Interporation, and Smoothing of Stationary Time Series, Technology Press of MIT and John Wiley (1949)

[サンプリング効果]

(フィルター効果)

1) Kahn, A. B. : A generalization of average-correlation methods of spectrum analysis, J. Meteorology, Vol. 14, pp. 9-17 (1957)
2) Ogura, Y. : Diffusion from a continuous source in relation to a finite observation interval, Advances in Geophysics, Vol. 6, Academic Press (1959)
3) Smith, F. B. : The effect of sampling and averaging on the spectrum of turbulence, Quart. J. Roy. Meteorological Soc., Vol. 88, No. 376 (1962)
4) Pasquill, F. : Atmospheric Diffusion, van Nostrand Co. (1962)

(サンプリング効果に関連する種々の問題)

5) Iwasa, Y. and Imamoto, H. : Turbulence measurement by means of small current meter in free surface flow, Proc. 12th Congr. IAHR, Vol. 2, pp. 273-280 (1967)
6) Schuyf, J. P. : The measurement of turbulent velocity fluctuations with a propeller-type current meter, J. Hydraulic Res., Vol. 4, No. 2, pp. 37-54 (1966)
7) 井上栄一:地表風の構造,農業技術研究所報告,A(物理・統計),第2号 (1952)
8) Hino, M. : Maximum ground-level concentration and sampling time, Intn. J. Atmosph. Environment, Vol. 2, pp. 149-165 (1968)
9) Iwasa, Y. and Imamoto, H. : Effect of particle sizes to turbulent diffusive processes in free surface flow, Proc. 12th Congr. IAHR, Vol. 4, pp. 97-106 (1967)
10) 日野幹雄:瞬間最大値と評価時間の関係——特に突風率について,土木学会論文集, No. 117, pp. 23-33 (1965)

[スペクトル計算法—情報理論と MEM]

(情報理論)

参考文献

1) 甘利 俊：情報理論，ダイヤモンド社 (1970)
2) Shannon, C. E.: The Mathematical Theory of Communication, The University of Illinois Press (1949)
3) 滝 保夫・宮川 洋：情報理論 I, II, 岩波講座基礎工学 19, 岩波書店 (1970) (MEM――最大情報エントロピー法によるスペクトル)
4) Akaike, H. : Fitting autoregressive models for prediction, Ann. Inst. Statist. Math., Vol. 21, pp. 243-247 (1969 a)
5) Akaike, H. : Power spectrum estimation through autoregressive model fitting, Ann. Inst. Statist. Math., Vol. 21, pp. 407-419 (1969 b)
6) 赤池弘次・中川東一郎：ダイナミックシステムの統計的解析と制御，サイエンス社 (1972)
7) Andersen, M. : On the calculation of filter coefficients for maximum entropy analysis, Geophysics, Vol. 39, pp. 69-72 (1974)
8) Burg, J. P. : Maximum entropy spectral analysis, paper presented at the 37th Annual International Meeting, Soc. of Explor. Geophys., Oklahoma City, Okla., Oct. 31 (1967)
9) Burg, J. P. : A new analysis technique for time series data, paper presented at Advanced Study Institute on Signal Processing, NATO, Enschede, Netherlands (1968)
10) Chen, W. Y., & Stegen, G. R. : Experiments with maximum entropy power spectra of sinusoids, J. Geophys. Res., Vol. 79, pp. 3019-3022 (1974)
11) Currie, R. G. : Solar cycle signal in surface air temparature, J. Geophy. Research, Vol. 79, No. 36, pp. 5657-5660 (1974)
12) 日野幹雄：MEM・最大エントロピー法による新しいスペクトルの計算法，土木学会誌，Vol. 61, 7月号, pp. 50-54 (1976)
13) Lacoss, R. T. : Data adaptive spectral analysis methods, Geophysics, Vol. 36, pp. 661-675 (1971)
14) Levinson, H. : The Wiener RMS (root mean square) error criterion in filter design and prediction, J. Math. Phys., Vol. 25, pp. 261-278 (1947)
15) Rodoski, H. R., Fougere, P. F. and Zawalick, E. J. : A comparison of power spectral estimates and applications of the maximum entropy method, J. Geophy. Res., Vol. 80, No. 4, pp. 619-625 (1975)
16) Smylie, D. E., Clarke, G. K. C. and Ulrych, T. J. : Analysis of irregularities in the earth's rotation, Methods in Computational Physics, Vol. 13, pp. 391-430, Academic Press, New York (1973)
17) 得丸英勝・竹安数博：離散時線型モデルのあてはめによるスペクトル密度の推定, 計測自動制御学会論文集, 第13巻, 第2号, pp. 148-153 (1977)

18) Ulrych, T. J. : Maximum entropy power spectrum of truncated sinusoids, J. Geophys. Res., Vol. 77, pp. 1396-1400 (1972)
19) Ulrych, T. J. and Bishop, T. N. : Maximum entropy spectral analysis and autoregressive decomposition, Review of Geophy. and Space Phy., Vol. 13, No. 1, pp. 183-200 (1975)
20) Walker, G. : On periodicity in series of related terms, Proc. Roy. Soc. London, Ser. A, Vol. 131, pp. 518-532 (1931)
21) Yule, G. U. : On a method of investigating periodicities in disturbed series, with special reference to Wolfer's sunspot numbers, Phil. Trans. Roy. Soc. London, Ser. A, Vol. 226, pp. 267-298 (1927)

[相互相関・コヒーレンス・位相]

1) Hino, M. : Theoretical argument on turbulent structure of gusty wind, Proc. of Japan Soc. Civil Eng., No. 202, pp. 115-118 (1972)
(風の構造)
2) Shiotani, M. and Iwatani, Y. : Horizontal correlations of fluctuating velocities in high winds, in Structures of Gusts in High Winds, Interim Report Part 3, the Physical Science Laboratories, Nihon Univ. (1969)
3) Naito, G. and Kondo, J. : Spatial structures of fluctuating components of the horizontal wind speed above the ocean, J. Meteor. Soc. Japan, Vol. 52, pp. 391-399 (1974)
4) Panofsky, H. A. and Mizuno, T. : Horizontal coherence and Pasquill's beta, Boundary-Layer Meteor., Vol. 9, pp. 247-256 (1975)
5) Iwatani, Y. : Some features of the spatial structures of the surface layer turbulence in high wind, J. Meteor. Soc. Japan, Vol. 55 (1977)
6) Hino, M. : Spectrum of gusty wind, Paper I-7, Proc. 3rd Int. Conf. on Wind Effects on Buildings and Structures, Tokyo (1971)
(乱流境界層/壁面圧力変動)
7) Bakewell, Jr., H. P. : Longitudinal space-time correlation function in turbulent airflow, J. Acoust. Soc., Am., Vol. 35, pp. 936-937 (1963)
8) Willmarth, W. W. and Wooldridge, C. E. : Measurements of the fluctuating pressure at the wall beneath a thick turbulent boundary layer, J. Fluid Mech., Vol. 14, p. 187 (1962)
9) Serafini, J. S. : Wall-pressure fluctuations and pressure-velocity correlations in a turbulent boundary layer, NASA Tech. Rep., R-165 (1963)
10) Willmarth, W. W. : Structure of turbulence in boundary layers, Advances in Applied Mechanics, ed. by C-S Yih, Vol. 15, pp. 159-254 (1975)

参 考 文 献

[方向スペクトル]
(波浪の方向スペクトル)
1) Uberoi, M. S. : Directional spectrum of wind-generated ocean waves, J. Fluid Mech., Vol. 19, pp. 452-464 (1964)
2) Mitsuyasu, H., Tasai, F., Suhara, T., Mizuno, S., Ohkusu, M., Honda, T. and Rikiishi, K. : Observations of the directional spectrum of ocean waves using a cloverleaf buoy, J. Phys. Oceanography, Vol. 5, No. 4, pp. 750-760 (1975)
3) Sugimori, Y. : Application of hologram method to the analysis of the directional spectrum of the surface wave, La mer (Bulletin de la Sociéte franco-japonaise d'océanographie), Tome 10, No. 1, pp. 9-20 (1972)

(波浪の波高分布)
4) Collins, J. I. : Wave statistics from Hurricane Dora, J. Waterways and Harbors Division, ASCE, Vol. 93, No. WW 2, pp. 59-77 (1967)
5) Kinsman, B. : Wind Waves, their generation and propagation on the ocean surface, Prentice-Hall, Inc. p. 344 (1965)

[バイスペクトル]
1) Hasselmann, K., Munk, W. and MacDonald, G.: Bispectra of ocean waves, Time Series Analysis, ed. by Rosenblatt, M., John Wiley & Sons, Inc., pp. 125-139 (1963)
2) Nagata, Y. : Lag joint probability, higher order covariance function and higher order spectrum, La Mer, Tome 8, No. 2, pp. 78-94 (1970)
3) Brillinger, D. R. : Computation and interpretation of k-th order spectra, Spectral Analysis of Time Series, ed. by Harris, B., John Wiley & Sons, Inc., pp. 189-232 (1967)
4) 柿沼忠男, 石田 昭, 門司剛至: 記録にもとづく海岸波浪の非線型性の解析, 第15回海岸工学講演会講演集, pp. 73-79 (1968)
5) Lii, K. S., Rosenblatt, M. and Van Atta, C. : Bispectral measurements in turbulence, J. Fluid Mech., Vol. 77, pp. 45-62 (1976)

[回転スペクトル]
1) Gonella, J. : A rotary-component method for analysing meteorological and oceanographic vector time series, Deep-Sea Res., Vol. 19, pp. 833-846 (1972)
2) Perkins, H. : Inertial oscillations in the Mediterranean, Deep-Sea Res., Vol. 19, pp. 289-296 (1972)
3) Mooers, N. K. : A technique for the cross spectrum analysis of pairs of complex-valued time series, with emphasis on properties of polarized components and rotational invariants, Deep-Sea Res., Vol. 20, pp. 1129-1141 (1973)

4) Crew, H. and Plutchak, N. : Time varying rotary spectra, J. Oceanograph. Soc. of Japan, Vol. 30, pp. 61-66 (1974)

[非定常スペクトル]

1) Page, Chester H. : Instantaneous power spectra, J. Applied Physics, Vol. 23, No. 1 (1952)
2) Priestley, M. B. : Evolutionary spectra and non-stationary processes, J. Royal Statistical Society, Ser. B., No. 2 (1965)
3) Bendat, Julius, S. and Piersol Allan, G. : Measurement and Analysis of Random Data, New York, John Wiley & Sons, Inc. (1966)
4) Mark, W. D. : Spectral analysis of the convolution and filtering of non-stationary stochastic processes, J. Sound Vib., Vol. 11, No. 1 (1970)
5) Liu, Shin-Chi : Evolutionary power spectral density of strong-motion earthquakes, Bull. Seismological Society of America, Vol. 60, No. 1 (1970)
6) Liu, Shin-Chi : An approach to time-varying spectral analysis, Proc. ASCE (EM 1) (1972)
7) 亀田弘行：強震地震動の非定常パワースペクトルの算出法に関する一考察, 土木学会論文報告集, No. 235, pp. 55-62 (1975)
8) 日野幹雄・竹内邦良・宍戸達行： 非定常確率過程としての水文現象の解析, 第19回水理講演会論文集, 2月 (1975)
9) 日野幹雄・竹内邦良：非定常スペクトルの定義法および実際への応用, 文部省科学研究費自然災害特別研究 (1) 昭和49年度, 「地震時における水理構造物の動的挙動の解明とその防災対策に関する研究」研究報告書, 本間 仁(編) (1975)
10) 日野幹雄：発達過程にある風波の非定常スペクトル, 第23回海岸工学講演会論文集, 土木学会 (1976)
11) 吉田 裕・増田陳紀・佐竹昭夫：地震加速度記録の非定常スペクトルに関する一考察, 土木学会第31回年次学術講演会講演集Ⅰ, pp. 409-410 (1976)
12) Schroeder, M. R. and Atal, B. S. : Generalized short-time power spectra and auto correlation functions, J. Acoust. Soc. of America, Vol. 34, No. 11, pp. 1679-1683 (1962)
13) Nogawa, T., Katayama, K., Tabata, Y., Ohshio, T. and Kawahara, T. : Digital methods for amplitude and phase analysis of the EEG (electroencephalogram), J. Kansai Medical Univ., Suppl. Vol. 28, S-1-20 (1976)

[セプストラムその他]

1) Bogert, B. P., Healy, M. J. R. and Tukey, J. W. : The quefrency analysis of time series for echoes : cepstrum, pseudo-autocovariance, cross-cepstrum and saphe cracking, Time Series Analysis, ed. M. Rosenblatt, Chap. 15, pp. 209-243 (1963)

2) Brillinger, D.R.: An introduction to polyspectra, Ann. Math. Statist, pp. 1351-1374 (1965)

[Walsh スペクトル]
1) Beauchamp, K.G.: Walsh Functions and Their Applications, Academic Press (1975)

[学会誌等の解説論文]

スペクトル解析を応用した研究は専門分野のいかんを問わず極めて多くなって来ている．それらの論文をすべて網羅することはほとんど不可能に近く，また，それは本書の意図するところでもない．ここでは，二三の学会誌の解説論文を挙げる．読者諸氏はこれを手掛りにして先へとすすんで欲しい．

1) 日野幹雄:河川の乱流現象, 1966 年度 水工学に関する夏期研修会講義集，水工学シリーズ 66-07，土木学会水理委員会 (1966)
2) ─────:スペクトル解析の海岸工学への応用，土木学会誌第 54 巻第 5 号 (1969)
3) ─────:土木技術者のための新数学講座，土木学会誌第 54 巻 11 号-第 55 巻 3 号 (1969)
4) ─────:土木工学における不規則現象とその評価，土木学会誌第 55 巻 9 号 (1970)
5) 日野幹雄:波浪への統計的解析の応用，水工学シリーズ 70-02，土木学会水理委員会 (1970)
6) 山岡 勲:水文学における確率過程，水工学シリーズ 70-11，土木学会水理委員会 (1970)
7) 土屋義人:波浪観測とその解析，水工学シリーズ 71-B-8，土木学会水理委員会 (1971)
8) 高岡宣善:不規則関数のスペクトル展開とその応用，土木学会誌，第 57 巻第 10 号 (1972)
9) 吉川秀夫 他:水工学における資料解析について，土木学会誌，第 58 巻, Annual '73, pp. 15-20 (1973)
10) 高岡宣善:非定常な不規則外乱を受ける構造物の応答計算法，土木学会誌，第 58 巻 2 月号, pp. 51-54 (1973)
11) 高岡宣善:連続マルコフ過程論とその構造物力学への応用，土木学会誌，第 59 巻 10 月号, pp. 59-66 (1974)
12) 星谷 勝:非定常確率過程のスペクトル解析，土木学会誌 3 月号 (1975)
13) 岸 力:線形確率過程の解析と予測，水工学シリーズ 75-A-6，土木学会水理委員会 (1975)
14) 藤田睦博:線形系の解析，水工学シリーズ 75-A-7，土木学会水理委員会 (1975)
15) 光易 恒:海洋波のスペクトル構造，水工学シリーズ 76-B-3，土木学会水理委員

会 (1976)
16) 光易 恒：海洋波のランダム特性——特にスペクトル構造について——，第23回海岸工学講演会シンポジウムテキスト，pp. 1-9，土木学会 (1976)
17) 磯崎一郎：最近の海洋波の予測法，第23回海岸工学講演会シンポジウムテキスト，pp. 10-19，土木学会 (1976)
18) 合田良実：海岸における波の不規則性とその応用，第23回海岸工学講演会——波のランダム特性とその予測・応用に関するシンポジウムテキスト，pp. 20-29，土木学会 (1976)
19) 高岡宣善：構造物の設計・安定性・信頼性，土木学会誌，第61巻，3月号，pp. 33-40 (1976)
20) 日野幹雄：MEM・最大エントロピー法による新しいスペクトルの計算法，土木学会誌，第61巻，7月号，pp. 50-54 (1976)
21) ————：不規則振動研究分科会報告，日本機械学会誌，第70巻，第582号，pp. 1058-1065 (1967)
22) 柴田 碧：機械系の耐震設計のための地震工学，日本機械学会誌，第70巻，第579号，pp. 521-530 (1967)
23) 清水信行：不規則振動における応答計算の信頼性——耐震理論に関連して——，日本機械学会誌，Vol. 74, No. 633, pp. 1336-1347 (1971)
24) 真鍋克士・吉田和夫・下郷太郎：高速鉄道における集電装置の動力学，日本機械学会誌，第77巻，第667号，pp. 636-643 (1974)
25) 尾上 賢：振動現象のデータ処理技術，日本機械学会誌，第77巻，第667号，pp. 644-651 (1974)
26) 山本鎮男：化学プラントの耐震設計，日本機械学会誌，第77巻，第667号，pp. 652-657 (1974)
27) 堀内敏夫：ゆらぎとその測定への応用，日本機械学会誌，第77巻，第668号，pp. 769-776 (1974)
28) ————：地震・耐震工学特集号，日本機械学会誌，第79巻，第684号，4月 (1976)
29) 遠藤昌宏：気象じょう乱のスペクトル解析，気象研究ノート第110号，気象力学に用いられる数値計算法，第12章，pp. 134-145，日本気象学会 (1972)
30) 島貫 陸・塩谷正雄・岩谷祥美：大気境界層内の理論と乱れの測定，気象研究ノート，第114号，日本気象学会 (1973)
31) 丸山健人：大規模大気擾乱のスペクトル解析，天気，Vol. 22, No. 6, pp. 267-280 (1975)
32) 花房龍男・林 良一：スペクトル解析，気象研究ノート，第131号，pp. 1-74，日本気象学会 (1977)

索 引

ア 行

Einstein 1, 3
赤池のウインドー 169
圧力変動 244
アナログフィルター 59
RC回路 131
ARMA 141
アンサンブル平均 26, 27, 41, 77, 78, 79, 80, 82, 99, 155, 173
安定度 166, 185

位相 16, 17, 64～65, 68, 73, 190, 190, 240, 262
位相スペクトル 283
一次マルコフ過程 31, 48
一様分布 79, 106
一様乱数 108
一般化スペクトル 273
因子評点 98～100
因子負荷行列 98～100, 102
因子分析 97, 100～102
インパルス 75
インパルス応答 122, 125, 132, 278

Wiener 3, 4
——の予測フィルター 210
Wiener-Khintchineの関係(式) 2, 40, 42～44, 49, 67, 75, 85, 86, 162, 184, 194, 209
ウインドー 86, 167, 168, 174, 190, 276, 278
——の等価幅 166
赤池の—— 169

AR 141
エイリアシング 176
エコー解析 280
n次モーメント 107

エネルギースペクトル 21
FPE 219, 221
F分布 106
FFT(高速フーリエ変換) 83, 94, 147, 162, 172, 173, 193, 194, 197, 198, 208, 226
——によるクロススペクトル 205
——による相互相関関数 205
——のアルゴリズム 194
——のプログラム 206
evolutionary spectrum(発展スペクトル) 266, 267
エルゴード性 77, 78, 79, 80
Hermite多項式 116
エントロピー 83, 84, 89
エントロピー密度 86
エントロピー率 86

応答関数 90, 122, 125, 126, 127, 145, 146, 150, 151
応答特性 134
折り重ね周波数 177

カ 行

カイ2乗分布 106, 159, 173
Gauss過程 248, 249
Gaussパルス 73
Gauss分布 85, 107, 113, 117
回転係数 257, 259, 260, 261
回転コヒーレンス 259
回転スペクトル 254～260, 263, 264
回転フーリエ成分ベクトル 58
階段関数 271, 272
角周波数 19, 44, 45, 126, 145
確率 84
——的に独立 110, 115
確率過程 2, 4, 5, 77, 83, 105
確率関数 101, 267
確率分布関数 103, 109

確率分布密度関数 78
確率ベクトル 99
確率変数 103, 115
——の変換 103
——の和 114
確率密度関数 104, 105, 109, 112, 115
——の直交展開 115
重ね合わせ原理 121, 123
河床波 49
仮想質量係数 132
カットオフフィルター 181
Karhunen-Loève展開 101
関数
——の直交 96
——の展開 95
慣性周期 261, 264
慣性振動 254, 259
慣性抵抗 132
ガンマ分布 106

機械的アドミッタンス 133
幾何確率分布 105
奇関数 63
期待値 84, 106, 108, 110
Gibbs現象 13, 140
基本時間幅 172
基本周波数幅 172
逆フーリエ変換 42, 112, 115
キュムラント 113, 114
強定常 79
共分散関数 111
虚数部 146

偶関数 42, 63, 147
空力アドミッタンス 133
クオド(クオドラチャ)スペクトル 62, 63, 190
矩形パルス 67, 68, 73
——の自己相関関数 69
——のスペクトル 68
Gram-Charlier級数 117

索引

Cooley-Tukey 83
クロススペクトル 52, 56, 89, 127, 172, 189, 239, 241, 242, 244
——による関係式 126
——の意味 57
——の性質 61
——の定義 56

経験的直交関数系展開 97, 98
結合確率分布関数 109
結合確率密度関数 109, 110
ケフレンシー (Quefrency) 282, 283
煙の乱流拡散 36

降雨と流出 54, 65
降雨量 31
高周波数カットオフフィルター 180
合成 123
高調波 18
抗力係数 132
コスペクトル 62, 63, 190
コヒーレンシー, コヒーレンス 63～65, 190, 191, 240, 241, 243, 261
固有値, 固有ベクトル 99
Kolmogorov 3, 4
——の−5/3乗則 242
コンボリューション積分 123

サ　行

再帰型数値フィルター 89, 141
最小2乗法 215
砂漣 49
三角波 272
三角パルス波 272
サンプリング効果 177
サンプリング長さ 179, 181

軸安定度 258, 259
時空相関 237
シークエンシー 286
時系列 85, 156, 282
自己回帰 31, 88, 89, 141, 152, 153
自己回帰式シミュレーション 152

自己回帰予測 83
自己相関 25, 27, 40～42, 46, 67, 78, 80, 86, 89, 101, 110, 123, 124, 126, 152, 153
——の一般的性質 33
——の意味 25
——の推定誤差 160
——の定義 25
自己・相互スペクトル 258
地震 272, 280
地震波 280, 283
地震動 79, 268, 273
システム関数 90, 126, 146, 150
——の極の分布 149
実数部 146
Schuster 1, 25
重畳積分 123
自由度 159, 171～173
周波数 19, 44, 45, 282
周波数応答 126, 131, 134
周波数応答関数 134
周波数系列 282
周波数スペクトル 50, 238
主成分分析 97
シミュレーション 142, 143, 150, 152
シミュレーションランダム波 144
Shannon 84
瞬間スペクトル 268, 269～274, 279
情報エントロピー 84, 85
情報量 84
情報理論 83
信号 46
進行ベクトル図 254
振動応答系 278
振動のスペクトル 133
振動乱流 80
吹送流 262, 263
数値フィルター 88, 89, 138～141, 145, 146
——によるプリホワイトニング 139
スカラー時系列 256
Skewness 254
スペクトル 2, 20, 22, 40, 46, 83, 85, 86, 90, 91, 94, 125, 127, 139, 141, 156, 282
——による入出力の関係 125

——の安定度 94
——の意味 21
——の概念 154, 237
——の計算 186
——の等価自由度 171
さらにすすんだ—— 237
スペクトル因子分解 147, 148
スペクトルウインドー 163, 164, 166, 187
スペクトル解析 1, 95
スペクトル計算 154
——の誤差理論 154
スペクトル推定値の変異係数 166

正規化(規準化) 107, 116
正規直交関数系 98
正規分布 106, 116
正弦波 79
正準因子分析法 100
声紋 278
積分型 121
セプストラム 280, 282
線型応答系 138, 146, 152
——の入出力 144
線型系, 線型システム 89, 121, 122, 124, 127, 147
線スペクトル 23, 91

相関関数 103, 109, 156, 202
——に関する不等関係式 54
——による入出力関係式 123
——の変異係数 163
相関関数推定
——の安定度 161
——の分散 161
相関行列 85, 99
相関法によるスペクトルの推定誤差 159
相互相関 110, 126, 172, 189, 204
——の不等関係式 111
相互相関関数 56, 110, 124
——の性質 53
——の定義 52
——の不等関係式 64
層流 80
測定時間 177

索　引　　　　　　　　　*299*

タ 行

大気汚染　38, 81, 99
対数スペクトル　281
対数正規分布　118
対数分布　106
耐風設計　3, 132
太陽黒点　1
多次元スペクトル　237, 238
多重フィルタースペクトル　278, 281
たたみ込み積分　122, 123
単位インパルス　70, 122
単位階段関数　137

中心モーメント　107
着色　141
超過　107, 117
超関数　72, 73, 137
重複ウインドー　170
直接法　172
直交　96, 101
直交関数　286
直交関数系　284, 285
直交関数列　11, 98, 101
直交性　97, 116
直交展開　115

two-sided spectrum　14, 15, 139, 143, 184
通信理論　86
吊橋　3

低周波数カットオフフィルター　180
定常エルゴード　172
定常確率過程　79, 110, 275
定常性　77, 78
Taylor　2, 25
——の凍結乱流の仮説　239, 240
Taylor 仮説　240
Taylor 展開　113
distribution　72
Deconvolution　89, 90, 210
データウインドー　200
データ処理　119
——の設計　184
データ数の決定　185
寺田寅彦　3

デルタ関数　67, 71, 74
——の原形　73
——の積分　74
——の導入　70
——の微分　74
Dirac の——　71
developing spectrum　280
展開関数系　97
伝達関数　129〜131
伝播速度　64

等価自由度　172, 174, 175
等価(バンド)幅　169, 174
統計平均　202
統計量
——のバイアス　155
——の分散　155
同時確率分布　85
同時確率分布関数　109
同時確率分布密度関数　78
道路の凹凸　50
Toeplitz 行列　85
特性関数　105, 106, 112, 113
独立　110, 111
突風応答　132
ドリフト　186
trispectrum　247
トレンド　186
とんがり　107

ナ 行

Nyquist 周波数　86, 92, 139, 176, 177, 184, 199, 204, 209
内積　96

二項分布　105
2 乗平均　156, 158
入出力
——のクロススペクトル　128
——の相互相関関数　124
入出力関係式　122
Neumann 波スペクトル　150〜152

熱力学エントロピー　84

ハ 行

バイアス　155, 156, 160
バイスペクトル　246, 247, 250,

252, 254
——の定義　246
——の物理的意味　248
白色化　141, 187
白色光　67
白色雑音　31, 67, 72, 80, 89, 141, 145, 147, 151, 152, 210
——の自己相関関数　67, 72
——のスペクトル　67
——のパワースペクトル　72
波高の確率分布　117
箱型ウインドー　167
波数　20
波数スペクトル　49, 238
発達スペクトル　279
発展スペクトル　265
ハニング　167, 190, 191
ハミング　167, 168, 190
Parzen ウインドー　191
Parzen フィルター　190
Parseval の公式　163, 169, 276, 277
パルス列のスペクトル　67
波浪　36, 117, 245, 250, 252
パワースペクトル　21, 41〜43, 48
——の定義法　43
反響率　280
半不変量　113
半振子日　254

非エルゴード　79, 80
非再帰型数値フィルター　138
非周期関数　101
非線型波　118
非定常　79
非定常確率過程　264, 278
——の自己相関関数　274
非定常スペクトル　264, 279, 280
非定常ランダム変動　79
微分型システム表現の応答関数　129
標準偏差　82, 94, 106, 116, 155
Khintchine　3

フィードバック　141
フィルター　88, 282
Filon の方法　226
風圧スペクトル　133
風速変動　179, 243

300

索　引

——のスペクトル　133, 179
風波　48
復色　142, 188
不規則現象　78
不規則データ　91
複素フーリエ級数　15
複素フーリエ成分　41, 58, 59
物理スペクトル　276, 277, 280, 281
Brown 運動　1, 3
Blackman-Tukey 法　83, 86, 91〜92, 162, 184, 191, 208, 226
Fourier　9
フーリエ級数　10, 12, 22
フーリエ・スティルチェス積分　145, 247, 249
フーリエ成分波　142, 143
フーリエ積分　18, 22
フーリエ展開　96, 97, 101, 102
——の意味　95
フーリエの有限離散 cosine 変換　187
フーリエ変換　18, 42, 83, 90, 112, 137, 141, 150, 187
プリホワイトニング　139, 141, 142, 187, 188
Burg　83, 86
——の MEM アルゴリズム　279
Burg 法　88, 92, 217
プログラム三原則　183
分解能　83, 91, 166, 185
分散　105, 106, 155, 156, 161
分布モーメント　112
分離可能な過程　265

平滑化　162, 173, 174
平均　78, 81, 105, 106, 156
平均2乗根誤差　156
平均パワー　43
ベクトル　97〜99
——の直交　96

——の分解　95, 96
ベクトル時系列　255, 256
——のクロススペクトル　261
——のフーリエ変換　255
別名　176
ペリオドグラフ　1
変異係数　161, 166, 172, 175
偏球回転楕円体波動関数　102
変調関数　267, 268
偏平度　107

Poisson パルス列　70
Poisson 分布　32, 69, 72, 105
方向スペクトル　245

マ　行

Markov(過程)　3, 31

MEM(最大エントロピー法)　83, 86, 88〜91, 141, 153, 162, 210, 226
——の注意事項　222
——の特徴　222
——のプログラム　223
MEM アルゴリズム　213

モーメント　79, 107, 113, 117

ヤ　行

有限級数型ウインドー　168
湧昇流　65
ゆがみ　107, 117
ユニットステップ関数　74
Yule-Walker 方程式　87, 89, 141
Yule-Walker 法　88, 92, 153, 213, 216

予測　83, 141
予測誤差　89
——の分散　88

予測誤差フィルター　88, 212, 217

ラ　行

ラグ　27, 91, 166
——の決定　185
ラグウインドー　163, 166, 168
Lagrange 相関　37
ラニングスペクトル　269, 273
ラプラス変換　129, 130, 137
ランダムインパルス列の自己相関　72
ランダム振動　3
ランダム波のシミュレーション　142
ランダム変動　9, 16, 77, 78, 83, 95, 121, 152
——の推定誤差　155
——の統計量　155
乱流　2, 80
乱流拡散理論　2

離散化　97, 146
——にともなう誤差　175
離散形　140
離散時系列　85
離散表示　88
リニヤトレンド　186

Rayleigh 分布　118
Levinson 法　91, 215, 219
Levinson 漸化式　213
連続スペクトル　24

沪波型フィルター　138

ワ　行

Walsh 関数, Walsh スペクトル　102, 284〜286
one-sided spectrum　44, 45, 143

著者略歴

日　野　幹　雄
（ひ　の　みき　お）

1932年　秋田県に生まれる
1955年　東京大学工学部卒業
1960年　（財）電力中央研究所入所
1967年　東京工業大学助教授
1973年　東京工業大学教授
現　在　東京工業大学名誉教授
　　　　工学博士

スペクトル解析（新装版）

定価はカバーに表示

1977年10月 1 日　初　版第 1 刷
2007年10月30日　　　第32刷
2010年 5 月20日　新装版第 1 刷
2023年 4 月25日　　　第 9 刷

著　者　日　野　幹　雄
発行者　朝　倉　誠　造
発行所　株式会社　朝　倉　書　店

東京都新宿区新小川町6-29
郵便番号　162-8707
電　話　03(3260)0141
FAX　03(3260)0180
https://www.asakura.co.jp

〈検印省略〉

© 1977〈無断複写・転載を禁ず〉　　印刷・製本　デジタルパブリッシングサービス

ISBN 978-4-254-12183-4　C 3041　　Printed in Japan

JCOPY ＜出版者著作権管理機構 委託出版物＞

本書の無断複写は著作権法上での例外を除き禁じられています．複写される場合は，そのつど事前に，出版者著作権管理機構（電話 03-5244-5088，FAX 03-5244-5089，e-mail: info@jcopy.or.jp）の許諾を得てください．

好評の事典・辞典・ハンドブック

数学オリンピック事典	野口　廣 監修	B5判 864頁
コンピュータ代数ハンドブック	山本　慎ほか 訳	A5判 1040頁
和算の事典	山司勝則ほか 編	A5判 544頁
朝倉 数学ハンドブック［基礎編］	飯高　茂ほか 編	A5判 816頁
数学定数事典	一松　信 監訳	A5判 608頁
素数全書	和田秀男 監訳	A5判 640頁
数論＜未解決問題＞の事典	金光　滋 訳	A5判 448頁
数理統計学ハンドブック	豊田秀樹 監訳	A5判 784頁
統計データ科学事典	杉山高一ほか 編	B5判 788頁
統計分布ハンドブック（増補版）	蓑谷千凰彦 著	A5判 864頁
複雑系の事典	複雑系の事典編集委員会 編	A5判 448頁
医学統計学ハンドブック	宮原英夫ほか 編	A5判 720頁
応用数理計画ハンドブック	久保幹雄ほか 編	A5判 1376頁
医学統計学の事典	丹後俊郎ほか 編	A5判 472頁
現代物理数学ハンドブック	新井朝雄 著	A5判 736頁
図説ウェーブレット変換ハンドブック	新　誠一ほか 監訳	A5判 408頁
生産管理の事典	圓川隆夫ほか 編	B5判 752頁
サプライ・チェイン最適化ハンドブック	久保幹雄 著	B5判 520頁
計量経済学ハンドブック	蓑谷千凰彦ほか 編	A5判 1048頁
金融工学事典	木島正明ほか 編	A5判 1028頁
応用計量経済学ハンドブック	蓑谷千凰彦ほか 編	A5判 672頁

価格・概要等は小社ホームページをご覧ください．

主要公式一覧

1. フーリエ変換と逆フーリエ変換

$$\begin{cases} x(t) = \int_{-\infty}^{\infty} X(\omega) e^{i\omega t} d\omega \\ X(\omega) = \dfrac{1}{2\pi} \int_{-\infty}^{\infty} x(t) e^{-i\omega t} dt \end{cases} \quad \begin{matrix}(1.26)\\ \\ (1.27)\end{matrix}$$

$$\begin{cases} x(t) = \int_{-\infty}^{\infty} X(f) e^{i2\pi f t} df \\ X(f) = \int_{-\infty}^{\infty} x(t) e^{-i2\pi f t} dt \end{cases} \quad \begin{matrix}(1.22)\\ \\ (1.23)\end{matrix}$$

2. Parseval の公式

$$\int_{-\infty}^{\infty} \{x(t)\}^2 dt = \int_{-\infty}^{\infty} \{X(\omega)\}^2 d\omega$$

3. スペクトルの定義

$$P(f) = \lim_{T \to \infty} \left\langle \frac{X(f) X^*(f)}{T} \right\rangle \tag{1.32}$$

$$S(\omega) = \lim_{T \to \infty} \frac{\langle 2\pi X(\omega) X^*(\omega) \rangle}{T} \tag{3.7}$$

$$S_{xy}(\omega) = \lim_{T \to \infty} \frac{\langle 2\pi X^*(\omega) Y(\omega) \rangle}{T} \tag{4.17}$$

$$\overline{x^2} = \int_{-\infty}^{\infty} S(\omega) d\omega = \int_{-\infty}^{\infty} P(f) df$$

4. 相関関数とスペクトル (Wiener-Khintchine の関係)

$$\begin{cases} C(\tau) = \int_{-\infty}^{\infty} S(\omega) e^{i\omega \tau} d\omega \\ S(\omega) = \dfrac{1}{2\pi} \int_{-\infty}^{\infty} C(\tau) e^{-i\omega \tau} d\tau \end{cases} \tag{3.11}$$

$$\begin{cases} C(\tau) = 2 \int_{0}^{\infty} P(f) e^{i2\pi f \tau} df \\ P(f) = \int_{-\infty}^{\infty} C(\tau) e^{-i2\pi f \tau} d\tau \end{cases} \tag{3.16}$$